Reinhold Hölscher, Christian Kalhöfer
Mathematik und Statistik in der Finanzwirtschaft

D1734217

Reinhold Hölscher, Christian Kalhöfer

Mathematik und Statistik in der Finanzwirtschaft

Grundlagen – Anwendungen – Fallstudien

DE GRUYTER
OLDENBOURG

ISBN 978-3-486-71648-1
e-ISBN (PDF) 978-3-486-72117-1
e-ISBN (EPUB) 978-3-11-039850-2

Library of Congress Cataloging-in-Publication Data
A CIP catalogue record for this book has been applied for at the Library of Congress.

Bibliografische Information der Deutschen Nationalbibliothek
Die Deutsche Nationalbibliothek verzeichnet diese Publikation in der Deutschen National-
bibliografie; detaillierte bibliografische Daten sind im Internet über
http://dnb.dnb.de abrufbar.

© 2015 Walter de Gruyter GmbH, Berlin/München/Boston
Coverabbildung: 123render/Getty Images
Druck und Bindung: CPI books GmbH, Leck
♾ Gedruckt auf säurefreiem Papier
Printed in Germany

www.degruyter.com

Vorwort

Das Geschehen auf den Finanzmärkten kann heutzutage ohne ein finanzmathematisches Grundwissen nicht nachvollzogen werden. Einfache Finanzprodukte setzen zumindest Kenntnisse der Zinsrechnung voraus, darüber hinaus erfolgt die Bewertung von Finanzströmen häufig auf der Basis des Effektivzinssatzes oder des Barwertes der Zahlungsreihe. Ferner haben an den Finanzmärkten derivative Produkte mittlerweile eine enorme Bedeutung erlangt; bei der Gestaltung des Wertpapierportfolios steht das Ziel im Vordergrund, eine effiziente bzw. sogar ein optimale Position einzunehmen.

Zur Lösung all dieser Fragestellungen sind mathematische resp. finanzmathematische Kenntnisse notwendig. Diese Kenntnisse muss in jedem Fall der Finanzberater besitzen, der sich nicht darauf verlassen darf, dass „der Rechner" schon das richtige Ergebnis auswerfen wird. Vielmehr ist es für einen Berater unabdingbar, die Hintergründe einer bestimmten mathematischen Operation zu kennen und im Zweifelsfall eine bestimmte Bewertung auch selbst durchführen zu können. Selbstverständlich sollte es für einen Finanzberater sein, dass er das Ergebnis einer finanzmathematischen Bewertung interpretieren und auf Plausibilität überprüfen kann.

Das vorliegende Buch „Mathematik und Statistik in der Finanzwirtschaft" entwickelt das zur Erreichung der aufgezeigten Ziele notwendige Wissen. Der in diesem Werk aufgespannte Bogen ist relativ weit gefasst und reicht von einfachen finanzmathematischen Verfahren der Zins-, Barwert- und Effektivzinsrechnung bis hin zum modernen Risikomanagement mit derivativen Finanzinstrumenten sowie zum Portfoliomanagement. Die für das Verständnis dieser Anwendungen notwendigen Grundkenntnisse der Statistik werden ebenfalls vermittelt. Besonders viel Raum nehmen umfangreiche Beispiele ein, mit denen die theoretischen Ansätze praxisbezogen erläutert werden. Außerdem gibt es zu jedem Kapitel eine umfassende Aufgaben- und Fallstudiensammlung mit ausführlichen Lösungshinweisen, so dass auch ein Selbststudium mit Hilfe dieses Buches möglich ist. Im Anhang werden darüber hinaus die wichtigsten mathematischen Grundlagen dargestellt, die ebenfalls mit einer umfangreichen Aufgaben- und Fallstudiensammlung versehen wurden. Zielgruppe dieses Buches sind auf der einen Seite die Mitarbeiter aus Banken, Sparkassen und anderen Finanzdienstleistern, die die mathematischen Hintergründe der vielfältigen, in der Praxis eingesetzten Bewertungsverfahren kennenlernen möchten, sowie Studierende, die sich einen schnellen Überblick über die hier angesprochenen Themen verschaffen und das erlangte Wissen anhand von praktischen Aufgaben überprüfen wollen. Wir hoffen, dass die Leser dieses Buches durch die ausführlichen Erläuterungen, die Beispiele, Aufgaben und Fallstudien einen leichteren Zugang zu den hier angesprochenen Themen finden. Oftmals stellt die Mathematik gerade in der Praxis eine große Hürde dar, die mit diesem Werk vielleicht ein wenig leichter genommen werden kann.

Gerade in der letzten Phase wurde die Erstellung dieses Buches durch die tatkräftige Unterstützung verschiedener Personen entscheidend voran gebracht. Besonders bedanken möchten wir uns in diesem Zusammenhang bei Herrn Dipl.-Kfm. techn. Jochen Schneider und Herrn M.A. Markus Griebe. Bei Herrn Dr. Stefan Giesen vom De Gruyter Oldenbourg Verlag bedanken wir uns für Geduld und Motivation, die gelegentlich im Rahmen des Erstellungsprozesses notwendig waren.

Kaiserslautern und Montabaur, im Dezember 2014

Reinhold Hölscher   Christian Kalhöfer

Inhaltsverzeichnis

Abbildungsverzeichnis

Tabellenverzeichnis

1 Zinsrechnung

1.1 Grundlagen und Verfahren

1.1.1 Die Notwendigkeit der Berücksichtigung von Zinsen

Zinsen stellen in der Geschäftswelt den Preis für die *Überlassung von Kapital* auf Zeit dar. Ein Gläubiger überlässt einem Schuldner für eine gewisse Zeitspanne einen bestimmten Kapitalbetrag, der dafür ein Entgelt in Form von Zinsen zu bezahlen hat. Die Existenz von Zinsen führt im Allgemeinen zu der Beobachtung, dass gleich hohe Zahlungen, die ein Wirtschaftssubjekt alternativ zu verschiedenen Zeitpunkten erhält bzw. leisten muss, nicht die gleiche Wertschätzung genießen.

> *Beispiel*
>
> Eine Einzahlung von 100 EUR am 1. Januar wird einer Einzahlung am 1. Januar des Folgejahres vorgezogen, denn bei der ersten Einzahlung könnten die 100 EUR für ein Jahr zinsbringend angelegt werden. Beträgt der Zinssatz beispielsweise 5%, dann hat die Einzahlung vom 1. Januar ein Jahr später einen Wert von 105 EUR. Im Vergleich zu der zweiten Alternative, einer Einzahlung in Höhe von 100 EUR am 1. Januar des Folgejahres, ist damit die frühere Einzahlung um 5 EUR vorteilhafter.
>
> Umgekehrt wird im Fall von Auszahlungen vorgegangen. Hierbei ist eine Auszahlung von 100 EUR am 1. Januar des Folgejahres natürlich einer Auszahlung von 100 EUR am 1. Januar vorzuziehen.

In allgemeiner Form kann also gesagt werden, dass bei gleicher Höhe der Zahlungen eine zeitlich frühere Einzahlung *vorteilhafter* als eine zeitlich spätere Einzahlung und eine zeitlich frühere Auszahlung *unvorteilhafter* als eine zeitlich spätere Auszahlung sind. Zahlungen, die zu verschiedenen Zeitpunkten anfallen, lassen sich nur durch Einbeziehung der Zinseffekte vergleichen. Diese Aussage gilt erst recht, wenn die Zahlungen nicht gleich groß sind, sondern unterschiedliche Beträge aufweisen oder wenn es sich dabei um ganze Zahlungsreihen, d. h. mehrere Zahlungen zu unterschiedlichen Zeitpunkten handelt.

Wenn in diesem Zusammenhang von *Vorteilhaftigkeit* die Rede ist, dann stellt sich die Frage, von welchen *Faktoren* denn die Höhe des Vorteils abhängig ist. Mit anderen Worten geht es um die Frage der Berechnung der Zinsen. Die Höhe eines (absoluten) Zinsbetrages hängt bei feststehendem Zinssatz im Wesentlichen von drei Faktoren ab:

- Der *erste* Einflussfaktor ist natürlich der *Zeitraum*, für den Zinsen gezahlt werden, z. B. die Laufzeit eines Kredites in Jahren.

- Der *zweite* Einflussfaktor ist der *Abstand* zwischen den Zinszahlungen, die sogenannte Zinsperiode. Hier wird also beispielsweise berücksichtigt, ob die Zinsen jährlich, halbjährlich oder vierteljährlich gezahlt werden.

- Der *dritte* Einflussfaktor ist die *Berücksichtigung bereits angefallener Zinsen*. In diesem Zusammenhang werden zwei Formen der Zinsrechnung unterschieden. Bei der einfachen Zinsrechnung werden die angefallenen Zinsen nicht mit verzinst, während bei der Zinseszinsrechnung die angefallenen Zinsen in die Berechnung einbezogen werden, d. h. sie werden mit verzinst. Wie die folgende Abbildung 1.1 verdeutlicht, kann bei der Zinseszinsrechnung des Weiteren zwischen der diskreten und der stetigen Form der Zinsrechnung unterschieden werden.

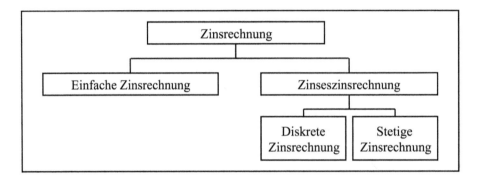

Abbildung 1.1: *Verfahren der Zinsrechnung*

Bevor die verschiedenen Verfahren der Zinsrechnung erläutert werden, müssen noch die wichtigsten in den Folgekapiteln verwendeten finanzmathematischen Abkürzungen erläutert werden.

Um in der Finanzmathematik *allgemeingültige Formeln* aufstellen zu können, wird nicht mit konkreten Jahreszahlen gearbeitet, sondern es erfolgt eine Indizierung der Zahlungszeitpunkte. Die erste Zahlung fällt normalerweise zum Zeitpunkt 0 an, die betrachtete Laufzeit wird mit n bezeichnet. Zwischenzeitliche Zahlungszeitpunkte tragen den Laufindex j. Auf einem *Zeitstrahl* (vgl. Abbildung 1.2) lässt sich dieser Sachverhalt veranschaulichen.

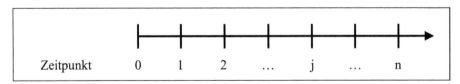

Abbildung 1.2: *Zeitstrahl*

Auch für die Zinssätze und die Kapitalgrößen im Zeitablauf werden Symbole verwendet. Im Folgenden bezeichnen

- p den Nominalzins pro Zinsperiode in Prozent,

- i das Verhältnis $p/100$,

- q die Summe $1 + i$,

- K_0 das Ausgangs- oder Startkapital zum Zeitpunkt 0,

- K_n das Endkapital nach n Zinsperioden,

- K_j den Zwischensaldo nach der j-ten Zinsperiode.

Bei der Angabe von Zinssätzen kann zwischen dem Nominal- und dem Effektivzins unterschieden werden. Dabei bezieht sich der Nominalzins immer auf den Nennwert des betrachteten Produkts, beispielsweise also des Kredits oder des festverzinslichen Wertpapiers. Als Nennwert wird in der Regel der Betrag bezeichnet, zu dem die Anlage bei Fälligkeit zurückgezahlt wird. Sofern Auszahlungs- und Rückzahlungsbetrag der Anlage übereinstimmen, ist die Angabe des Effektivzinssatzes (bei jährlicher Zahlungsweise) unproblematisch, denn Nominal- und Effektivzinssatz sind identisch. Ein Problem entsteht dann, wenn Auszahlungs- und Rückzahlungsbetrag nicht gleich groß sind, was in der Praxis durchaus häufig vorkommt. Für finanzmathematische Berechnungen ist i. d. R.. zunächst der Nominalzinssatz erforderlich. Der Nominalzins wird üblicherweise als Jahreszinssatz (p.a.) angegeben. Aus dem Nominalzinssatz kann unmittelbar der Zahlungsstrom eines Produktes hergeleitet werden.

Beispiel

Ein Unternehmer benötigt einen Kredit über 9.500 EUR für die Dauer von einem Jahr. Mit seiner Hausbank vereinbart er einen Kredit über 10.000 EUR zu einem Nominalzinssatz von 8%. Der Kreditvertrag enthält eine Vereinbarung über ein Disagio von 5%, d. h. der Unternehmer erhält eine Summe von 9.500 EUR ausgezahlt. Der Rückzahlungsbetrag ist allerdings 10.000 EUR, sodass Auszahlungs- und Rückzahlungsbetrag nicht identisch sind. Ferner muss der Unternehmer nach einem Jahr 800 EUR Zinsen zahlen. Ohne auf die Einzelheiten der Zinsberechnung an dieser Stelle schon einzugehen, ist festzuhalten, dass sich der Effektivzins auf das effektiv zur Verfügung stehende Kapital, im Beispiel sind das 9.500 EUR, bezieht. Nominal- und Effektivzinssatz können also unterschiedlich groß sein.

Nachdem die wichtigsten Begriffe und Symbole erklärt wurden, erfolgt in den nächsten Abschnitten die Betrachtung der verschiedenen Verfahren der Zinsrechnung. Mit der einfachen, der diskreten und der stetigen Zinsrechnung werden drei wichtige Varianten erläutert.

1.1.2 Einfache Zinsrechnung

Das Kennzeichen der *einfachen* Zinsrechnung besteht darin, dass die Zinsen, die innerhalb der Zinsperiode angefallen sind, in den nachfolgenden Perioden nicht mit verzinst werden. Aufgrund dessen bleibt die Berechnungsgrundlage für die Höhe der Zinsen stets gleich, es handelt sich dabei um das Startkapital K_0. Für jede Zinsperiode ergibt sich dementsprechend der gleiche Zinsbetrag. In diesem Zusammenhang wird von einem *linearen*, also gleichmäßigen Kapitalwachstum gesprochen.

Beispiel

Ein Sparer legt bei seiner Bank einen Betrag von 1.000 EUR zu einem Zinssatz von 5%
p.a. für drei Jahre an. Die Zinsperiode ist ein Jahr, die Zinsen werden nicht mitverzinst. Der
Sparer erhält für jedes der drei Jahre Zinsen in Höhe von 50 EUR, sodass er nach den drei
Jahren über ein Vermögen von 1.150 EUR verfügt.

Aus diesen Überlegungen lässt sich die relativ einfache allgemeine Formel zur Berechnung
des Endkapitals im Modell der einfachen Zinsrechnung ableiten. Das Kapital generiert in jeder
Zinsperiode Zinsen (Z) in Höhe von

$$Z = K_0 \cdot i,$$

sodass nach n Zinsperioden ein Kapital von

$$K_n = K_0 + n \cdot Z = K_0 + n \cdot K_0 \cdot i = K_0 \cdot (1 + n \cdot i)$$

angesammelt wird.

Beispiel

Auch der Endwert des obigen Beispiels kann mithilfe der Formel berechnet werden.

$$K_n = 1.000 \cdot (1 + 3 \cdot 0,05) = 1.000 \cdot 1,15 = 1.150 \, \text{EUR}$$

Im Rahmen der finanzmathematischen Anwendungen im Allgemeinen und der Bankpraxis im
Besonderen ist die einfache Zinsrechnung nicht sehr gebräuchlich. Im Folgenden wird daher
schwerpunktmäßig die Zinseszinsrechnung betrachtet.

1.1.3   Diskrete Zinsrechnung

Der wesentliche Unterschied zwischen einfacher Zinsrechnung und *Zinseszinsrechnung* besteht
in der Behandlung der während der Laufzeit eines Geschäftes anfallenden Zinsen. Diese werden nämlich bei der Zinseszinsrechnung dem Kapital zugeschlagen und in den nachfolgenden
Zinsperioden mit verzinst. Aus diesem Grund spricht man bei der Zinseszinsrechnung von einer
Kapitalisierung der Zinsen. Bei der diskreten Form der Zins- resp. Zinseszinsrechnung werden
die Zinsen dem Kapital in konkreten Intervallen, d. h. beispielsweise jährlich oder halbjährlich,
zugeschlagen.

Die Zinskapitalisierung führt im Vergleich zur einfachen Zinsrechnung bei gleicher Laufzeit
und gleichem Zinssatz zu einem höheren Endwert. Die Grundformel der Zinseszinsrechnung
wird anhand des aus der einfachen Zinsrechnung bekannten Beispiels hergeleitet.

Beispiel

Es handelt sich nach wie vor um einen Sparer, der 1.000 EUR für drei Jahre zu einem
Zinssatz von 5% anlegt. Nach einem Jahr erhält er zum ersten Mal eine Zinszahlung in
Höhe von 5% auf sein Startkapital, also 50 EUR.

$$K_1 = K_0 + K_0 \cdot i$$

$$= 1.000 + 1.000 \cdot 0,05$$
$$= 1.050 \, \text{EUR}$$

Das nach einem Jahr vorhandene Kapital in Höhe von 1.050 EUR wird für eine weitere Zinsperiode angelegt und mit 5% verzinst. Nach zwei Jahren ist das Vermögen auf 1.102,50 EUR angewachsen:

$$K_2 = K_1 + K_1 \cdot i$$
$$= 1.050 + 1.050 \cdot 0,05$$
$$= 1.102,50 \, \text{EUR}$$

Für das dritte Jahr der Anlage gilt nunmehr dieser Betrag als Basis für die Zinsberechnung, sodass der Sparer am Ende des dritten Jahres über 1.157,63 EUR verfügen kann.

$$K_3 = K_2 + K_2 \cdot i$$
$$= 1.102,50 + 1.102,50 \cdot 0,05$$
$$= 1.157,63 \, \text{EUR}$$

An dieser Stelle setzt nun die folgende Überlegung zur Ableitung einer allgemeinen Formel zur Zinseszinsrechnung an: Bei der Berechnung von K_2 im zweiten Schritt des Beispiels wird K_1 um die Zinszahlung erhöht. K_1 wurde aber im ersten Rechenschritt bereits berechnet.

$$K_1 = K_0 + K_0 \cdot i$$

Diese Berechnung kann formal noch vereinfacht werden, indem der in beiden Summanden vorhandene Ausdruck K_0 ausgeklammert wird.

$$K_1 = K_0 + K_0 \cdot i = K_0 \cdot (1 + i)$$

Das vereinfachte Ergebnis kann jetzt für K_1 im zweiten Rechenschritt eingesetzt werden, bei dem ebenfalls der Faktor K_1 ausgeklammert wurde.

$$K_2 = K_1 \cdot (1 + i)$$
$$= K_0 \cdot (1 + i) \cdot (1 + i)$$
$$= K_0 \cdot (1 + i)^2$$

Schließlich lässt sich die gleiche Ersetzung auch für Periode drei durchführen.

$$K_3 = K_2 \cdot (1 + i)$$
$$= K_0 \cdot (1 + i)^2 \cdot (1 + i)$$
$$= K_0 \cdot (1 + i)^3$$

Die allgemeine Berechnungsvorschrift zur Ermittlung des Endwertes K_n eines Startkapitals K_0 bei einer Verzinsung von i lautet damit wie folgt:

$$K_n = K_0 \cdot (1 + i)^n$$

Der Ausdruck $(1 + i)$ kann durch q ersetzt werden.

$$K_n = K_0 \cdot q^n$$

Auf die Darstellung der Formeln unter Verwendung von q wird im Folgenden verzichtet.

Beispiel

Auch für das obige Beispiel lässt sich der Wert des Sparkapitals nach drei Jahren mit der hergeleiteten Formel berechnen.

$$K_3 = 1.000 \cdot (1 + 0,05)^3 = 1.157,63 \text{ EUR}$$

Der so ermittelte Wert ist selbstverständlich mit dem aus den Einzelschritten identisch.

Der Ausdruck $(1 + i)^n$ stellt den sogenannten *Kapitalisierungsfaktor* dar. Positive Exponenten bedeuten eine Aufzinsung des Startkapitals. Sie dienen also der Bearbeitung der Problemstellung „Startkapital bekannt – Endkapital gesucht". In diesem Fall wird der Kapitalisierungsfaktor auch als *Aufzinsungsfaktor* bezeichnet.

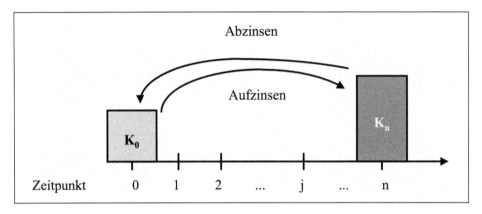

Abbildung 1.3: *Auf- und Abzinsen*

Der Exponent kann aber auch negative Werte annehmen, in diesem Fall erfolgt eine *Abzinsung* (auch als Diskontierung bezeichnet). Die Problemstellung lautet dann „Endkapital bekannt – Startkapital gesucht". Im Falle negativer Exponenten bezeichnet man den Kapitalisierungsfaktor als Abzinsungsfaktor. In formaler Darstellung sieht die Abzinsung wie folgt aus:

$$K_0 = K_n \cdot (1 + i)^{-n} = \frac{K_n}{(1 + i)^n}$$

Die Rechenrichtung beim Auf- und Abzinsen wird in Abbildung 1.3 visualisiert. Anmerkung zur Berechnung: Ein negativer Exponent bei $(1 + i)^{-n}$ kann mathematisch auch als $1/(1 + i)^n$ formuliert werden.

Abschließend wird zur Verdeutlichung der Problemstellung ein Beispiel betrachtet.

Beispiel

Die Oma hat ihrem Enkel versprochen, ihm am Ende seiner Ausbildung in fünf Jahren einen Betrag von 5.000 EUR zu schenken. Sie möchte das Geld auf einem Sparkonto ansparen und fragt sich nun, welchen Betrag sie heute auf ein Sparbuch mit einer Verzinsung von 5% einzahlen muss, damit sie das Kapital in fünf Jahren angespart hat. Um den heutigen Betrag berechnen zu können, muss der gewünschte Endwert mithilfe des Diskontierungsfaktors abgezinst werden.

$$K_0 = 5.000 \cdot (1 + 0,05)^{-5} = \frac{5.000}{(1 + 0,05)^5} = 3.917,63 \text{ EUR}$$

Demnach müsste die Oma heute 3.917,63 EUR auf das Sparbuch einzahlen, um ihrem Enkel das Geschenk machen zu können. Dabei wird natürlich unterstellt, dass der Zinssatz von 5% sich während der fünf Jahre nicht verändert.

Der Zusammenhang zwischen Auf- und Abzinsung wird deutlich, wenn das Beispiel umgekehrt betrachtet wird, also die Frage untersucht wird, wie viel Geld die Oma in fünf Jahren hat, wenn sie heute 3.917,63 EUR auf dem Sparbuch anlegt. Diese Frage kann wiederum mithilfe des Aufzinsungsfaktors beantwortet werden.

$$K_5 = 3.917,63 \cdot (1 + 0,05)^5 = 5.000 \text{ EUR}$$

Auf- und Abzinsung sind also ineinander überführbar.

1.1.4 Stetige Zinsrechnung

Bei den bisherigen Betrachtungen wurde von diskreten Zinsperioden ausgegangen, d. h. es wurde für die Zinsberechnung ein Zeitraum von einem Jahr angenommen. Die Verwendung diskreter Zinsperioden entspricht der üblichen Praxis für Bankprodukte, wobei die geschilderte Vorgehensweise analog bei unterjährigen Zinsperioden von z. B. einem halben Jahr anzuwenden ist. Für einige spezielle Anwendungen aus den Bereichen der Finanzmathematik und Kapitalmarkttheorie (z. B. Optionspreisberechnung) oder auch im Risikomanagement (z. B. bei einigen Varianten der Value at Risk Berechnung), wird aber eine spezielle Variante der Zinsrechnung benötigt. Diese wird als *stetige Zinsrechnung* bezeichnet.

Stetige Prozesse sind aus vielen Bereichen der Naturwissenschaft bekannt, als Beispiele seien der radioaktive Zerfall oder bestimmte organische Wachstumsprozesse genannt. Diesen Prozessen ist gemeinsam, dass sie stetig, also kontinuierlich ohne (erkennbare) diskrete Schritte ablaufen. Übertragen auf die Zinsrechnung bedeutet dies, dass ein Kapitalbetrag, der stetig verzinst wird, kontinuierlich um Zinsen und Zinseszinsen anwächst. Das kontinuierliche Anwachsen führt übrigens nicht – wie vielleicht zu vermuten wäre – zu einem unendlichen Endkapital. Vielmehr ist auch bei stetiger Verzinsung das erreichbare Endkapital begrenzt.

Beispiel

Ein einfacher Weg, sich das Verfahren und die Idee der stetigen Zinsrechnung zu verdeutlichen, liegt in einer Verkürzung der Zinsperiode. Die nachfolgende Tabelle zeigt das Endkapital bei einer Anlagedauer von einem Jahr, wenn für 1.000 EUR Startkapital ein Nominalzinssatz von 6% in unterschiedlichen Zinsperioden (jährlich, monatlich, täglich...) angewendet wird, wobei die Zinsen nach Ablauf einer unterjährigen Zinsperiode kapitalisiert und von da an mit verzinst werden. Es ist erkennbar, dass die Höhe des Endkapitals zwar stark von der gewählten Anzahl der Zinsperioden abhängt, letztendlich aber eine bestimmte Höhe nicht überschreitet, selbst wenn die Zinsperioden sehr kurz sind und daher Zinsen sehr oft kapitalisiert werden.

Zinsverrechnung pro	Zinsverrechnungen (m) pro Jahr	Zinssatz pro Teilzinsperiode	Endwert nach einem Jahr
Jahr	1	6,00000000	1.060,0000
Monat	12	0,50000000	1.061,6778
Tag	365	0,01643836	1.061,8313
Stunde	8.760	0,00068493	1.061,8363
Minute	525.600	0,00001142	1.061,8365

Der Grund dafür liegt in der Tatsache, dass mit der Erhöhung der Zahl der Zinsperioden gleichzeitig der Zinssatz für jede Zinsperiode zurückgeht. So beträgt der Jahreszins 6%, der Monatszins aber nur 0,5%.

Aus mathematischer Sicht kann zur Ermittlung der Endwerte einerseits auf die im vorigen Abschnitt abgeleitete Aufzinsungsformel zurückgegriffen werden. Andererseits ist jedoch der Nominalzins auf die Teilzinsperiode herunterzurechnen und im Exponenten muss die Anzahl der Zinsverrechnungen pro Jahr stehen.

$$K_m = K_0 \cdot \left(1 + \frac{i}{m}\right)^m$$

In dieser Formel steht K_m für das Endkapital nach einem Jahr bei m Zinsperioden. Wird nun, wie oben bereits angedeutet, die Anzahl der Zinsperioden immer weiter erhöht, sodass diese schließlich „gegen unendlich" strebt, dann lässt sich die Formel mithilfe einer mathematischen Konstanten, der Eulerschen Zahl ($e \approx 2,71828$), vereinfacht darstellen.

$$K_m^\infty = \lim_{m \to \infty} K_0 \cdot \left(1 + \frac{i}{m}\right)^m = K_0 \cdot e^i$$

Der mathematische Ausdruck lim geht auf das lateinische Wort *limes* (Grenze) zurück und steht für die Grenzwertbildung. Die Bezeichnung $m \to \infty$ erklärt, dass die Grenzwertbildung für m gegen unendlich durchzuführen ist, d. h. das Endkapital soll für unendlich viele Zinsperioden berechnet werden.

Weicht die gesamte Verzinsungsdauer von dem bisher angenommenen Jahr ab, so ist die Gesamtdauer im Exponenten zu berücksichtigen.

$$K_n = K_0 \cdot e^{i \cdot n}$$

Beispiel

Bei stetiger Verzinsung mit 6% wachsen 100 EUR in drei Jahren auf

$$K_3 = 100 \cdot e^{0,06 \cdot 3} = 119,72 \, \text{EUR}$$

an.

Bei stetiger Abzinsung ist in Analogie zur diskreten Rechnung ein negativer Exponent zu verwenden.

$$K_0 = K_n \cdot e^{-i \cdot n}$$

Beispiel

Der Barwert einer Zahlung in Höhe von 100 EUR, die in vier Jahren fällig ist, beträgt bei einem Zinssatz von 3%

$$K_0 = 100 \cdot e^{-0,03 \cdot 4} = 88,69 \text{ EUR}.$$

Werden gleiche Nominalzinssätze verwendet, so führen die diskrete und die stetige Zinsrechnung zu unterschiedlichen Ergebnissen, denn der Einfluss der Zinseszinsen ist bei der stetigen Verzinsung natürlich viel größer. Insofern ist das Endkapital beim Aufzinsen mit identischen Nominalzinssätzen bei stetiger Verzinsung immer höher als bei diskreter Verzinsung. Umgekehrt fällt das Ergebnis einer Abzinsung bei stetiger Verzinsung mit gleichem Nominalzinssatz niedriger als bei diskreter Verzinsung aus. Um bei beiden Verfahren auf das gleiche Ergebnis zu kommen, muss der stetige Zinssatz daher immer kleiner als der diskrete Zinssatz sein.

Beispiel

Welches Endkapital wird nach fünf Jahren erreicht, wenn der Zinssatz in Höhe von 10% im Rahmen einer diskreten oder einer stetigen Verzinsung verwendet wird? Bei diskreter Rechnung beträgt das Endkapital

$$K_5 = 100 \cdot 1 + 0,10^5 = 161,05 \text{ EUR},$$

bei stetiger Verzinsung

$$K_5 = 100 \cdot e^{0,1 \cdot 5} = 164,87 \text{ EUR}.$$

Offensichtlich ist das Endkapital bei stetiger Verzinsung – bei Verwendung identischer Nominalzinssätze – höher als bei diskreter Zinsrechnung.

Im Folgenden werden einige wichtige Rechenregeln der stetigen Zinsrechnung betrachtet. Das Auf- und Abzinsen wurden oben bereits beschrieben, dies geschieht mithilfe der Eulerschen Zahl. Eine andere Frage ist, wie stetige Zinssätze aus einer gegebenen Wertbewegung berechnet werden können. Aus der Beziehung zwischen Anfangs- und Endkapital

$$K_n = K_0 \cdot e^{\tilde{i}}$$

lässt sich der stetige Zinssatz (hier mit einer Tilde als $\tilde{i}$ gekennzeichnet) mithilfe des *natürlichen Logarithmus* (vgl. hierzu Kapitel 4.1.3) berechnen.

$$\tilde{i} = \ln \frac{K_n}{K_0}$$

Beispiel

Welcher stetige Zinssatz steckt beispielsweise hinter einem Wertzuwachs von 100 EUR auf 110 EUR in einem Jahr? Um den Zinssatz auszurechnen, wird wieder auf den natürlichen Logarithmus zurückgegriffen.

$$\tilde{i} = \ln \frac{110}{100} = 0,0953 = 9,53\%$$

Des Weiteren lässt sich jeder diskrete Zinssatz mithilfe des natürlichen Logarithmus in den entsprechenden stetigen Zinssatz umrechnen.

$$K_0 \cdot (1 + i) = K_0 \cdot e^{\tilde{i}}$$

$$(1 + i) = e^{\tilde{i}}$$

$$\ln(1 + i) = \tilde{i}$$

$$i = e^{\tilde{i}} - 1$$

Beispiel

Beträgt der diskrete Zinssatz beispielsweise 10%, so beläuft sich der äquivalente stetige Zinssatz auf $\ln(1 + 0,10) = 0,0953 = 9,53\%$.

Abschließend sei noch auf zwei interessante Eigenschaften stetiger Werte hingewiesen, die gleichzeitig wichtige Unterschiede zu den diskreten Werten darstellen. Zum einen sind stetige Werte *addierbar*, zum anderen sind sie *symmetrisch*. Bei Verwendung stetiger Zinssätze kann die Gesamtverzinsung über mehrere Teilperioden durch Addition der einzelnen Zinssätze ermittelt werden. Bei diskreter Verzinsung muss die Gesamtverzinsung dagegen mithilfe der Aufzinsungsfaktoren berechnet werden.

Zur Verdeutlichung soll auf ein Beispiel aus dem Aktienbereich zurückgegriffen werden. Insofern handelt es sich bei den ermittelten Werten nicht um diskrete oder stetige Zinssätze, sondern und diskrete oder stetige Renditen.

Beispiel

Angenommen, die Wertveränderung einer Aktie an zwei aufeinander folgenden Tagen beträgt $+2\%$ am ersten Tag und -2% am zweiten Tag bei einem Startwert von 100 EUR. Sind diese Prozentwerte stetige Renditen, so kann die Gesamtveränderung als

$$100 \cdot e^{0,02} \cdot e^{-0,02} = 100 \, \text{EUR}$$

d. h. die Summe der beiden Prozentwerte ($+2\% - 2\% = 0$) ermittelt werden. Handelt es sich dagegen um Angaben in der üblichen diskreten Schreibweise, so beträgt der Marktwert der Aktie am Ende des zweiten Tages

$$100 \cdot (1 + 0,02) \cdot (1 - 0,02) = 99,96 \, \text{EUR}$$

Die gesamte Wertveränderung entspricht nicht der Summe aus beiden diskreten Tagesrenditen.

Stetige Renditen sind symmetrisch, d. h. die gleichen relativen Veränderungen eines Ausgangswertes führen zu gleichen Prozentangaben dieser Veränderungen. Demgegenüber sind diskrete Renditen bei negativen Veränderungen auf maximal -100% begrenzt. Das nachfolgende Beispiel verdeutlicht die Symmetrie der stetigen Werte. Identische relative Wertbewegungen (im Beispiel mal zehn bzw. geteilt durch zehn) haben identische Prozentangaben, positiv wie negativ, zur Folge.

Beispiel

Eine Aktie, die beispielsweise ihren Wert innerhalb eines Jahres von 10 EUR auf 100 EUR verzehnfacht hat, weist gemäß diskreter Rechnung eine Rendite von

$$\frac{100 - 10}{10} = 9 = 900\%$$

auf, gemäß stetiger Rechnung liegt die Rendite bei

$$\ln \frac{100}{10} = 2,3 = 230\%.$$

Hat die Aktie dagegen den Wert von 10 EUR auf 1 EUR gezehntelt, beträgt der prozentuale Wertverlust gemäß diskreter Rechnung

$$\frac{1 - 10}{10} = -0,9 = -90\%,$$

gemäß stetiger Rechnung aber

$$\ln \frac{1}{10} = -2,3 = -230\%.$$

Es ist erkennbar, dass sich die absoluten Prozentangaben bei gleicher relativer Veränderung nur im Rahmen der stetigen Rechnung entsprechen.

Stetige Zinssätze werden zwar bei den typischen Zinsprodukten selten verwendet, haben aber im Rahmen verschiedener finanzwirtschaftlicher Modelle wichtige Einsatzfelder. In den folgenden Abschnitten werden die finanzmathematisch interessanten Anwendungen Renten- und Tilgungsrechnung vorgestellt, die allerdings auf der diskreten Zinsrechnung basieren. Die stetige Zinsrechnung kommt wieder im Rahmen der finanzwirtschaftlichen Anwendungen zum Einsatz.

1.2 Rentenrechnung

1.2.1 Intention der Rentenrechnung

Unter dem Begriff der Rente wird in der Finanzmathematik allgemein die Gesamtheit aller periodisch, d. h. in gleichen Zeitabständen wiederkehrenden Zahlungen in gleicher Höhe verstanden. Jede einzelne dieser Zahlungen wird als *Rate* bezeichnet. Die Raten können dabei sowohl Auszahlungen als auch Einzahlungen repräsentieren.

Beispiel

Solche Raten existieren bei Kreditinstituten beispielsweise im Passivgeschäft bei Sparvorgängen, z. B. beim Vorsorgesparen, im Aktivgeschäft sind die Kapitaldienstleistungen (Annuitäten) zur Verzinsung und Tilgung eines Kredits zu nennen.

Eine Rente kann zwei grundsätzliche Formen annehmen, die als endliche und als ewige Rente bezeichnet werden. Bei einer *endlichen* Rente werden die Ratenzahlungen aus einem gegebenen Kapitalstock finanziert. Die Zahlungen können daher nur solange geleistet werden, bis das Ursprungskapital aufgezehrt ist. Im Unterschied dazu werden bei der *ewigen* Rente nur die aus dem Kapitalstock erzielten Zinsen zur Ratenzahlung verwendet. Das Kapital bleibt folglich erhalten.

Darüber hinaus ist der Zeitpunkt der Ratenzahlung wichtig. Hier können nachschüssige und vorschüssige Renten unterschieden werden. Während eine *nachschüssige* Rente durch n jeweils am Ende einer Zinsperiode wiederkehrende Zahlungen gekennzeichnet ist, fallen die Ratenzahlungen bei einer *vorschüssigen* Rente jeweils am Anfang der Zinsperiode an. Der Unterschied kann grafisch anhand der nachfolgenden Abbildung nachvollzogen werden.

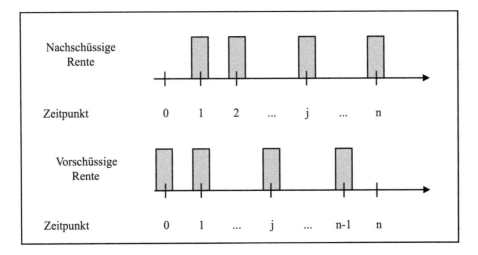

Abbildung 1.4: *Varianten der Rentenzahlung*

Der Unterschied zwischen vor- und nachschüssiger Zahlungsweise ist für die Zinsberechnung bedeutsam, weil sich bei der vorschüssigen Rente im Rahmen von Anlageprozessen die letzte Zahlung noch für eine Periode verzinst, was bei der nachschüssigen Rente nicht der Fall ist. Im Folgenden werden nur nachschüssige Renten betrachtet.

Die Rentenrechnung befasst sich beispielsweise mit den folgenden Fragestellungen:

- Wie hoch müssen die einzelnen Raten sein, um ein bestimmtes Sparziel zu erreichen?

- Wie hoch muss der Zinssatz sein, um ein bestimmtes Sparziel erreichen zu können?

- Wie lang muss die Laufzeit sein, um ein bestimmtes Sparziel zu erreichen?

- Welchen Wert hat eine Rente zu einem bestimmten Zeitpunkt einschließlich der Zinseszinsen?

- Wie lang ist die Laufzeit einer endlichen Rente, bis der Kapitalstock aufgezehrt ist?

Zur Vereinfachung der formalen Darstellungen sind einige Symbole für die wichtigsten Begriffe festzulegen, die im weiteren Verlauf gebraucht werden. Im Folgenden bezeichnen

- r die periodisch wiederkehrende Rate,

- R_n den Rentenendwert aller n geleisteten Raten,

- R_0 den Rentenbarwert aller n geleisteten Raten und

- R_j den Zwischensaldo einer Rente einschließlich Zinseszinsen nach der j-ten Zinsperiode.

Analog zur Darstellung im Rahmen der Zinsrechnung werden auch bei der Rentenrechnung nur Zinsperioden mit der Dauer eines Jahres betrachtet. Es wird dabei generell von einer diskreten Zinsrechnung ausgegangen.

1.2.2 Der Rentenendwert

mithilfe der Zinseszinsrechnung können Zahlungen, die zu unterschiedlichen Zeitpunkten anfallen, vergleichbar gemacht werden, indem sie auf einen einheitlichen Zeitpunkt auf- oder abgezinst werden. Die gleiche Zielsetzung liegt auch dem Rentenendwert und dem Rentenbarwert zu Grunde. Die Überlegung muss aber insofern abgeändert werden, als hier nicht der Wert einer Zahlung in der Zukunft bzw. in der Gegenwart betrachtet wird. Vielmehr liegt hier eine ganze Zahlungsreihe in Form der Rentenzahlungen vor.

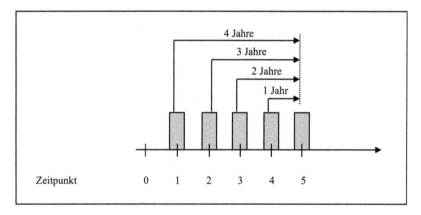

Abbildung 1.5: *Rentenendwert*

Der Rentenendwert entspricht dem Endwert einer Zahlungsreihe, die aus jährlich am Periodenende anfallenden, gleich großen Raten besteht. Anders formuliert ist zur Bestimmung des Rentenendwertes der Endwert einer nachschüssigen Rente, wie sie oben definiert wurde, zu berechnen. Die Berechnung des Endwertes durch Aufzinsen der einzelnen Rentenzahlungen wird schematisch in Abbildung 1.5 verdeutlicht. Ein Beispiel soll die Vorgehensweise zur Ermittlung des Endkapitals verdeutlichen.

Beispiel

Die weiter oben im Beispiel bereits vorgestellte Oma möchte die Sparsumme für das Geschenk an ihren Enkel nicht einmalig einzahlen, sondern fünf Jahre lang jährliche Raten in Höhe von 1.000 EUR leisten. Die Einzahlung erfolgt jeweils zum Jahresende. Welches Endkapital wird erreicht, wenn sie mit der Bank einen Zinssatz von 5% vereinbart?

Der oben dargestellte Zeitstrahl macht die Dauer der Verzinsung der einzelnen Raten deutlich. Die erste, am Ende des ersten Jahres eingezahlte Rate von 1.000 EUR wird für vier Jahre mit 5% verzinst. Das hieraus resultierende Endkapital kann mithilfe des bekannten Aufzinsungsfaktors berechnet werden.

$$K_n = K_0 \cdot (1 + i)^n$$

$$K_5 = 1.000 \cdot (1 + 0,05)^4 = 1.215,51 \text{ EUR}$$

Die Vorgehensweise für die anderen Raten ist identisch, sodass sich der folgende Endwert ergibt:

Zahlung zum Ende von Jahr	Verzinsung für ... Jahre	Endkapital	Betrag
1	4	$1.000 \cdot (1 + 0,05)^4$	1.215,51
2	3	$1.000 \cdot (1 + 0,05)^3$	1.157,63
3	2	$1.000 \cdot (1 + 0,05)^2$	1.102,50
4	1	$1.000 \cdot (1 + 0,05)^1$	1.050,00
5	0	$1.000 \cdot (1 + 0,05)^0$	1.000,00
		Summe	5.525,64

Nach fünf Jahren verfügt die Oma über ein Kapital von 5.525,64 EUR. Im Vergleich zu den ursprünglich vorgesehenen 5.000 EUR kann sie also ihrem Enkel ein etwas größeres Geldgeschenk machen oder den Rest anderweitig verwenden.

Die Berechnung des Endwertes vollzieht sich also nach der folgenden Systematik:

$$R_5 = 1.000 \cdot (1 + 0,05)^4 + 1.000 \cdot (1 + 0,05)^3 + ... + 1.000 \cdot (1 + 0,05)^0$$

$$R_5 = 5.525,64 \text{ EUR}$$

Da bei einer Rente die jährliche Rate definitionsgemäß immer gleich groß ist, kann die Berechnungsweise auch durch Ausklammern der Rate formal vereinfacht werden:

$$R_5 = 1.000 \cdot [(1 + 0,05)^4 + (1 + 0,05)^3 + ... + (1 + 0,05)^0]$$

Die in der eckigen Klammer stehende Summe der Aufzinsungsfaktoren kann auf mathematischem Wege stark vereinfacht werden. Es handelt sich dabei nämlich um eine sogenannte geometrische Reihe, wodurch sich die Berechnung des Endwertes in folgende allgemeine Darstellung überführen lässt:

$$(1 + i)^{n-1} + (1 + i)^{n-2} + ... + (1 + i)^0 = \frac{(1 + i)^n \quad 1}{i}$$

Dieser Ausdruck wird in der Finanzmathematik als *Rentenendwertfaktor* bezeichnet. mithilfe dieses Faktors lässt sich der Endwert einer endlichen Rente mit nachschüssigen Ratenzahlungen wie folgt berechnen:

$$R_n = r \cdot \frac{(1 + i)^n - 1}{i}$$

Beispiel

Das obige Problem soll mithilfe des Rentenendwertfaktors gelöst werden. Es ergibt sich die folgende Gleichung:

$$1.000 \cdot \frac{(1 + 0,05)^5 - 1}{0,05} = 1.000 \cdot \frac{0,2763}{0,05} = 5.525,64 \, \text{EUR}$$

Das Ergebnis stimmt mit dem oben ermittelten Wert überein.

mithilfe des Rentenendwertfaktors ist es möglich, das Endkapital einer Rente mit periodisch gleichen Raten zu berechnen. Das Endkapital entspricht bei nachschüssigen Renten dem Wert der Zahlungsreihe zum Zeitpunkt der letzten Zahlung. Dabei wird auf die Zinseszinsrechnung zurückgegriffen, um Zahlungen, die zu verschiedenen Zeitpunkten anfallen, vergleichbar zu machen. Bei einem Vergleich mehrerer verschiedener Zahlungsströme ist es sinnvoll, von einem einheitlichen Bezugszeitpunkt auszugehen. Wenn dabei die zu vergleichenden Zahlungsströme eine unterschiedliche Laufzeit aufweisen, dann kann allerdings der Endwert nicht als Vergleichskriterium verwendet werden, weil bei unterschiedlichen Laufzeiten der Wert der Zahlungsströme zu verschiedenen Zeitpunkten bestimmt würde. Um die Vergleichbarkeit zu gewährleisten, muss daher ein anderer Zeitpunkt ausgewählt werden. Es bietet sich an, hierfür den Zeitpunkt Null zu verwenden. Dies führt zur Betrachtung von Barwerten.

1.2.3 Der Rentenbarwert

In der Finanzmathematik wird der Wert einer Zahlungsreihe zum Zeitpunkt Null als *Barwert* bezeichnet. Wenn es sich bei der Zahlungsreihe um eine Rente handelt, so ist der Wert dieser Rente zum Zeitpunkt Null der Rentenbarwert. Der Rentenbarwert ist also der Gegenwartswert einer zukünftigen Zahlungsreihe, wenn diese in Form einer Rente ausgestaltet ist. Anders ausgedrückt, handelt es sich beim Rentenbarwert um dasjenige Startkapital, das bei gegebener Verzinsung und Laufzeit zu demselben Endkapital führt wie die Rentenzahlung. Das folgende Beispiel verdeutlicht diesen Sachverhalt.

Beispiel

Die bereits mehrfach betrachtete Oma spart jährlich einen Betrag von 1.000 EUR, was nach fünf Jahren zu einem Endkapital von 5.525,64 EUR führt. Die Frage ist jetzt, welchen Betrag die Oma zu Beginn der fünf Jahre einmalig auf das Sparbuch einzahlen müsste, um den gleichen Endwert zu erhalten.

Der Endwert des Sparvorgangs kann bekanntermaßen mithilfe des Rentenendwertfaktors berechnet werden:

$$R_n = r \cdot \frac{(1 + i)^n - 1}{i}$$

Es wurde ebenfalls schon dargestellt, wie durch Aufzinsung der Endwert einer einmaligen Anlage mithilfe des Aufzinsungsfaktors berechnet werden kann. Werden dabei K_0 und K_n durch

R_0 und R_n ersetzt, ergibt sich

$$R_n = R_0 \cdot (1+i)^n$$

Beide Varianten sollen zum gleichen Ergebnis führen, also müssen die Ergebnisse der beiden Gleichungen identisch sein. Sie können gleichgesetzt werden.

$$R_0 \cdot (1+i)^n = r \cdot \frac{(1+i)^n - 1}{i}$$

Gesucht ist der Wert der Rente zum Zeitpunkt Null, der Rentenbarwert, sodass die Gleichung jetzt nur noch nach R_0 aufgelöst werden muss.

$$R_0 = r \cdot \frac{(1+i)^n - 1}{i \cdot (1+i)^n}$$

Der Ausdruck

$$\frac{(1+i)^n - 1}{i \cdot (1+i)^n} = RBF_n^i$$

wird in der Finanzmathematik als *Rentenbarwertfaktor* bezeichnet.

Beispiel

Die Oma will wissen, mit welcher Einmalanlage sie den gleichen Endwert erzielen könnte wie mit der jährlichen Sparrate von 1.000 EUR. mithilfe des Rentenbarwertfaktors lässt sich der Rentenbarwert berechnen:

$$R_0 = 1.000 \cdot \frac{(1+0,05)^5 - 1}{0,05 \cdot (1+0,05)^5} = 1.000 \cdot \frac{0,2763}{0,0638} = 4.329,48 \, \text{EUR}$$

Eine Probe zeigt, dass eine Aufzinsung des Barwertes zum gleichen Endwert wie der weiter oben beschriebene Sparplan mit jährlichen Sparraten von jeweils 1.000 EUR führt.

$$R_5 = 4.329,48 \cdot (1,05)^5 = 5.525,63 \, \text{EUR}$$

Die Berechnung von Barwerten ist auch für Zahlungsströme möglich, die nicht in Form einer Rente ausgestaltet sind. Diese Anwendung wird im Kapitel zur Barwert- und Effektivzinsrechnung erläutert.

1.3 Tilgungsrechnung

1.3.1 Grundlagen der Tilgungsrechnung

Im Allgemeinen wird mit *Tilgung* die Rückzahlung einer Schuld bezeichnet. Diese wiederum entsteht durch die zeitweise Überlassung von Kapital. Zwischen dem Kapitalgeber, der auch als Gläubiger bezeichnet wird, und dem Kapitalnehmer (Schuldner) wird ein Vertrag geschlossen. In diesem Vertrag werden die Rechte des Gläubigers, beispielsweise das Recht auf Erhalt des eingesetzten Kapitals inklusive der Zinsen, und die Pflichten des Schuldners, also z. B. die Rückzahlungspflicht des erhaltenen Kapitals einschließlich der Zinsen, geregelt. Die Tilgungsrechnung beschäftigt sich mit der Frage, auf welche Weise die Tilgung des Kapitals durch den Schuldner geschehen soll.

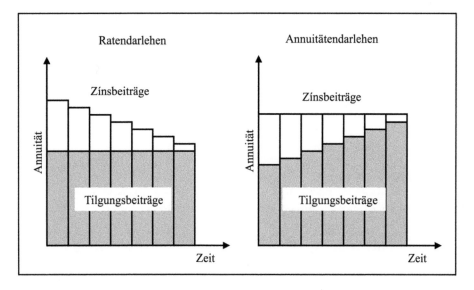

Abbildung 1.6: *Tilgungs- und Annuitätendarlehen*

Auch für die Tilgungsrechnung sind wieder einige Symbole zu definieren, die in den weiteren Abschnitten gebraucht werden. Es bezeichnen

- S die ursprüngliche Schuldsumme, die zurückgezahlt werden muss (z. B. die Höhe des Kredits),

- S_j die Restschuld am Ende des j-ten Jahres,

- n die Laufzeit der Schuld,

- T den Tilgungsbetrag, also den Betrag, um den sich die Restschuld vermindert,

- Z die Zinsen auf die jeweilige Schuld bzw. Restschuld sowie

- A die Annuität , d. h. die Zahlungsbelastung des Kreditnehmers innerhalb der Zinsperiode. Die Annuität setzt sich aus dem Tilgungsbetrag und den Zinsen zusammen ($A = T + Z$).

Die Annuität bildet das Unterscheidungskriterium für die beiden wichtigsten Tilgungsformen im Kreditgeschäft, die im Folgenden betrachtet werden. Während der Schuldner bei der *Annuitätentilgung* eine im Zeitablauf gleich hohe Annuität zu leisten hat, sinkt beim *Ratendarlehen* die Annuität über die Laufzeit kontinuierlich ab. Dafür ist bei der Ratentilgung der Tilgungsbetrag konstant.

Auch in den folgenden Abschnitten wird wieder eine jährliche Zahlungsweise unterstellt.

1.3.2   Ratendarlehen

Wird die Rückzahlung eines Kredits in Form der jährlichen Ratentilgung vereinbart, dann ist die Tilgungsrate pro Jahr stets konstant. Im Gegensatz dazu wird die Annuität , also die Summe aus Tilgungs- und Zinszahlungen, von Jahr zu Jahr *kleiner*. Ein Beispiel dient der Verdeutlichung dieses Sachverhaltes.

Beispiel

Ein Kredit in Höhe von 20.000 EUR soll in fünf Jahren durch Ratentilgung abbezahlt werden. Der Zinssatz beträgt 10%. Die jährliche konstante Tilgungsrate kann berechnet werden, indem die Kreditsumme durch die Anzahl der Tilgungsjahre geteilt wird.

$$T = \frac{S}{n} = \frac{20.000}{5} = 4.000 \, \text{EUR}$$

Die Restschuld vermindert sich also in jedem Jahr um 4.000 EUR. Da die Zinszahlungen immer über die jeweilige Restschuld berechnet werden, nimmt die Zinsbelastung jedes Jahr ab. Sinkende Zinszahlungen und gleicher Tilgungsbetrag pro Jahr führen dazu, dass die Annuität fortlaufend abnimmt. Dieser Sachverhalt kann anschaulich mithilfe einer tabellarischen Darstellung verdeutlicht werden.

Jahr	Restschuld Jahresanfang	Tilgungsrate	Zinsen	Annuität	Restschuld Jahresende
1	20.000	4.000	2.000	6.000	16.000
2	16.000	4.000	1.600	5.600	12.000
3	12.000	4.000	1.200	5.200	8.000
4	8.000	4.000	800	4.800	4.000
5	4.000	4.000	400	4.400	0
				Gesamtbetrag	26.000

Da es relativ mühsam wäre, für jeden Kredit den Tilgungsplan tabellarisch zu erstellen, bietet es sich an, die einzelnen Komponenten über mathematische Formeln auszudrücken. Die *Restschuld* wird für die Berechnung der Zinszahlung benötigt. Da sich die Zinszahlung immer auf die am Jahresanfang vorhandene Restschuld bezieht, ist diese Größe zu berechnen. Es ist aus der Tabelle leicht zu erkennen, dass die Restschuld am Jahresanfang immer die ursprüngliche Kreditsumme, vermindert um $(j-1)$ mal die Tilgungsrate beträgt. Dabei soll j das Jahr der Laufzeit sein. In formaler Darstellung gilt also

$$R_j = S - (j-1) \cdot T.$$

Beispiel

Beispielhaft sollen das erste und das vierte Jahr betrachtet werden.

$$R_1 = 20.000 - (1-1) \cdot 4.000 = 20.000 \text{ EUR}$$

$$R_4 = 20.000 - (4-1) \cdot 4.000 = 8.000 \text{ EUR}$$

Um die *Zinsbelastung* des j-ten Jahres zu berechnen, muss lediglich die am Anfang des Jahres vorhandene Restschuld mit dem Zinssatz multipliziert werden.

$$Z_j = R_j \cdot i = [S - (j-1) \cdot T] \cdot i$$

Beispiel

Auch hier kann wieder das Beispiel betrachtet werden.

$$Z_1 = 20.000 \cdot 0,10 = 2.000 \text{ EUR}$$

$$Z_4 = 8.000 \cdot 0,10 = 800 \text{ EUR}$$

Die *Annuität* des j-ten Jahres ist bekanntermaßen die Summe aus Zins- und Tilgungsleistung dieses Jahres, die beide oben schon berechnet wurden.

$$A_j = Z_j + T = \left[S - (j-1) \cdot \frac{S}{n}\right] \cdot i + \frac{S}{n}$$

Beispiel

Die Anwendung dieser Formel auf das Beispiel führt zu den folgenden Ergebnissen.

$$A_1 = \left[20.000 - (1-1) \cdot \frac{20.000}{5}\right] \cdot 0,10 + \frac{20.000}{5} = 6.000 \text{ EUR}$$

$$A_4 = \left[20.000 - (4-1) \cdot \frac{20.000}{5}\right] \cdot 0,10 + \frac{20.000}{5} = 4.800 \text{ EUR}$$

Schließlich kann auch die gesamte *Kapitaldienstleistung* für ein Ratendarlehen direkt berechnet werden, die sich als Gesamtsumme aller Annuitäten ergibt. Dies dürfte auch die Frage sein, die den Kreditnehmer am meisten interessiert. Ohne an dieser Stelle die Herleitung darzustellen, ergibt sich für diese Gesamtsumme folgende Formel:

$$\text{Gesamtbetrag} = \sum_{t=1}^{n} A_t = S + S \cdot i \cdot \frac{n+1}{2}$$

Auch hier belegt die Anwendung auf das Beispiel die Richtigkeit der Berechnungsvorschrift.

Beispiel

$$\text{Gesamtbetrag} = 20.000 + 20.000 \cdot 0,10 \cdot \frac{5+1}{2} = 26.000\,\text{EUR}$$

Der Nachteil der Ratentilgung liegt darin, dass die einzelnen Raten im Zeitablauf *nicht konstant* sind. Diese Konstruktionsweise führt am Beginn der Laufzeit zu sehr hohen Raten, die gegen Ende immer geringer werden. Aus diesem Grund ist in der Praxis das Annuitätendarlehen üblich, bei dem die jährlichen Annuitäten stets gleich groß sind. Allerdings verändert sich die Zusammensetzung der Raten im Zeitablauf. Am Anfang ist der Zinsanteil relativ groß und der Tilgungsanteil gering, was sich gegen Ende der Laufzeit genau umkehrt. Das Annuitätendarlehen wird im folgenden Kapitel betrachtet.

1.3.3   Annuitätendarlehen

Ein erstes Problem bei der Annuitätentilgung liegt in der *Bestimmung der Annuität*. Um diese ausrechnen zu können, kann aber auf die Erkenntnisse der Rentenrechnung zurückgegriffen werden. Hierbei ist zunächst auf die Übereinstimmung der jährlich konstanten Beträge hinzuweisen. Diese werden in der Rentenrechnung bekanntlich als Rate (r) bezeichnet, im Rahmen der Tilgungsrechnung handelt es sich um die Annuität .

Im vorigen Abschnitt wurde bereits dargestellt, dass der Gesamtaufwand für den Kredit gleich der Summe der Annuitäten ist. Die Summe der Annuitäten ist also mit anderen Worten gleich der Summe aus sämtlichen Zins- und Tilgungsleistungen, oder, einfacher ausgedrückt, der verzinsten Anfangsschuld S. Damit ist der zu leistende Gesamtbetrag nichts anderes als der Endwert der Schuld, entweder ausgedrückt als der Rentenendwert der Annuitäten oder als aufgezinste Anfangsschuld S. In formaler Darstellung gilt also mit den bereits bekannten Formeln:

$$S \cdot (1+i)^n = A \cdot \frac{(1+i)^n - 1}{i}$$

Hier wurde das r aus dem Rentenendwertberechnung durch die Annuität A ersetzt. Diese Formel muss jetzt nur noch nach der Annuität aufgelöst werden.

$$A = S \cdot (1+i)^n \cdot \frac{i}{(1+i)^n - 1}$$

Um die Berechnung zu verdeutlichen, wird das obige Beispiel wieder aufgegriffen.

Beispiel

Betrachtet wird ein Kredit im Volumen von 20.000 EUR, die Laufzeit beträgt fünf Jahre und der Zinssatz 10%. Als Tilgungsform wird die Annuitätentilgung gewählt. Mit diesen Ausgangsdaten kann die Annuität mithilfe der entwickelten Formel berechnet werden.

$$A = 20.000 \cdot (1,1)^5 \cdot \frac{0,1}{(1,1)^5 - 1} = 5.275,95\,\text{EUR}$$

Die jährlich konstante Annuität beträgt also im Beispielsfall 5.275,95 EUR. Die Zins- und Tilgungsanteile der Annuität lassen sich am besten wieder in einer tabellarischen Darstellung verdeutlichen.

Jahr	Restschuld Jahresanfang	Tilgungsrate	Zinsen	Annuität	Restschuld Jahresende
1	20.000,00	3.275,95	2.000,00	5.275,95	16.724,05
2	16.724,05	3.603,54	1.672,41	5.275,95	13.120,51
3	13.120,51	3.963,90	1.312,05	5.275,95	9.156,61
4	9.156,61	4.360,29	915,66	5.275,95	4.796,32
5	4.796,32	4.796,32	479,63	5.275,95	0,00
				Gesamtbetrag	26.379,75

Es ist anhand der Tabelle deutlich erkennbar, wie der Zinsanteil an der Annuität immer kleiner und der Tilgungsanteil immer größer wird. Der Gesamtbetrag ist bei dieser Tilgungsform größer als bei der Ratentilgung.

Auch für das Annuitätendarlehen können *Berechnungsvorschriften* abgeleitet werden, mit denen der jährliche Zinsanteil, der jährliche Tilgungsanteil und die jährliche Restschuld direkt ausgerechnet werden können. Die mathematische Herleitung ist allerdings außerordentlich aufwendig und an dieser Stelle nicht notwendig, sodass hier nur die Formeln genannt werden.

$$\text{Restschuld an Ende des } j\text{-ten Jahres} \quad R_j = S \cdot \frac{(1+i)^n - (1+i)^j}{(1+i)^n - 1}$$

$$\text{Zinsanteil im } j\text{-ten Jahr} \quad Z_j = S \cdot i \cdot \frac{(1+i)^n - (1+i)^{j-1}}{(1+i)^n - 1}$$

$$\text{Tilgungsanteil im } j\text{-ten Jahr} \quad T_j = S \cdot i \cdot \frac{(1+i)^{j-1}}{(1+i)^n - 1}$$

$$\text{Gesamte Kapitaldienstleistung} = n \cdot A$$

Mit dem gezeigten Formelapparat können die gewünschten Größen jeweils berechnet werden.

1.4 Aufgaben und Fallstudien

1.4.1 Aufgaben zur Zinsrechnung

Anmerkung: Soweit nicht anders angegeben, wird bei den Aufgaben und Fallstudien von diskreter Zinsrechnung ausgegangen.

1. Auf welchen Betrag wächst ein Vermögen von 10.000 EUR in 10 Jahren an, wenn eine Verzinsung von 6% erzielt werden kann?

2. Ein Investor legt 4.000 EUR an und erhält nach drei Jahren 4.500 EUR zurück, ein zweiter Investor investiert für den gleichen Zeitraum 6.000 EUR und bekommt 7.200 EUR zurück. Wie hoch ist die jeweilige Verzinsung?

3. Warum müssen beim Vergleich von zeitlich unterschiedliche anfallenden Zahlungen Zinsen berücksichtigt werden?

4. Welchen Kapitalstock muss ein Anleger besitzen, damit er 10 Jahre lang jährlich nachschüssig 3.000 EUR abheben kann? Die Verzinsung des Kapitals beläuft sich auf 3%.

5. Herr Meier möchte seinen zu 8% verzinsten Kredit über 100.000 EUR in den nächsten fünf Jahren mit konstanter Tilgungsrate zurückzahlen. Berechnen sie die Tilgungsrate und zeigen sie anhand eines Zins- und Tilgungsplanes, dass die Rückzahlung nach den fünf Jahren tatsächlich gelungen ist.

6. Bei welchem Zinssatz verdoppelt sich ein Kapitalbetrag in zehn Jahren, wenn er sich entweder exponentiell oder aber stetig verzinst?

7. Klara Klar hat Zita Zins einen Kredit gewährt, wobei vereinbart wurde, dass Zita Zins in sechs Jahren 88.000 EUR an Klara Klar zurückzahlen muss. Zita Zins möchte ihre Verpflichtung bereits heute erfüllen. Welchen Betrag müsste Zita Zins bei einem unterstellten Zinssatz von 8,8% bereits heute an Klara Klar zahlen?

8. Anleger Clever möchte die 25 Jahre bis zur Rente nutzen, um 100.000 EUR anzusparen. Er rechnet mit einer durchschnittlich zu erzielenden Rendite von 2,5% pro Jahr. Welchen konstanten Betrag müsste Clever am Ende jedes Jahres sparen, damit er sein Ziel erreicht?

9. Ein großzügiger Mäzen hat ein Vermögen von 5 Mio. EUR in eine Stiftung eingebracht, um seiner Heimatuniversität die Vergabe von Stipendien und Studienpreisen zu ermöglichen. Die Stiftung investiert sehr konservativ und rechnet mit Erträgen von 2,5% pro Jahr. Die Verwaltungskosten betragen 40.000 EUR jährlich. Mit welchem Betrag kann die Universität pro Jahr rechnen?

10. Die Bevölkerung eines Landes ist in den letzten zehn Jahren in einem stetigen Wachstum von 5% auf 150 Mio. Einwohner angestiegen. Wie hoch war die Einwohnerzahl vor zehn Jahren?

11. Ein Glückspilz gewinnt 2 Mio. EUR in einer Lotterie. Die Lottogesellschaft bietet ihm an, das Geld entweder sofort auszuzahlen, oder aber den Gewinn in 20 jährliche Raten von jeweils 200.000 EUR umzuwandeln. Welche Variante sollte der Glückspilz wählen, wenn er mit einem Zinssatz von 8% kalkuliert?

12. Frau Müller hat einen Bausparvertrag über 100.000 EUR abgeschlossen. Die Zuteilung des Betrages ist in sechs Jahren geplant. Dazu muss der Kontostand 40% der Vertragssumme aufweisen. Die Tilgung soll innerhalb von acht Jahren erfolgen. Wie hoch sind die Einzahlungen, die Frau Müller in den ersten sechs Jahren leisten muss, und wie hoch sind die Tilgungszahlungen der letzten acht Jahre, wenn ein Guthabenzins von 3% und ein Kreditzins von 5% gelten? Alle Zahlungen werden jährlich nachschüssig geleistet.

13. Ein Erbe erhält 56.000 EUR ausgezahlt. Er will das Geld zu 6% bei der Bank anlegen und jährlich nachschüssig jeweils 6.000 EUR ausgezahlt bekommen. Wie groß ist die Restzahlung, wenn sie nach 14 Jahren erfolgt?

14. Eine Bank bietet einen sechsjährigen Sparplan mit jährlich wachsender Verzinsung an. Im ersten Jahr der Laufzeit erhält der Sparer einen Zinssatz von 0,25%, der sich für die nachfolgenden fünf Jahre um jeweils 0,25% erhöht. Welche durchschnittliche jährliche Verzinsung erhält ein Sparer, der die gesamten sechs Jahre durchhält?

1.4.2 Fallstudien zur Zinsrechnung

1. Im Rahmen der Zinsrechnung kann die stetige von der diskreten Zinsrechnung unterschieden werden. Beschreiben Sie die Unterschiede zwischen stetigen und diskreten Zinssätzen hinsichtlich der Kriterien Addierbarkeit und Symmetrie anhand eines Zahlenbeispiels!

2. Ein Kredit von 100.000 EUR soll in 30 Jahren mit gleich bleibenden jährlichen Annuitäten getilgt werden. Der Zinssatz beträgt 10%. Berechnen Sie

   (a) die Annuität,

   (b) die Restschuld nach 20 Jahren,

   (c) den Tilgungsanteil im 12. Jahr,

   (d) den Zinsanteil im 5. Jahr,

   (e) die gesamten Aufwendungen und

   (f) die gesamte Zinsbelastung!

3. Herr Meier möchte ein Auto kaufen. Zur Auswahl stehen zwei Varianten: Ein Premium-Fahrzeug, das 40.000 EUR kostet und nach drei Jahren voraussichtlich zum Preis von 25.000 EUR weiterverkauft werden kann, sowie ein Normal-Fahrzeug, das zum Preis von 34.000 EUR erworben werden kann. Der Verkaufserlös in drei Jahren wird auf 19.000 EUR geschätzt.

   (a) Herr Meier hält beide Fahrzeuge für gleichermaßen geeignet, sodass er seine Kaufentscheidung allein auf die finanzielle Sicht beschränken kann. Ein Bekannter des Käufers rät ihm wegen des höheren Wiederverkaufswertes zum Premium-Fahrzeug. Ist diesem Rat zuzustimmen, wenn der Käufer mit einem Zinssatz von 8% kalkuliert?

   (b) Welche jährliche Rate müsste der Käufer beim Kauf des Premium-Fahrzeugs bezahlen, wenn er den Kaufpreis über drei Jahre zu 8% finanziert?

4. Herr Müller hat vor fünf Jahren begonnen, für den Kauf eines kleinen Segelschiffs zu sparen. Er besaß damals einen Betrag von 5.000 EUR, den er für die fünf Jahre angelegt hat. Des weiteren hat er während dieses Zeitraums seinem Vermögen jährlich einen Betrag von 4.000 EUR zugeführt (jeweils am Jahresende).

   (a) Über welchen Betrag kann Herr Müller heute verfügen, wenn sich die Finanzmittel zu 4% verzinst haben?

   (b) Der Verkäufer macht über seine Hausbank Herrn Müller ein sehr günstiges Finanzierungsangebot, dessen Effektivverzinsung unterhalb des Anlagezinssatzes von

8% liegt. Daher entschließt sich Herr Müller, das angesparte Vermögen nicht für den Kauf des Schiffes zu verwenden, sondern den Segler für einen Zeitraum von vier Jahren zu finanzieren und die aus der Finanzierung resultierenden jährlichen Raten aus dem angesparten Vermögen zu entnehmen. Welche maximale jährliche Rate wäre für Herrn Müller finanzierbar?

(c) Angenommen, der Preis des Schiffes, das Herr Müller sich ausgesucht hat, entspricht genau dem angesparten Betrag, wie er in Aufgabe a) berechnet wurde. Welchen Betrag kann Herr Müller heute für zusätzliche Sonderausstattungen ausgeben, wenn er die in b) beschriebene Finanzierungsvariante wählt und die Schiffsfinanzierung zu 2,0% effektivem Jahreszins möglich ist? Unterstellen Sie für die Finanzierung wiederum jährliche Raten.

(d) Welche jährlichen Sparbeträge wären in den vergangenen fünf Jahren erforderlich gewesen, wenn Herr Müller alternativ zu dem bisher betrachteten Segelschiffchen eine Luxusyacht für 100.000 EUR erwerben wollte?

5. Ellen Ripley plant einen Urlaub auf der Internationalen Raumstation. Dieser erfordert einen Kapitaleinsatz von 7,5 Mio. EUR. Ripley hat vor fünf Jahren aus einer Belobigung einen Betrag von einer Mio. EUR erhalten und diesen bei der Bank zu 3,469% angelegt. Diese Anlage wurde gerade fällig und kann nicht verlängert werden. Außerdem hat Ellen seitdem fünfmal (jährlich nachschüssig) 250.000 EUR eingezahlt, die mit 2,5% verzinst wurden.

(a) Wie hoch ist das momentane Vermögen von Ripley und welcher Betrag fehlt demnach zur Bezahlung des Urlaubs?

(b) Die Bank bietet Ripley an, den fehlenden Betrag über einen Kredit mit Sonderkonditionen von 12,5% p.a. sofort zur Verfügung zu stellen. Kann sie sich ihren Traum erfüllen, wenn sie wie bisher 250.000 EUR jährlich zur Bedienung des Kredits aufbringen kann und der Kredit über 25 Jahre laufen soll?

(c) Wie hoch wären die jährlichen Raten, wenn der fehlende Betrag als Kreditsumme vereinbart würde?

1.5 Symbolverzeichnis

Symbole und Abkürzungen des ersten Kapitels:

Symbol	Erklärung
A	Annuität
e	Eulersche Zahl
$\tilde{\imath}$	stetiger Zinssatz
i	diskreter Zinssatz
j	Zahlungszeitpunkte auf dem Laufindex
K_0	Ausgangs- oder Startkapital zum Zeitpunkt 0
K_j	Zwischensaldo nach der j-ten Zinsperiode
K_m	Endkapital nach einem Jahr bei m Zinsperioden
K_n	Endkapital nach n Zinsperioden
lim	limes (Grenze)
ln	natürlicher Logarithmus
m	Anzahl Zinsperioden
n	Laufzeit
p	Nominalzins pro Zinsperiode in Prozent
q	Summe $1 + i$
r	periodisch wiederkehrende Rate in der Rentenrechnung
R_0	Rentenbarwert
R_j	Wert einer Rente einschließlich Zinseszinsen nach der j-ten Zinsperiode
R_n	Rentenendwert
S_j	Restschuld am Ende des j-ten Jahres
S_0	ursprüngliche Schuldsumme
T	Tilgungsbetrag
Z	Zinsen

Tabelle 1.1: *Symbolverzeichnis Kapitel 1*

1.6 Literaturhinweise zu Kapitel 1

- Cremers, H.: Mathematik für Wirtschaft und Finanzen I, Frankfurt 2002

- Hölscher, R./Kalhöfer, C.: Mathematische Grundlagen, Finanzmathematik und Statistik für Bankkaufleute, 2. Auflage, Wiesbaden 2001.

- Kruschwitz, L.: Finanzmathematik: Lehrbuch der Zins-, Renten-, Tilgungs-, Kurs- und Renditerechnung, 5. Auflage, München 2010.

- Martin, T.: Finanzmathematik: Grundlagen –Prinzipien –Beispiele, 3. Auflage, Leipzig 2014.

- Sydsæter, K./Hammond, P.: Mathematik für Wirtschaftswissenschaftler – Basiswissen mit Praxisbezug, 4. Auflage, München 2013.

- Wahl, D.: Finanzmathematik – Theorie und Praxis, Stuttgart 1998.

2 Statistik

2.1 Grundbegriffe der Statistik

2.1.1 Die Grundgesamtheit einer statistischen Untersuchung

In vielen Bereichen des inner- und außerbetrieblichen Geschehens müssen Entscheidungen auf der Basis von bestimmten Daten getroffen werden. Da die Daten oftmals in großen Mengen und unstrukturiert vorliegen, werden Verfahren und Methoden benötigt, die das Datenmaterial beschreiben, strukturieren, auswerten und analysieren können. In diesem Zusammenhang kommt der Statistik eine große Bedeutung zu.

In der sprachlichen Anwendung werden allerdings im Allgemeinen zwei Bedeutungen des Begriffs „Statistik" unterschieden. Zum einen wird als Statistik die *Zusammenstellung von Zahlen oder Daten* bezeichnet, die bestimmte Umweltereignisse beschreiben. Hierbei handelt es sich um in einer bestimmten Form, beispielsweise in Tabellen, zusammengestellte Daten, die vorher aufbereitet wurden.

Beispiel

- In einer Bevölkerungsstatistik werden alle lebenden Personen erfasst, aufgegliedert z. B. nach Alter oder Geschlecht.
- Eine Umsatzstatistik enthält die Umsätze einer Unternehmung für die einzelnen Produkte, beispielsweise nach Monaten gegliedert.
- Die Zulassungsstatistik für Kraftfahrzeuge enthält eine Aufstellung über die Anzahl der zugelassenen Fahrzeuge jedes Typs und jeder Marke.

In seiner zweiten Bedeutung werden unter dem Begriff der Statistik alle Methoden zur Untersuchung von Massenerscheinungen zusammengefasst. Der Begriff der Statistik beschreibt hier also die *wissenschaftliche Disziplin*, die formale Methoden zur Erfassung, Analyse und Beurteilung von Beobachtungen (Daten) entwickelt und anwendet. Im Allgemeinen wird die wissenschaftliche Disziplin der Statistik in zwei Teilbereiche aufgegliedert, die deskriptive und die induktive Statistik.

Das Ziel der *deskriptiven* oder *beschreibenden Statistik* besteht in der Aufbereitung und grafischen Darstellung von Daten. Dabei werden die zugrunde liegenden umfangreichen Datenmengen auf wenige, aber aussagefähige Maßzahlen konzentriert. Im Extremfall kann eine einzige Zahl, z. B. der Durchschnitt, zur Charakterisierung der gesamten Datenmenge verwendet werden.

Die *induktive* oder *schließende Statistik* enthält diejenigen Methoden, die zum Treffen von rationalen Entscheidungen im Falle von Unsicherheit oder Risiko benötigt werden. Aufgabe der induktiven Statistik ist der Rückschluss von Ergebnissen einer Stichprobe auf Regeln für die Grundgesamtheit der Daten. Die induktive Statistik beruht auf der Wahrscheinlichkeitsrechnung. Die im Rahmen der induktiven Statistik zur Verfügung stehenden Methoden helfen dabei, das Risiko kalkulierbar zu machen.

Um die wichtigsten Begriffe aus dem Bereich der Statistik zu erläutern, bietet es sich an, die bei der Durchführung einer statistischen Untersuchung notwendigen einzelnen Schritte zu betrachten. Der *Prozess* einer statistischen Untersuchung kann dabei in drei grundsätzliche Schritte eingeteilt werden. In diesen Schritten ist zu klären,

- auf *welcher Datenbasis* die Untersuchung beruhen soll,

- *welche Informationen* benötigt und

- *wie* die Daten erhoben, d. h. gesammelt

werden sollen. Die genannten Schritte werden im Folgenden beschrieben.

Im ersten Schritt muss festgelegt werden, auf welcher Datenbasis die Untersuchung durchgeführt werden soll.

Die *Datenbasis* besteht aus einzelnen Objekten, die untersucht werden sollen. Einzelne Objekte werden als Untersuchungseinheiten oder auch statistische Einheiten bezeichnet und mit dem Symbol ω dargestellt. Alle Untersuchungseinheiten bilden zusammen die sogenannte *Grundgesamtheit*, die mit dem Symbol Ω gekennzeichnet wird. Die beiden Symbole Ω und ω stehen dabei für den griechischen Buchstaben Omega in Groß- und Kleinschreibung.

Beispiel

Bei einer Untersuchung über die Kundenzufriedenheit in einer Bankfiliale bilden alle Kunden die Grundgesamtheit Ω, jeder einzelne Kunde repräsentiert eine Untersuchungseinheit ω.

Je nach Untersuchungsziel müssen die statistischen Einheiten im Hinblick auf sachliche, räumliche und zeitliche *Identifikationskriterien* abgegrenzt werden. Diese Abgrenzung ist abhängig von der jeweiligen Fragestellung. Für das obige Beispiel könnte diese Abgrenzung etwa folgendermaßen aussehen:

Beispiel

- Sachlich: Kunden der Bank.

- Räumlich: Kunden, die bevorzugt eine bestimmte Filiale besuchen.

- Zeitlich: Kundenzufriedenheit im letzten Monat.

Für die Einteilung einer Grundgesamtheit in ihre statistischen Einheiten ist es bedeutend, dass die einzelnen Einheiten durch gleiche Identifikationskriterien gekennzeichnet sind. Sofern es bei den statistischen Einheiten einen direkten zeitlichen Bezug gibt, lassen sich zwei spezielle Arten von Grundgesamtheiten unterscheiden.

Bei einer *Bestandsmasse* wird die Grundgesamtheit Ω durch einen Zeitpunkt abgegrenzt. Die statistischen Einheiten befinden sich am Stichtag in der Grundgesamtheit.

Beispiel

Ein Beispiel für eine Bestandsmasse ist die Anzahl der Teilnehmer an einer beruflichen Weiterbildungsmaßnahme am Ersten eines Monats.

Eine *Bewegungsmasse* ist durch einen Zeitraum abgegrenzt. Für die Erfassung von Bewegungsmassen wird während eines Zeitintervalls gezählt, wie viele Ereignisse eingetreten sind. Insofern wird die Bewegungsmasse auch als Ereignismasse bezeichnet.

Beispiel

Ein Beispiel für eine Bewegungsmasse ist die Anzahl der Anmeldungen zu einer beruflichen Weiterbildungsmaßnahme im Juli.

Der erste Schritt, die Festlegung der Grundgesamtheit, ist damit abgeschlossen. Im zweiten Schritt der Untersuchung muss geklärt werden, welche Informationen über die Grundgesamtheit bzw. die statistischen Einheiten benötigt werden.

2.1.2 Merkmale und ihre Skalierung

Bei einer statistischen Untersuchung gilt im Allgemeinen das Interesse nicht den einzelnen Untersuchungseinheiten an sich, sondern bestimmten *Eigenschaften* dieser Einheiten. Einzelne Aspekte oder Eigenschaften einer statistischen Einheit werden als Merkmal oder statistische Variable bezeichnet. Als Symbol wird üblicherweise das X benutzt. Die einzelnen Merkmalsausprägungen, die ein Merkmal annehmen kann, heißen Merkmalsausprägungen und werden mit x bezeichnet.

Beispiel

- Statistische Einheit ω: Student
- Merkmal X: Geschlecht
- Merkmalsausprägungen x: x_1 männlich oder x_2 weiblich

Es ist leicht verständlich, dass es eine Vielzahl von Merkmalen mit einer noch größeren Zahl von Merkmalsausprägungen geben kann. Um sinnvoll mit den Merkmalen und ihren Ausprägungen arbeiten zu können, ist eine *Systematisierung* notwendig. Zunächst kann zwischen qualitativen und quantitativen Merkmalen unterschieden werden. *Qualitative* Merkmale werden auch als artmäßige Merkmale bezeichnet. Sie unterscheiden sich durch ihre Art, d. h. die Art des Merkmals kann verschiedene Ausprägungen annehmen.

Beispiel

Qualitative Merkmale sind die Augenfarbe, das Geschlecht oder der Wohnort einer Person. Auch Schulnoten stellen ein qualitatives Merkmal dar.

Quantitative Merkmale unterscheiden sich durch ihre Größe. Sie sind messbar und werden mit Zahlen erfasst. Die Art der Messbarkeit hat eine weitere Unterscheidung zur Folge: Bei den quantitativen Merkmalen wird nämlich zwischen diskreten und stetigen Merkmalen differenziert. Ein Merkmal ist *diskret*, wenn es abzählbar viele Merkmalsausprägungen besitzt. Ein *stetiges* Merkmal verfügt im Unterschied dazu über unendlich viele Ausprägungen.

Beispiel

Quantitative diskrete Merkmale sind beispielsweise die Schuhgröße, die Semesterzahl oder die Anzahl der Kinder. Beim Umsatz eines Betriebes, der Wohnungsmiete oder der Wartezeit beim Arzt handelt es sich dagegen um stetige Merkmale.

Neben der Klassifizierung der Merkmale, wie sie vorstehend durchgeführt wurde, ist es auch wichtig, die Skala zu kennen, auf der alle möglichen Ausprägungen eines Merkmals abgebildet sind. Die Art der *Skalierung* eines Merkmals entscheidet über die Zulässigkeit von Transformationen, d. h. mathematischen Operationen mit den Merkmalsausprägungen. Im Folgenden sind die verschiedenen Skalenarten jeweils mit einigen Beispielen zusammengestellt.

Die Ausprägungen eines *nominalskalierten Merkmals* unterliegen keiner Rangfolge, sie können nicht geordnet werden. Die einzig mögliche Prüfung besteht darin, ob zwei statistische Einheiten die gleiche Merkmalsausprägung haben.

Beispiel

Ein typisches nominalskaliertes Merkmal ist die Farbe. Die Farben können unterschieden, aber nicht in eine Rangfolge gebracht werden. Blau ist nicht besser, größer etc. als Rot.

Bei einer *Ordinalskala* können die Merkmalsausprägungen gemäß ihrer Intensität geordnet werden. Die Abstände zwischen den Werten der Skala lassen sich aber nicht interpretieren.

Beispiel

Die Schulnoten sind ein gutes Beispiel für ordinalskalierte Merkmale. Die Note „Sehr Gut" ist besser als die Note „Gut", aber der Unterschied zwischen den Noten ist nicht einheitlich interpretierbar. So ist beispielsweise der Unterschied zwischen „Gut" und „Befriedigend" ein anderer als zwischen „Ausreichend" und „Mangelhaft", denn letzteres führt zum Nichtbestehen der Prüfung.

Die *Kardinalskala* oder metrische Skala enthält Merkmalsausprägungen, die in eine Rangfolge gebracht werden können, und deren Abstände mess- und interpretierbar sind. Die Kardinalskala lässt sich mit der Intervall-, der Verhältnis- und der Absolutskala in drei weitere Skalen unterteilen. Eine *Intervallskala* besitzt keinen natürlichen Nullpunkt und keine natürliche Einheit. Bei einer Intervallskala sind deswegen nur Differenzenbildungen zwischen den Merkmalsausprägungen zulässig. Es können nur die Abstände interpretiert werden.

Beispiel

Als Beispiel für eine Intervallskala bietet sich die Temperaturmessung in Grad Celsius an. Hierbei sind die Abstände vergleichbar (der Unterschied zwischen 10 und 20 Grad ist genauso groß wie der Unterschied zwischen 20 und 30 Grad), es gibt aber keinen natürlichen Nullpunkt (der ist willkürlich gewählt). Aussagen wie „Bei 10 Grad ist es doppelt so warm wie bei 5 Grad" sind nicht sinnvoll interpretierbar.

Bei einer *Verhältnisskala* existiert ein natürlicher Nullpunkt. Die Bildung von Quotienten ist zulässig, damit können Verhältnisse zwischen mehreren Merkmalsausprägungen sinnvoll interpretiert werden.

Beispiel

Als Beispiel kann die Geschwindigkeit herangezogen werden. Hierbei gibt es einen natürlichen Nullpunkt. Vergleiche der Form „50 km/h ist doppelt so schnell wie 25 km/h" sind zulässig. Auch Geldbeträge werden auf einer Verhältnisskala abgebildet. Werden als Beispiel die Kontoführungsgebühren von zwei Banken betrachtet, von denen die eine 2 EUR im Monat, die andere 4 EUR im Monat in Rechnung stellt, dann sind sowohl der Abstand (2 EUR) als auch das Verhältnis (4 EUR sind doppelt so viel wie 2 EUR) korrekt interpretierbar.

Die *Absolutskala* ist ein Spezialfall der Verhältnisskala, bei der zusätzlich eine natürliche Einheit hinzukommt.

Beispiel

Die Semesteranzahl ist ein Beispiel für eine Absolutskala. Da die Ausprägungen Anzahlen sind, werden sie in einer natürlichen Einheit gemessen. Außerdem gibt es einen Nullpunkt.

Nachdem das zu erhebende Merkmal und dadurch auch seine Skalierung festgelegt wurden, ist es im nächsten Schritt erforderlich, die Daten zu erheben, d. h. für alle Elemente der Grundgesamtheit die gesuchten Merkmalsausprägungen zu sammeln.

2.1.3 Möglichkeiten der Datenerhebung

Statistische Verfahren beschäftigen sich mit der Untersuchung von Daten. Bevor aber mit der Untersuchung eines Datenbestandes begonnen werden kann, müssen Daten vorhanden sein bzw. beschafft werden. Die Beschaffung der Daten wird als *Erhebung* bezeichnet. Die Qualität der Aussagen einer statistischen Untersuchung hängt stark von der Qualität der erhobenen Daten ab. Dementsprechend bildet die Datenerhebung nach der Festlegung der Grundgesamtheit, der statistischen Einheiten und der zu untersuchenden Merkmale den dritten Schritt in einer statistischen Untersuchung. Mit ihr werden die Merkmalsausprägungen der statistischen Einheiten gemessen, die Bestandteile der zu untersuchenden Grundgesamtheit darstellen.

Die Datenerhebung wirft zwei zentrale Fragestellungen auf: Erstens ist zu klären, wie die Daten beschafft und zweitens, wie viele Untersuchungseinheiten erhoben werden sollen. Hinsichtlich der ersten Frage ist zunächst festzulegen, ob die Daten direkt erhoben werden, was als *Primärerhebung* bezeichnet wird, oder ob sie aus anderen Erhebungen oder aus anderen Quellen stammen sollen. Letztere Form trägt die Bezeichnung *Sekundärerhebung*. Im Rahmen der Primärerhebung gibt es wiederum drei Möglichkeiten, die Befragung, das Experiment und die Beobachtung. Die *Befragung* erfolgt auf mündlichem, schriftlichem oder telefonischem Wege mit Hilfe eines Fragebogens.

Beispiel

Ein Beispiel hierfür wäre die Befragung von Passanten in der Fußgängerzone nach Alter, Familienstand oder Kinderzahl.

Unter *Experimenten* sind methodisch angelegte Untersuchungen zu verstehen. Sie werden meistens in den Naturwissenschaften oder im technischen Bereich verwendet, hierbei sind viele Anwendungsmöglichkeiten denkbar.

Beispiel

Wenn ein Automobilhersteller einer bestimmten Anzahl von Kunden ein neues Fahrassistenzsystem zum Testen bereitstellt, um dessen Wirkungsweise beurteilen zu lassen, ist dies ein Experiment.

Bei einer *Beobachtung* werden die Daten von einem Beobachter erhoben. Die Beobachtung benötigt ein Beobachtungsinstrumentarium, analog zum Fragebogen bei der Befragung.

Beispiel

Die Aufzeichnung der täglichen Kurse und Umsätze an der Börse kann als Beobachtung bezeichnet werden.

Die zweite Fragestellung betrifft den Umfang der Erhebung. Hier sind zwei Formen zu unterscheiden: Bei einer *Vollerhebung* werden alle statistischen Einheiten einer Grundgesamtheit erfasst, eine *Teilerhebung* oder auch Stichprobe berücksichtigt nur eine Teilmenge der Grundgesamtheit. Welche dieser Formen gewählt wird, hängt von dem Untersuchungsgegenstand ab. Stichproben sind möglicherweise billiger, schneller durchzuführen und eventuell genauer, da sie im Detail sorgfältiger durchgeführt werden können. Mitunter sind Vollerhebungen sinnlos oder zu langwierig.

Beispiel

Eine Vollerhebung über die Lebensdauer eines Gerätes wäre erst dann abgeschlossen, wenn auch das letzte Gerät defekt ist. Das Ergebnis wäre für die potentiellen Käufer uninteressant.

Mit dem Abschluss der Datenerhebung liegen die zu untersuchenden Datensätze vor und können nunmehr analysiert werden. Hierzu eignen sich sowohl grafische als auch mathematische Untersuchungsmethoden, die im Folgenden vorgestellt werden.

2.2 Eindimensionale Häufigkeitsverteilungen

2.2.1 Der Begriff der Häufigkeit

Die Untersuchung eines statistischen Merkmals X wird an n statistischen Einheiten oder Merkmalsträgern durchgeführt. Dies führt zu n Beobachtungswerten $a_1...a_n$, die die sogenannte *Urliste* bilden. Schon bei relativ wenigen Beobachtungswerten kann die Darstellung der Urliste allerdings verwirrend und unübersichtlich sein. Eine wichtige Aufgabe der Datenaufbereitung ist es daher, für jedes Merkmal eine Häufigkeitsverteilung zu erstellen, in der die Datenstruktur übersichtlich dargestellt ist. Sofern hierbei nur ein Merkmal untersucht wird, spricht man von einer eindimensionalen Häufigkeitsverteilung.

Um allgemeingültige Aussagen treffen zu können, sind einige formale Anmerkungen notwendig. Ein bestimmtes, zu untersuchendes Merkmal X kann in k verschiedenen Ausprägungen vorkommen. Jede dieser Ausprägungen wird mit x bezeichnet, sodass die einzelnen Ausprägungen die Werte $x_1, x_2, ..., x_k$ annehmen können. Der gesamte Umfang der Untersuchung beträgt n statistische Einheiten.

Vor der nun folgenden Darstellung verschiedener Häufigkeitsverteilungen soll für die beispielhafte Erläuterung eine gemeinsame Ausgangssituation beschrieben werden. Anhand dieser Daten werden die Häufigkeitsbegriffe und – im folgenden Kapitel – die verschiedenen Lageparameter verdeutlicht.

Beispiel

Die Marketingabteilung einer Bank führt eine Untersuchung über die monatlichen Kontoführungsgebühren von 12 ortsansässigen Banken durch. Die aus dem Ergebnis der Umfrage stammende Urliste ist in der nachfolgenden Tabelle zusammengefasst.

Bank	1	2	3	4	5	6	7	8	9	10	11	12
Geb. [EUR]	5	9	0	4	6	7	3	5	6	2	5	4

Anhand der Urliste können die oben genannten Werte bestimmt werden: Die Anzahl der Untersuchungsobjekte beträgt $n = 12$ (Es handelt sich um 12 untersuchte Banken). Das Merkmal „monatliche Kontoführungsgebühren" nimmt in der Untersuchung $k = 8$ Merkmalsausprägungen an (Die genannten Gebührensätze x_j (mit $j = 1, ..., 8$) sind 0, 2, 3, 4, 5, 6, 7 und 9 EUR).

Bei der Bestimmung von Häufigkeiten sind zwei Ausprägungen zu unterscheiden, die als absolute und relative Häufigkeit bezeichnet werden. Die *absolute Häufigkeit* h_j einer Merkmalsausprägung ist die Anzahl der statistischen Einheiten, die eine bestimmte Merkmalsausprägung x_j aufweisen.

Beispiel

Das Beispiel verdeutlicht diesen Sachverhalt. Es wird zu jeder Merkmalsausprägung die Anzahl der Nennungen ermittelt.

j	1	2	3	4	5	6	7	8
x_j (Geb. [EUR])	0	2	3	4	5	6	7	9
h_j (Anzahl)	1	1	1	2	3	2	1	1

Die absolute Häufigkeit ist allerdings ungeeignet, wenn mehrere Untersuchungen mit unterschiedlichem Umfang bezüglich eines Merkmals miteinander verglichen werden sollen. Daher ist die Berechnung der *relativen Häufigkeit* oftmals sinnvoller. Sie stellt nichts anderes dar als den prozentualen Ausdruck der absoluten Häufigkeit. Die relative Häufigkeit kann berechnet werden, indem die jeweiligen absoluten Häufigkeiten durch die Summe aller Beobachtungswerte (n) geteilt wird.

$$f_j = \frac{h_j}{n}$$

Beispiel

Zur Verdeutlichung wird das Beispiel aufgegriffen, wobei aus Gründen der Übersichtlichkeit wieder die Darstellung in Tabellenform gewählt wird. Zur Erinnerung: Die Anzahl der statistischen Einheiten beträgt 12.

j	1	2	3	4	5	6	7	8
x_j (Geb. [EUR])	0	2	3	4	5	6	7	9
h_j (Anzahl)	1	1	1	2	3	2	1	1
$f_j = h_j/12$	8,33%	8,33%	8,33%	16,67%	25,00%	16,67%	8,33%	8,33%

Die Darstellung der Häufigkeitsverteilungen – unabhängig davon, ob es sich um absolute oder relative Häufigkeiten handelt – in Tabellenform, der sogenannten *Häufigkeitstabelle*, wie es vorstehend dargestellt wurde, ist nur bedingt übersichtlich.

Beispiel

Für das schon bekannte Beispiel lässt sich die Häufigkeitsverteilung grafisch beispielsweise anhand der nachfolgend dargestellten Diagramme verdeutlichen.

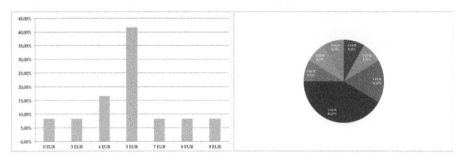

Die Häufigkeitstabelle enthält zwar alle Zahlen im Detail, ermöglicht aber in der Regel nicht das Erfassen der Daten auf einen Blick. Aus diesem Grund werden oftmals grafische Darstellungen verwendet, die zudem leichter verständlich sind. Zwei wichtige Formen der grafischen Darstellung sollen hier kurz vorgestellt werden: das Balkendiagramm und das Kreisdiagramm. Ein *Balkendiagramm* stellt die einfachste Möglichkeit dar, metrische Daten zu veranschaulichen. Es lässt sich sinnvoll allerdings nur für diskrete Merkmale verwenden, da es ansonsten zu nahezu unendlich vielen Balken kommen würde. Ein Balkendiagramm entsteht, indem die absolute oder relative Häufigkeit jeder Merkmalsausprägung als Balken über der entsprechenden Merkmalsausprägung in ein Koordinatensystem eingetragen wird. Bei einem *Kreisdiagramm* werden die Häufigkeiten als Kreissektoren dargestellt, wobei die Sektorflächen proportional zu den Häufigkeiten gewählt werden müssen. Ein Kreisdiagramm eignet sich ebenfalls nur zur Darstellung von diskreten Merkmalen.

2.2.2 Statistische Kennzahlen

Im vorigen Kapitel wurden verschiedene Darstellungsmöglichkeiten von eindimensionalen Verteilungen beschrieben. Diese Tabellen oder Grafiken vermitteln einen Eindruck von der Gestalt und der Lage der Verteilung. Um nicht ausschließlich von optischen Eindrücken bei der Beurteilung abhängig zu sein, muss dieser Eindruck *objektiviert*, d. h. durch quantitative Größen messbar gemacht werden. Auf diese Weise ist es möglich, Vergleiche zwischen den Verteilungen verschiedener Merkmale durchzuführen. Die Objektivierung umfasst verschiedene Aspekte, beispielsweise können

- die Lage (die durchschnittliche Größenordnung der Variable),
- die Streuung (wie eng die einzelnen Werte zusammenliegen),
- die Schiefe (ob die Verteilung symmetrisch ist oder nicht) sowie
- die Wölbung (ist die Verteilung eher spitz- oder flachgipflig)

einer Verteilung gemessen werden. In diesem Kapitel werden Kennzahlen zur Lage und zur Streuung betrachtet.

Ein *Lageparameter* versucht, die Verteilung der Grundgesamtheit durch eine einzige Zahl zu charakterisieren. Der Lageparameter soll möglichst gut beschreiben, wo das gesamte Datenmaterial auf der Merkmalsachse lokalisiert ist. Er dient also der Beschreibung des mittleren Niveaus eines Merkmals.

Beispiel

Beispiele hierfür sind das Durchschnittseinkommen, das mittlere Lebensalter oder das am häufigsten genannte Problemfach in einem Ausbildungsgang.

Es gibt eine stattliche Anzahl von Lageparametern, von denen im Folgenden drei näher betrachtet werden sollen. Dabei handelt es sich um den Modalwert, den Median und das arithmetische Mittel.

Der *Modalwert* oder *Modus* gibt die Merkmalsausprägung an, die die größte Häufigkeit aufweisen. Der Modalwert ist der wichtigste Lageparameter für nominalskalierte Merkmale. Er sollte allerdings nur bei eingipfligen Verteilungen angewendet werden.

Beispiel

Eine Zusammenstellung der Daten des Ausgangsbeispiels, bei dem die Anzahl der einzelnen Merkmalsausprägungen gezählt wird, führt zu der folgenden Übersicht:

Gebühren [EUR]	0	1	2	3	4	5	6	7	8	9
Anzahl	1	0	1	1	2	3	2	1	0	1

Die Zusammenstellung verdeutlicht, dass die häufigste Merkmalsausprägung 5 EUR beträgt und dieser Gebührensatz drei Mal festgestellt wurde. Der Modalwert dieser Verteilung ist also 5 EUR.

Der *Median* $\tilde{x}$ einer Verteilung ist dadurch charakterisiert, dass (mindestens) 50% der beobachteten Merkmalsausprägungen größer oder gleich diesem Wert und (mindestens) 50% kleiner oder gleich diesem Wert sind. Der Median kann nur bestimmt werden, wenn es sich um ordinal oder metrisch skalierte Merkmale handelt, die Merkmalsausprägungen also der Größe nach geordnet werden können. Er beschreibt den Wert, der in der Mitte der geordneten Zahlenreihe liegt und damit das Zentrum der Verteilung. Bei einer ungeraden Anzahl von Beobachtungen ist der Median dementsprechend der Wert in der Mitte der geordneten Reihe, während er sich bei einer geraden Anzahl von Beobachtungen als Mittelwert der beiden mittleren Beobachtungswerte der geordneten Reihe berechnen lässt.

Beispiel

Eine nach der Größe geordnete Verteilung der Merkmalsausprägungen im Beispielsfall hat die folgende Form:

Element	1	2	3	4	5	6	7	8	9	10	11	12
Geb. [EUR]	0	2	3	4	4	5	5	5	6	6	7	9

Da die Anzahl der Beobachtungen im Beispiel mit 12 Banken gerade ist, kann der Median nicht direkt bestimmt werden, sondern er muss aus den mittleren beiden Merkmalsausprägungen der geordneten Reihe berechnet werden. Dies sind die Elemente 6 und 7. Der Median ist der Mittelwert aus beiden Merkmalsausprägungen, im Beispiel also

$$\tilde{x}_{0,5} = \frac{5+5}{2} = 5\,\text{EUR.}$$

Der Median beträgt im Beispielsfall 5 EUR.

Der Median gehört als Spezialfall zu den sogenannten *Quantilen*. Ein Quantil teilt die Verteilung in zwei Gruppen. Die erste Gruppe enthält diejenigen Werte, die kleiner gleich dem Quantilswert sind, die zweite Gruppe diejenigen Werte, die größer oder gleich dem Quantilswert sind. Gemäß der obigen Definition ist der Median das 50%-Quantil der Verteilung: 50% der Werte sind größer oder gleich dem Median, 50% sind kleiner oder gleich.

Neben dem 50%-Quantil (Median) gibt es andere gebräuchliche Quantilswerte, mit denen die Verteilung in mehr als zwei Abschnitte zerlegt werden kann. Hierzu gehören

- *Quartile* (Viertelwerte), Aufteilung der Verteilung in 25%-Schritten,

- *Quintile* (Fünftelwerte), Aufteilung der Verteilung in 20%-Schritten, sowie

- *Dezile* (Zehntelwerte), Aufteilung der Verteilung in 10%-Schritten.

Beispiel

Eine Analyse der Performance von verschiedenen Investmentfonds hat ergeben, dass 25% der betrachteten Fonds eine Performance von 1% oder weniger erwirtschaftet haben. Das 25%-Quantil dieser Verteilung beträgt also 1%. Dieses 25%-Quantil könnte auch als *unteres Quartil* bezeichnet werden. Liegt die Performance der besten 10% der Fonds bei 8% oder mehr, so entspricht dies einem 90%-Quantil von 8%. Dieser Wert könnte auch als *oberstes Dezil* bezeichnet werden.

Beim *arithmetischen Mittel* handelt es sich um den bekanntesten Lageparameter, der im Alltag meistens als Mittel- oder Durchschnittswert bezeichnet wird. Um das arithmetische Mittel sinnvoll einsetzen zu können, sind metrisch skalierte Merkmale erforderlich. Die Berechnung erfolgt, indem der Durchschnitt aller beobachteten Merkmalsausprägungen bestimmt wird:

$$\bar{x} = \frac{1}{n} \sum_{i=1}^{n} x_i$$

Jede beobachtete Merkmalsausprägung x_i geht mit dem gleichen Gewichtungsfaktor $\frac{1}{n}$ in die Berechnung ein. Dies unterstellt, dass alle Daten gleichberechtigt sind, was dann zum Problem wird, wenn es einzelne Ausreißer bei den Beobachtungen gibt. Das arithmetische Mittel ist also – anders als der Median – empfindlich gegenüber Ausreißern und Extremwerten.

Beispiel

Für den Beispielsfall lässt sich das arithmetische Mittel wie folgt berechnen:

$$\bar{x} = (0 + 2 + 3 + 4 + 4 + 5 + 5 + 5 + 6 + 6 + 7 + 9) = \frac{1}{12} \cdot 56 = 4,67$$

Das arithmetische Mittel beträgt demnach 4,67 EUR.

Die Angabe eines Lageparameters reicht alleine noch nicht aus, um eine Häufigkeitsverteilung ausreichend zu charakterisieren. Anhand des Lageparameters kann nicht beurteilt werden, ob die beobachteten Merkmalsausprägungen im Wesentlichen in der Nähe des Lageparameters liegen oder aber weit davon entfernt.

Beispiel

Die Konten von zwei Bankkunden weisen zum jeweiligen Monatsletzten die folgenden Werte auf:

Monat	1	2	3	4	5	6	7	8
Kunde A	−200	200	−200	200	−200	200	−200	200
Kunde B	0	0	0	0	0	0	0	0

Die Berechnung des arithmetischen Mittels führt bei beiden Verteilungen zu einem Wert von Null (Überprüfen Sie dies!). Beide Kunden verhalten sich aber offensichtlich völlig unterschiedlich.

Aus diesem Grund werden zur Beschreibung der Variabilität der Häufigkeitsverteilung sogenannte *Streuungsparameter* herangezogen. Diese können nur bei metrisch skalierten Merkmalen verwendet werden, da nur bei diesen Abstände mess- und interpretierbar sind. Als Streuungsparameter sollen die Spannweite, die Varianz und die Standardabweichung betrachtet werden.

Die *Spannweite* ist der Abstand zwischen der größten und der kleinsten Merkmalsausprägung.

Beispiel

Bezogen auf das Ausgangsbeispiel mit den Bankgebühren beträgt die Spannweite 9, da der größte beobachtete Wert 9 EUR, der kleinste 0 EUR betragen hat.

Der größte und der kleinste Wert können allerdings relativ stark von den restlichen Werten abweichen. Aus diesem Grund ist die Beurteilung der Streuung ausschließlich anhand der Spannweite oftmals nicht ausreichend. Die *Varianz* stellt das am häufigsten verwendete Streuungsmaß dar. Sie kann angewendet werden, wenn $\bar{x}$ der geeignete Lageparameter ist. Als Symbol für die Varianz wird üblicherweise σ^2 verwendet. σ steht für den griechischen Buchstaben Sigma in Kleinschreibung. Die Varianz misst die mittlere quadratische Abweichung vom arithmetischen Mittel. Die Berechnungsvorschrift sieht in formaler Darstellung wie folgt aus:

$$\sigma^2 = \frac{1}{n} \cdot \sum_{i=1}^{n} (x_i - \bar{x})^2$$

Für die Berechnung der Varianz wird also die Differenz jeder Merkmalsausprägung vom arithmetischen Mittel quadriert, diese Werte werden summiert und die Summe durch die Anzahl der Beobachtungen geteilt.

Beispiel

Zur Verdeutlichung der Berechnung dient wieder das Ausgangsbeispiel. Zur besseren Übersichtlichkeit ist die Berechnung der quadratischen Abweichungen in Tabellenform dargestellt. Als arithmetisches Mittel wurde bereits der Wert 4,67 EUR berechnet.

Bank	1	2	3	4	5	6	7	8	9	10	11	12
Geb. [EUR]	5	9	0	4	6	7	3	5	6	2	5	4
$(x_i - \bar{x})$	0,33	4,33	–4,67	–0,67	1,33	2,33	–1,67	0,33	1,33	–2,67	0,33	–0,67
$(x_i - \bar{x})^2$	0,11	18,78	21,78	0,44	1,78	5,44	2,78	0,11	1,78	7,11	0,11	0,44

Aus diesen Daten kann die Varianz gemäß der obigen Formel berechnet werden.

$$\sigma^2 = \frac{1}{12} \cdot (0,11 + 18,78 + \cdots + 0,11 + 0,44) = \frac{1}{12} \cdot 60,67 = 5,0556$$

Die Varianz der Daten des Beispielsfalls beträgt

$$5,0556 \, \text{EUR}^2.$$

Die Varianz als Streuungsmaß weist den Nachteil auf, dass ihre Dimension gleich der quadrierten Dimension der Merkmalsausprägungen ist (im Beispiel sind das EUR^2). Aus diesem Grund ist sie nur schwer zu interpretieren. Die *Standardabweichung* σ hat gegenüber der Varianz den Vorteil, in der gleichen Einheit wie die Merkmalsausprägungen gemessen zu werden. Ihre Berechnung ist einfach: Die Standardabweichung entspricht der Quadratwurzel aus der Varianz.

$$\sigma = \sqrt{\sigma^2} = \sqrt{\frac{1}{n} \cdot \sum_{i=1}^{n} (x_i - \bar{x})^2}$$

Beispiel

Auch die Berechnung der Standardabweichung soll am Ausgangsbeispiel verdeutlicht werden. Nachdem die Varianz oben schon ermittelt wurde, muss lediglich die Quadratwurzel aus dem Wert von 5,0556 gezogen werden.

$$\sigma = \sqrt{5,0556} = 2,2485 \, \text{EUR}$$

Einige wichtige Lage- und Streuungsparameter für eindimensionale Häufigkeitsverteilungen wurden besprochen. Für den Fall, dass mehrere Merkmale untersucht werden sollen, gibt es spezielle Kennzahlen, die im nächsten Kapitel vorgestellt werden.

2.3 Zweidimensionale Häufigkeitsverteilungen

2.3.1 Grundlagen zweidimensionaler Verteilungen

Die bisherigen Ausführungen zur Statistik bezogen sich auf die Untersuchung einzelner Merkmale. Oftmals werden in statistischen Auswertungen allerdings nicht einzelne, sondern mehrere Merkmale untersucht. Dann kann es von besonderem Interesse sein, etwaige Zusammenhänge zwischen den Merkmalen herauszufinden. Die Frage, ob ein *Zusammenhang zwischen Merkmalen* besteht und wie dieser Zusammenhang aussieht, kann mithilfe von statistischen Auswertungen beantwortet werden; es steht hier eine Vielzahl von Methoden zur Verfügung. Im Rahmen dieser kurzen Einführung kann nur eine kleine Auswahl behandelt werden, zudem sind lediglich zweidimensionale Verteilungen, d. h. Zusammenhänge zwischen zwei Merkmalen, Gegenstand der Betrachtung.

Die grundsätzlichen Analyseverfahren lassen sich dabei in Analogie zu den eindimensionalen Verfahren beschreiben: Auch für zweidimensionale Verteilungen können *tabellarische* Häufigkeitsverteilungen sowie *grafische* Darstellungen Verwendung finden. Darüber hinaus existieren statistische Kennzahlen für die Beschreibung des Zusammenhangs zwischen zwei Merkmalen. Zur Verdeutlichung der weiteren Betrachtungen wird im Folgenden auf das erweiterte Beispiel der Konkurrenzanalyse im Bankenmarkt zurückgegriffen.

Beispiel

Im Rahmen der oben schon angesprochenen Konkurrenzanalyse wurden nicht nur die Gebührensätze ermittelt, sondern auch die Anzahl der Kontokündigungen von Privatkunden im letzten Monat.

Die hierbei erhobenen Daten sind der nachfolgenden Tabelle zu entnehmen, bei der es sich gleichzeitig auch um eine zweidimensionale tabellarische Darstellung der untersuchten Häufigkeitsverteilung handelt.

Bank Nr.	1	2	3	4	5	6
Gebühren	5	9	0	4	6	7
Kündigungen	4	15	1	6	6	13
Bank Nr.	7	8	9	10	11	12
Gebühren	3	5	6	2	5	4
Kündigungen	3	7	9	0	6	4

Die Tabelle vermittelt bereits einen ersten Eindruck von der Datenlage: höhere Gebührensätze scheinen tendenziell mit einer höheren Anzahl von Kündigungen einherzugehen.

Eine weitere Möglichkeit der Veranschaulichung zweidimensionaler Daten ist das *Streuungsdiagramm* . Hierbei werden die Wertepaare, im Beispiel jeweils die bankspezifischen Kombinationen von Gebührensatz und Anzahl der Kündigungen, in ein Koordinatensystem eingetragen, das auf der einen Achse das erste untersuchte Merkmal (hier: Gebührensatz) und auf der zweiten Achse das zweite untersuchte Merkmal (hier: Anzahl der Kündigungen) enthält.

Beispiel

Im Beispiel liegen die Punkte im Streuungsdiagramm tendenziell in einem Bereich, der von links unten (niedriger Gebührensatz, geringe Anzahl von Kündigungen) nach rechts oben (hoher Gebührensatz, große Anzahl von Kündigungen) verläuft. Auch diese Darstellung vermittelt den schon aus der Häufigkeitsverteilung bekannten Zusammenhang.

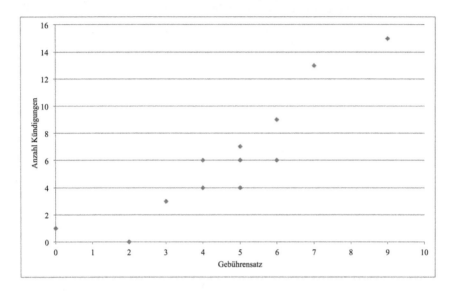

Anhand des Streuungsdiagramms lassen sich Tendenzen zwischen den untersuchten Merkmalen relativ leicht erkennen. Wie schon bei den eindimensionalen Verteilungen ist auch bei zweidimensionalen Verteilungen ein optischer Eindruck alleine nicht ausreichend. Auch für zweidimensionale Verteilungen sollen daher im Folgenden wichtige Kennzahlen beschrieben werden.

2.3.2 Kennzahlen zweidimensionaler Verteilungen

Bestimmte Eigenschaften zweidimensionaler Verteilungen können mithilfe von geeigneten Parametern beschrieben werden. Insbesondere ist es natürlich interessant, den Zusammenhang zwischen den untersuchten Merkmalen herauszuarbeiten. Hierzu wird häufig auf den sogenannten Korrelationskoeffizienten zurückgegriffen. Um diesen zu ermitteln, ist vorher die Kovarianz zu berechnen.

Die *Kovarianz* (gängige Symbole für die Kovarianz zwischen den beiden Merkmalen x und y sind σ_{xy}^2 oder COV_{xy}) ist ein Maß für die gemeinsame Variabilität zweier Merkmale. Eine *positive* Kovarianz zeigt an, dass es zwischen den beiden Merkmalen einen positiven Zusammenhang gibt. Eine *negative* Kovarianz impliziert dagegen einen negativen Zusammenhang. Die Kovarianz ist Null, wenn es *keine lineare Abhängigkeit* zwischen den Merkmalen gibt.

Beispiel

Wird beispielsweise für die täglichen Renditen zweier Aktien eine positive Kovarianz berechnet, so heißt dies, dass zwischen diesen Renditen ein positiver Zusammenhang besteht. Wenn also die an einem Tag gemessene Rendite der einen Aktie positiv ist, ist auch die Rendite der anderen Aktie an diesem Tag tendenziell positiv. Im Falle einer negativen Kovarianz ist dieser Zusammenhang negativ, d. h. ist die Rendite der einen Aktie positiv, dann ist die Rendite der anderen Aktie tendenziell negativ und umgekehrt.

Für die Berechnung der Kovarianz kommt eine der beiden nachfolgend dargestellten Formeln zur Anwendung:

$$\sigma_{xy}^2 = \frac{1}{n} \sum_{i=1}^{n} (x_i - \bar{x}) \cdot (y_i - \bar{y})$$

$$\sigma_{xy}^2 = \frac{1}{n} \sum_{i=1}^{n} x_i \cdot y_i - \bar{x} \cdot \bar{y}$$

Die zweite Formel ist eine etwas einfachere Variante, die selbstverständlich zum gleichen Ergebnis wie die erste Formel führt.

Beispiel

Bei der Berechnung der Kovarianz für das oben dargestellte Beispiel von Bankgebühren und Anzahl der Kündigungen werden die ersten Berechnungsschritte der besseren Übersicht wegen in Tabellenform dargestellt. Das arithmetische Mittel der Bankgebühren wurde bereits oben berechnet und beträgt 4,67 EUR, das der Kündigungen liegt bei 6,17 EUR (überprüfen Sie dies!).

Bank	1	2	3	4	5	6
X: Geb. [EUR]	5	9	0	4	6	7
$x_i - \bar{x}$	0,33	4,33	–4,67	–0,67	1,33	2,33
Y: Kündigungen	4	15	1	6	6	13
$y_i - \bar{y}$	–2,17	8,83	–5,17	–0,17	–0,17	6,83
$(x_i - \bar{x}) \cdot (y_i - \bar{y})$	–0,72	38,28	24,11	0,11	–0,22	15,94
Bank	7	8	9	10	11	12
X: Geb. [EUR]	3	5	6	2	5	4
$x_i - \bar{x}$	–1,67	0,33	1,33	–2,67	0,33	–0,67
Y: Kündigungen	3	7	9	0	6	4
$y_i - \bar{y}$	–3,17	0,83	2,83	–6,17	–0,17	–2,17
$(x_i - \bar{x}) \cdot (y_i - \bar{y})$	5,28	0,28	3,78	16,44	–0,06	1,44
Summe $(x_i - \bar{x}) \cdot (y_i - \bar{y})$			*104,67*			

Die Kovarianz ergibt sich demnach als

$$\sigma_{xy}^2 = \frac{1}{12} \cdot 104,67 = 8,7222.$$

Das gleiche Ergebnis stellt sich natürlich bei Verwendung der zweiten Formel ein.

Bank	1	2	3	4	5	6	7	8	9	10	11	12
X: Geb. [EUR]	5	9	0	4	6	7	3	5	6	2	5	4
Y: Kündigungen	4	15	1	6	6	13	3	7	9	0	6	4
$x_i \cdot y_i$	20	135	0	24	36	91	9	35	54	0	30	16
Summe						450						

$$\sigma_{xy}^2 = \frac{1}{12} \cdot 450 - 4,67 \cdot 6,17 = 8,7222$$

Die Kovarianz selbst ist im Beispiel positiv, d. h. es wird ein positiver Zusammenhang zwischen beiden Merkmalen angezeigt. Hohe monatliche Grundgebühren gehen tendenziell mit einer hohen Anzahl von Kündigungen einher.

Die Kovarianz ist zwar ein Indikator für den Zusammenhang zwischen zwei Merkmalen, aufgrund ihrer Berechnungsweise ist sie aber relativ schwer zu interpretieren. Die absolute Höhe der Kovarianz sagt nämlich nichts über die Stärke des Zusammenhangs aus, weil sie von den verwendeten Inputdaten abhängt. Eine Kovarianz von $+200$ zeigt also nicht automatischen einen stärken positiven Zusammenhang an als eine Kovarianz von $+2$. Oftmals wird daher auf den Korrelationskoeffizienten zurückgegriffen, der aus der Kovarianz berechnet werden kann.

Der *Korrelationskoeffizient* zeigt den linearen Zusammenhang zwischen zwei Merkmalen. Er wird üblicherweise mithilfe der Symbole ρ_{xy} oder COR_{xy} dargestellt. Der Wert des Korrelationskoeffizienten liegt immer zwischen -1 und $+1$, dabei ist der lineare Zusammenhang umso größer, je näher der Wert bei $+1$ oder -1 liegt. Im Extremfall wird von „perfekt positiver" $(+1)$ oder „perfekt negativer" (-1) Korrelation gesprochen. Sind die beiden Merkmale linear unabhängig, so ist der Korrelationskoeffizient gleich Null. Die Höhe des Korrelationskoeffizienten sagt übrigens nichts über die Art des Zusammenhangs aus, d. h. ein Korrelationskoeffizient von 0,8 bedeutet nicht, dass das eine Merkmal 0,8-mal das andere Merkmal beträgt.

Der Korrelationskoeffizient beschreibt, wie eng die Wertepaare im Streuungsdiagramm an einer Gerade liegen, die diese Punktwolke möglichst gut beschreibt. Ein Korrelationskoeffizient von 1 bedeutet also, dass sich alle Wertpaare auf der Geraden befinden. Zur Einstufung unterschiedlicher Korrelationskoeffizienten kann auf die nachfolgend dargestellte Zuordnung zurückgegriffen werden.

Korrelationskoeffizient	Einstufung
$|\rho| \leq 0,2$	Sehr geringe Korrelation
$0,2 < |\rho| \leq 0,5$	Geringe Korrelation
$0,5 < |\rho| \leq 0,7$	Mittlere Korrelation
$0,7 < |\rho| \leq 0,9$	Hohe Korrelation
$0,9 < |\rho| \leq 1$	Sehr hohe Korrelation

Tabelle 2.1: Einstufung von Korrelationskoeffizienten

Der Korrelationskoeffizient kann mithilfe der nachfolgenden Formel aus der Kovarianz errechnet werden:

$$\rho_{xy} = \frac{\sigma_{xy}^2}{\sigma_x \cdot \sigma_y}$$

Beispiel

Die Fortführung des obigen Beispiels führt zu einem Korrelationskoeffizienten von 0,91.

$$\rho_{xy} = \frac{8,7222}{2,2485 \cdot 4,2590} = 0,91081$$

Dieser Wert liegt relativ nah bei $+1$ und bestätigt den bisherigen Eindruck, dass ein positiver Zusammenhang zwischen der Höhe des Gebührensatzes und der Anzahl der Kündigungen besteht.

Es spielt übrigens keine Rolle, ob der Korrelationskoeffizient zwischen x und y oder zwischen y und x berechnet wird, denn bei der Bestimmung des Korrelationskoeffizienten wird lediglich auf die statistische Abhängigkeit abgestellt, nicht aber auf eine Erklärung, welche Variable abhängig und welche unabhängig ist. Korrelationskoeffizienten werden beispielsweise bei der Berechnung des Portfoliorisikos im Rahmen der Portfoliotheorie (vgl. Kapitel 3.2) verwendet.

Abschließend sei noch darauf hingewiesen, dass weder aus der Kovarianz noch aus dem Korrelationskoeffizient zwingend auf eine kausale Beziehung zwischen den untersuchten Merkmalen geschlossen werden kann. Die Zahlen beziehen sich lediglich auf die ausgewerteten Daten und zeigen eine statistische Tendenz. Eine Ursache-Wirkungs-Beziehung, die bei hohen Korrelationen nahe liegt, muss gegebenenfalls durch ergänzende Untersuchungen, beispielsweise mit der nachfolgend beschriebenen Regressionsanalyse, belegt werden.

2.3.3   Regressionsanalyse

Kovarianz und Korrelationskoeffizient beschreiben, wie im vorigen Kapitel erläutert, den statistischen Zusammenhang zwischen zwei Merkmalen. Beide Merkmale werden hierbei als gleichberechtigt angesehen. Im Rahmen der *Regressionsanalyse* wird diese Annahme nun aufgegeben und eine Unterscheidung der beiden Merkmale in eine *abhängige* und eine *unabhängige* Variable vorgenommen. Die Ziele der Regressionsanalyse bestehen in dem Erkennen und Erklären von Zusammenhängen sowie der Schätzung und Prognose von Werten der abhängigen Variablen.

Beispiel

Typische Anwendungsbereiche sind beispielsweise Ursachenanalysen, bei denen der Einfluss der unabhängigen auf die abhängige Variable untersucht werden soll, Wirkungsprognosen zur Untersuchung der Veränderung der abhängigen Variablen bei Veränderung der unabhängigen Variable sowie Zeitreihenanalysen, in denen die Veränderung der abhängigen Variablen im Zeitablauf analysiert wird. Zu untersuchende Fragestellungen sind etwa:

– Wie viele neue Kunden können gewonnen werden, wenn die Ausgaben für Werbung verdoppelt werden?

– Wie verändert sich die Zahl der Kontokündigungen, wenn die Kontogebühren um 20% gesenkt werden?

– Wie verändert sich die Kundenzufriedenheit, wenn die Anzahl der Zweigstellen erhöht wird?

– Existiert ein Zusammenhang zwischen dem Alter, der Berufsausbildung und dem Zigarettenkonsum?

Grundsätzlich wird im Rahmen einer Regressionsanalyse versucht, die Abhängigkeit zwischen den Variablen durch eine mathematische Funktion zu beschreiben. Bei einer sogenannten *linearen Regression*, die davon ausgeht, dass der Zusammenhang zwischen den beiden Variablen linear ist (eine Annahme, die oftmals als leicht zu handhabende Annäherung an die Realität getroffen wird), handelt es sich bei der Funktion um eine Geradengleichung vom allgemeinen Typ

$$y = a + b \cdot x.$$

Sofern die Annahme der Linearität nicht gerechtfertigt erscheint, können auch nichtlineare Regressionen durchgeführt werden, die aber an dieser Stelle nicht betrachtet werden.

Bei einer linearen Regression wird also versucht, die Punktwolke im Streuungsdiagramm möglichst gut durch eine Gerade zu beschreiben. Je *dichter* die Punkte an der gewählten Geraden liegen, desto besser ist die Regression. Sofern es sich zwischen den beiden Variablen aber nicht um eine strenge lineare Abhängigkeit handelt, werden die einzelnen Punkte der Wolke mehr oder weniger stark von der Geraden abweichen. Diese Abweichungen können in Form einer sogenannten Stör- oder *Residualgröße* ϵ in die Gleichung integriert werden, sodass für die einzelnen Werte gilt:

$$y_i = b_0 + b_1 \cdot x_i + \epsilon_i$$

Hierbei bezeichnen y_i den Wert der abhängigen Variablen Y an der Stelle x_i, b_0 den *Ordinatenabschnitt* der Regressionsgeraden, b_1 die *Steigung* der Regressionsgeraden und ϵ_i die Residual- oder *Störgröße*. Bei den Abweichungen ϵ_i handelt es sich um die senkrechten Abstände der Beobachtungswerte von der Geraden. In der Abbildung 2.1 sind die bisher beschriebenen Zusammenhänge grafisch dargestellt.

Auf der senkrechten Achse des Koordinatensystems wird i. d. R. die abhängige, auf der waagerechten Achse die unabhängige Variable dargestellt. Da die Störgröße die senkrechten Abstände misst, ist es wichtig, die zu untersuchenden Variablen sinnvoll in abhängige und unabhängige Variablen zu unterteilen. Die abhängige Variable wird als *Regressand*, die unabhängige wird als *Regressor* bezeichnet. Zwischen Regressor und Regressand wird eine Ursache-Wirkungs-Beziehung unterstellt, die nicht umkehrbar ist.

Beispiel

Wird die Preis-Absatz-Funktion eines Produktes aufgestellt, könnte eine Annahme lauten, dass die Absatzmenge eines Produktes umso größer ist, je niedriger der Preis ist. Die Absatzmenge ist also eine Funktion des Preises, sodass die Absatzmenge den Regressand und der Preis den Regressor darstellt. Mithilfe einer Regressionsanalyse kann diese „Je-desto-Beziehung" untersucht werden.

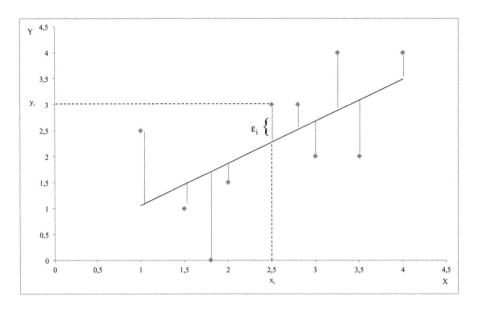

Abbildung 2.1: *Elemente der Regressionsanalyses*

Um diejenige Gerade zu finden, die die Punktwolke am besten beschreibt, wird ein Verfahren eingesetzt, das die Summe der quadratischen Abstände der Einzelwerte von der Geraden minimiert, die sogenannte *Methode der kleinsten Quadrate*. Ein ähnlicher Ansatz wurde oben bereits für die Bestimmung der Varianz verwendet, die bekannterweise als mittlere quadratische Abweichung vom arithmetischen Mittel definiert ist. Anders formuliert gilt also das Prinzip, die Regressionsgerade so durch die Punktwolke zu legen, dass die Quadratsumme der Residuen, also der senkrechten Abweichungen ϵ_i der Punkte von der Regressionsgeraden, minimiert wird.

Ohne auf die formale mathematische Herleitung der Regressionsfunktion nach der Methode der kleinsten Quadrate im Detail einzugehen, soll lediglich die Idee kurz dargestellt werden. Für einen beliebigen Punkt der Punktwolke gilt, dass sich jedes y_i durch die Summe aus dem theoretischen, sich aus der *Regressionsgerade* ergebenden Wert und der Störgröße ergibt.

$$y_i = b_0 + b_1 \cdot x_i + \epsilon_i$$

Die Störgröße kann durch eine einfache Umstellung dieser Gleichung berechnet werden.

$$\epsilon_i = y_i - (b_0 + b_1 \cdot x_i)$$

Gemäß der Methode der kleinsten Quadrate soll nun Summe der quadratischen Abstände der Punktwerte von der Geraden minimiert werden

$$\sum \epsilon_i^2 \to min$$

Unter Verwendung der oben gezeigten Umformung gilt dann

$$\sum \epsilon_i^2 = \sum \left[y_i - (b_0 + b_1 \cdot x_i) \right]^2 \to min$$

Die Lösung dieser Minimierungsaufgabe ergibt sich nach partiellen Ableitungen dieser Gleichung nach b_0 und b_1 und Nullsetzen dieser partiellen Ableitungen sowie einigen Umformungen zu

$$b_1 = \frac{\sigma_{xy}^2}{\sigma_x^2}$$

und

$$b_0 = \bar{y} - b_1 \cdot \bar{x}.$$

Die quadratischen Abstände der Störgrößen werden minimiert, wenn zur Ermittlung von b_0 und b_1 mit diesen Formeln gearbeitet wird. Um die Rechnung zu verdeutlichen, wird auf das oben bereits im Rahmen der Korrelationsanalyse verwendete Beispiel zurück gegriffen.

Beispiel

Zu untersuchen ist im Rahmen des Beispiels, wie sich die Höhe des Gebührensatzes auf die Anzahl der Kündigungen auswirkt. Insofern handelt es sich bei der Anzahl der Kündigungen um die abhängige, bei der Höhe des Gebührensatzes um die unabhängige Variable. Aus den bereits vorliegenden Daten können

$$b_1 = \frac{8,7222}{5,0556} = 1,725$$

und

$$b_0 = 6,167 - 1,725 \cdot 4,667 = -1,8846$$

berechnet werden. Die Regressionsgerade wird also durch folgende Gleichung beschrieben:

$$y_i = -1,8846 + 1,725 \cdot x_i$$

In grafischer Darstellung (integriert in das Streuungsdiagramm) sieht die Regressionsgerade wie folgt aus:

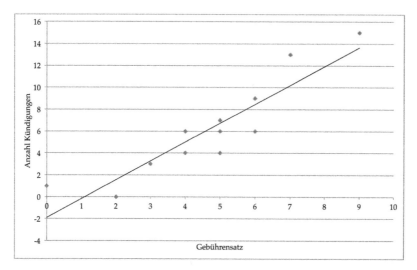

Es ist gut erkennbar, dass die Grundtendenz des Streuungsdiagramms durch die Regressionsgerade sehr gut wiedergegeben wird. Alle Punkte des Streuungsdiagramms liegen relativ nah an der Regressionsgeraden.

Wie gut die Regressionsgerade die Punkte einer Punktwolke beschreibt, kann mithilfe des *Bestimmtheitsmaßes* r^2 beurteilt werden. Das Bestimmtheitsmaß ergibt sich als Quadrat des Korrelationskoeffizienten.

$$r^2 = \rho^2$$

Es liegt dementsprechend immer zwischen 0 und 1 und ist damit standardisiert. Ein Bestimmtheitsmaß von 1 bedeutet, dass alle Punkte auf der Regressionsgeraden liegen, während ein Wert von Null aussagt, dass die Regression keinen Zusammenhang aufweist, d. h. es besteht keine lineare Abhängigkeit von Regressor und Regressand. Je näher das Bestimmtheitsmaß bei 1 liegt, desto besser ist die Anpassung der Regressionsgerade an die Punktwolke.

Beispiel

In Fortführung des oben bereits verwendeten Beispiels über den Zusammenhang zwischen den Kontoführungsgebühren und der Anzahl der Kündigungen lässt sich ein Bestimmtheitsmaß von $r^2 = 0,91^2 = 0,83$ berechnen.

Nachdem in den bisherigen Ausführungen auf die Analyse von empirischen Häufigkeitsverteilungen eingegangen wurde, sollen im folgenden Abschnitt die Möglichkeiten der Verwendung theoretischer Verteilungen aufgezeigt werden.

2.4   Theoretische Verteilungen

2.4.1   Die Normalverteilung

Bei den bisher betrachteten Verteilungen handelte es sich um beobachtete Merkmalsausprägungen. Aus zwei Gründen ist aber auch die Frage nach *theoretischen Verteilungen* interessant, d. h. solchen Verteilungen, die sich nicht aus Beobachtungsdaten ergeben, sondern aufgrund von mathematischen Zusammenhängen.

- In der deskriptiven Statistik können die theoretischen Verteilungen dazu verwendet werden, die empirisch beobachteten Häufigkeitsverteilungen approximativ mit Hilfe von mathematischen Funktionen zu beschreiben.

- Im Rahmen der induktiven Statistik lassen sich mit Hilfe der theoretischen Verteilungen Wahrscheinlichkeiten für die Ergebnisse bestimmter Zufallsexperimente angeben.

Im Folgenden soll mit der *Normalverteilung* eine der wichtigsten theoretischen Verteilungen vorgestellt werden. Ihre Bedeutung besteht u. a. darin, dass sie viele empirisch ermittelte Häufigkeitsverteilungen näherungsweise zum Ausdruck bringt. Auch nicht normalverteilte Zufallszahlen können unter bestimmten Umständen oder nach einer geeigneten Transformation durch eine normalverteilte Zufallsvariable näherungsweise oder genau abgebildet werden.

Beispiel

Betrachtet man das oben mehrfach verwendete Beispiel, bei dem die Gebühren von zwölf Banken untersucht werden, dann lässt sich anhand der grafischen Darstellung auch hierfür näherungsweise eine Normalverteilung erkennen (vgl. das Balkendiagramm auf S. 35). Dies stellt ein Beispiel für die Eignung der Normalverteilung für die Analyse empirischer Häufigkeitsverteilungen dar. Auch im Rahmen der Risikomessung wird die Normalverteilung z. B. für die Ermittlung des Value-at-Risk verwendet.

Da es sich bei der Normalverteilung um eine theoretische Verteilung handelt, kann ihr Verlauf mit Hilfe einer Formel beschrieben werden. Um eine normalverteilte Variable zu kennzeichnen, wird die Variable N verwendet, die einzelnen Merkmalsausprägungen also mit n bezeichnet. Die Formel für die *Dichtefunktion* der Normalverteilung hat die folgende Gestalt:

$$f(n) = \frac{1}{\sigma \cdot \sqrt{2 \cdot \pi}} \cdot e^{\frac{-(n-\mu)2}{2\sigma^2}}$$

Da die beiden Konstanten π (die Zahl Pi, 3,14149...) und e (Eulersche Zahl, 2,71828...) bekannt sind, hat die Funktion zwei unbekannte Größen, den Erwartungswert μ und die Standardabweichung σ. Der *Erwartungswert* beschreibt das Zentrum der Wahrscheinlichkeitsverteilung. Dementsprechend kann für den Erwartungswert ein geeigneter Lageparameter verwendet werden, insbesondere bietet sich hier das arithmetische Mittel an. Die Berechnung der *Standardabweichung* wurde bei den statistischen Kennzahlen für diskrete Merkmale bereits erläutert. Sie lässt sich auch für stetige Merkmale berechnen, wenn die individuellen Wahrscheinlichkeiten für das Auftreten jeder Merkmalsausprägung bekannt sind.

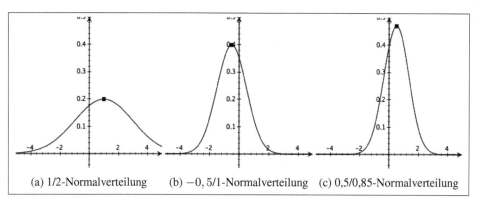

(a) 1/2-Normalverteilung   (b) $-0,5/1$-Normalverteilung   (c) 0,5/0,85-Normalverteilung

Abbildung 2.2: *Verschiedene Normalverteilungen*

In Abbildung 2.2 sind Beispiele für die Dichtefunktionen verschiedener Normalverteilungen dargestellt. Sie unterscheiden sich durch die unterschiedlichen Kombinationen von Erwartungswert μ und Standardabweichung σ. Je größer die Streuung, desto flacher ist die Dichtefunktion. Der Mittelwert gibt an, wo der höchste Punkt der Verteilung liegt.

Beispiel

Der höchste Punkt der Verteilung ist in Abbildung 2.2 mit einem schwarzen Punkt gekennzeichnet. Seine Lage ist immer durch den ersten Parameter der Verteilung (μ) gekennzeichnet. So liegt dieser Punkt beispielsweise in Abbildung 2.2a, die eine 1/2-Normalverteilung
darstellt, über der 1.

In den Beispielen der Abbildung 2.2 nimmt die Streuung von links nach rechts ab: die
Standardabweichungen sinken von 2 (Abbildung 2.2a) über 1 (Abbildung 2.2b) bis auf 0,85
(Abbildung 2.2c). Es ist gut erkennbar, dass eine größere Streuung eine flachere Kurve bzw.
eine geringere Streuung eine spitzere Kurve zur Folge hat.

Aus der Dichtefunktion einer Wahrscheinlichkeitsverteilung lassen sich die Wahrscheinlichkeiten für das Auftreten eines bestimmten Ereignisses ablesen. Die Dichtefunktion einer normal-
verteilten Variable weist eine charakteristische Glockenform auf.

Beispiel

Die Daten der 1/2-Normalverteilung in Abbildung 2.2a könnten beispielsweise die auf täglichen Renditen basierende Renditeverteilung einer Aktie (in Prozent) darstellen. In diesem
Fall ist für die Aktie eine durchschnittliche tägliche Rendite von einem Prozent zu erwarten, die Streuung der Renditen liegt bei zwei Prozent. Anhand der grafischen Darstellung
lässt sich erkennen, dass der Mittelwert der Verteilung (1%) mit einer Wahrscheinlichkeit
von etwa 20% eintreten wird. Dies bedeutet, dass mit einer Wahrscheinlichkeit von 20% am
nächsten Handelstag eine Rendite von einem Prozent zu erwarten ist.

Wenn der Erwartungswert einer Normalverteilung den Wert Null und die Standardabweichung
den Wert Eins annehmen, dann wird diese Normalverteilung als *Standardnormalverteilung* bezeichnet und mit der Variablen Z gekennzeichnet. Abbildung 2.3 zeigt die Dichtefunktion der
Standardnormalverteilung.

Der Nutzen der Standardnormalverteilung liegt unter anderem darin, dass sie relativ komfor-
tabel zur Berechnung von Wahrscheinlichkeiten verwendet werden kann. Diese Anwendungsmöglichkeit wird im nächsten Kapitel vorgestellt.

2.4.2   Bestimmung von Wahrscheinlichkeiten

Im vorigen Kapitel wurde beispielhaft dargestellt, wie anhand der Dichtefunktion die Wahrscheinlichkeit für das Auftreten einzelner Ereignisse bestimmt werden können. In vielen Fällen
ist es aber interessanter, die Wahrscheinlichkeit für das Über- bzw. Unterschreiten von bestimmten Schwellenwerten zu kennen.

Beispiel

Im obigen Aktienbeispiel könnte es beispielsweise interessant sein zu wissen, mit welcher
Wahrscheinlichkeit die Rendite der Aktie unter einem Prozent liegen wird.

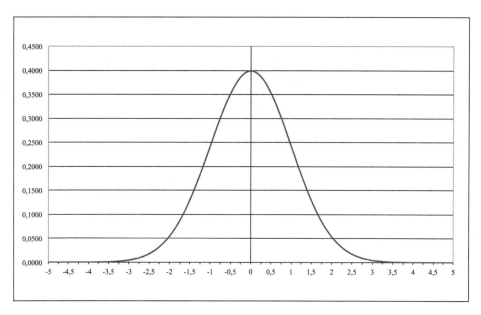

Abbildung 2.3: *Standardnormalverteilung*

Die Wahrscheinlichkeiten für das Über- bzw. Unterschreiten von bestimmten Schwellenwerten lassen sich ebenfalls der Dichtefunktion der Standardnormalverteilung entnehmen, denn die Wahrscheinlichkeit, dass ein Untersuchungsmerkmal einen Wert kleiner oder gleich z annimmt, entspricht der Fläche unter der Kurve der Dichtefunktion zwischen der linken Grenze (diese liegt formal bei $-\infty$) und z (vgl. Abbildung 2.4).

Für die Berechnung der Fläche unter einem Funktionsgraph muss die oben gezeigte Funktion der Normalverteilung integriert werden (vgl. zur Integralrechnung Kapitel 4.3.3 ab Seite 150). Formal gilt also:

$$F(z) = \int \frac{1}{\sigma \cdot \sqrt{2 \cdot \pi}} \cdot e^{\frac{-(z-\mu)^2}{2\sigma^2}} dz$$

Als Resultat des Integrierens erhält man die Stammfunktion der Dichtefunktion, die sogenannte *Verteilungsfunktion*. In der Verteilungsfunktion sind nicht die Einzelwahrscheinlichkeiten, sondern die kumulierten Wahrscheinlichkeiten erfasst. Die kumulierten Wahrscheinlichkeiten entsprechen den Werten, wie sie auch aus dem Flächeninhalt gewonnen werden können, sie sind aber aus dem Funktionsgraphen direkt ablesbar. Abbildung 2.5 zeigt die Verteilungsfunktion der Standardnormalverteilung.

Beispiel

Der Funktionswert an der Stelle Null der in Abbildung 2.5 dargestellten Verteilungsfunktion der Standardnormalverteilung beträgt 0,5. Dies bedeutet, dass mit einer Wahrscheinlichkeit von 50% das Ergebnis kleiner oder gleich Null ist.

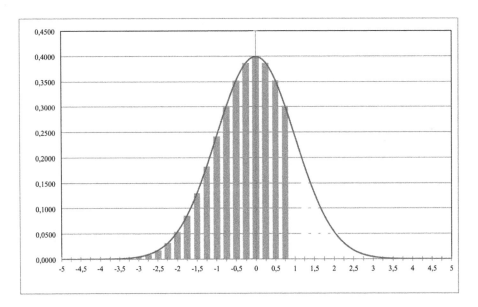

Abbildung 2.4: *Flächenbetrachtung am Beispiel der Standardnormalverteilung*

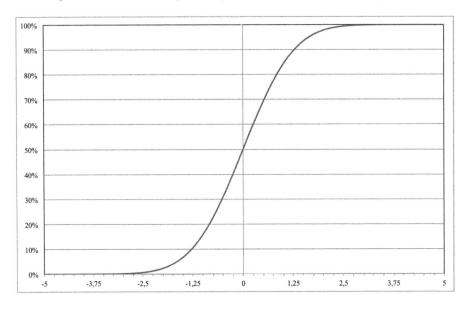

Abbildung 2.5: *Verteilungsfunktion der Standardnormalverteilung*

Um die Bestimmung der Wahrscheinlichkeiten nochmals zu vereinfachen, gibt es Tabellenwerke, in denen die entsprechenden Werte zusammengestellt sind. Ein solcher Ausschnitt aus der Verteilungsfunktion der Standardnormalverteilung ist in der nachfolgenden Tabelle 2.2 abgebildet.

z	0,0	0,1	0,2	0,3	0,4	0,5	0,6	0,7	0,8	0,9
F(z)	0,500	0,540	0,579	0,618	0,655	0,691	0,726	0,758	0,788	0,816
z	**1,0**	1,1	1,2	1,3	1,4	1,5	1,6	1,7	1,8	1,9
F(z)	**0,841**	0,864	0,885	0,903	0,919	0,933	0,945	0,955	0,964	0,971
z	2,0	2,1	2,2	2,3	2,4	2,5	2,6	2,7	2,8	2,9
F(z)	0,977	0,982	0,986	0,989	0,992	0,994	0,995	0,997	0,997	0,998

Tabelle 2.2: *Ausschnitt der Verteilungsfunktion der Standardnormalverteilung*

Beispiel

Die Wahrscheinlichkeit, dass ein standardnormalverteiltes Merkmal einen Wert kleiner oder gleich 1 annimmt, beträgt 84,1% (in der Tabelle durch Fettdruck markiert).

Wie oben bereits erwähnt wurde, sind interessante Anwendungsfälle beispielsweise die Fragen, mit welcher Wahrscheinlichkeit eine normalverteilte Zufallsvariable N größer oder kleiner als ein bestimmter Vergleichswert ist oder zwischen zwei Grenzwerten liegt.

Beispiel

Wird das oben verwendete Beispiel der Bankgebühren betrachtet könnten mögliche Fragestellungen sein, mit welcher Wahrscheinlichkeit der Gebührensatz niedriger als 6,47 EUR ist oder der Gebührensatz zwischen 4,10 EUR und 6,35 EUR liegt.

Damit im Rahmen des Bankgebühren-Beispiels Wahrscheinlichkeiten mithilfe der Normalverteilung bestimmt werden können, muss unterstellt werden, dass die Verteilung der Bankgebühren einer Normalverteilung mit dem Mittelwert 4,67 EUR und der Standardabweichung 2,2485 EUR folgt. Die Gültigkeit dieser Annahme wird daher im Folgenden vorausgesetzt. Um die im Beispiel beschriebenen Fragestellungen zu lösen, wäre die Verteilungsfunktion dieser 4,67/2,2485-Normalverteilung, beispielsweise in Form einer entsprechenden Tabelle, erforderlich. Der hohe Aufwand, der damit verbunden wäre, die entsprechenden Tabellen zu erstellen, kann vermieden werden, denn jede beliebige Normalverteilung eines Merkmals N lässt sich durch Transformation gemäß der Formel

$$Z = \frac{N - \mu}{\sigma}$$

in eine Standardnormalverteilung des Merkmals Z transformieren. Nach der Transformation kann die Verteilungsfunktion der Standardnormalverteilung zur Bestimmung der Wahrscheinlichkeiten verwendet werden.

Beispiel

Eine der oben erwähnten Fragestellung lautete, mit welcher Wahrscheinlichkeit der Gebührensatz kleiner als 6,47 EUR ist. Hierbei sind also N, μ und σ bekannt, Z kann ausgerechnet werden.

$$Z = \frac{N - \mu}{\sigma} = \frac{(6,47 - 4,67)}{2,2485} = 0,80$$

Aus einer entsprechenden Tabelle (vgl. z. B. Tabelle 2.2) lässt sich die Wahrscheinlichkeit ablesen; im Beispiel beträgt sie 0,788 oder 78,8%. Mit 78,8% Wahrscheinlichkeit liegen die Bankgebühren unter 6,47 EUR.

Ist die Wahrscheinlichkeit dafür gesucht, dass eine Variable zwischen zwei Grenzwerten liegt, so sind die Wahrscheinlichkeiten für beide Grenzwerte zu bestimmen und voneinander abzuziehen. Auch hierbei muss natürlich der Umweg über die Bestimmung des Z-Wertes gegangen werden.

Beispiel

Die zweite oben genannte Fragestellung war, mit welcher Wahrscheinlichkeit der Gebührensatz zwischen 3,77 und 6,47 EUR liegt. Hierbei sind also wieder (jeweils) N, μ und σ bekannt, Z kann ausgerechnet werden. Für $N = 6{,}47$ wurde der Wert bereits berechnet.

$$Z = \frac{N - \mu}{\sigma} = \frac{(6,47 - 4,67)}{2,2485} = 0,80,$$

die zugehörige Wahrscheinlichkeit beträgt 78,8% (vgl. Tabelle 2.2). Mit 78,8% Wahrscheinlichkeit liegen die Bankgebühren unter 6,47 EUR.

Für $N = 3{,}77$ EUR ergibt sich ein Z-Wert von

$$Z = \frac{N - \mu}{\sigma} = \frac{(3,77 - 4,67)}{2,2485} = -0,40$$

Die Tabelle in 2.2 enthält nur positive Z-Werte, daher lässt sich die Wahrscheinlichkeit nicht direkt ablesen. Da die Normalverteilung aber symmetrisch ist, kann die gesuchte Wahrscheinlichkeit leicht bestimmt werden, indem der Wert für $Z = +0{,}4$ von 1 subtrahiert wird. Im Beispiel beträgt sie also $1 - 0{,}655 = 0{,}345$ oder 34,5%. Mit einer Wahrscheinlichkeit von 34,5% liegen die Bankgebühren unter 3,77 EUR.

Gesucht wird aber die Wahrscheinlichkeit dafür, dass die Bankgebühren zwischen 3,77 und 6,47 EUR liegen. Diese entspricht der Differenz der beiden ermittelten Wahrscheinlichkeiten, also $78{,}8\% - 34{,}5\% = 44{,}3\%$. Mit einer Wahrscheinlichkeit von 44,3% liegen die Bankgebühren zwischen 4,10 und 6,35 EUR.

Die Verteilungsfunktion der Standardnormalverteilung wird beispielsweise im Rahmen des Black-Scholes-Optionspreismodells (vgl. Kapitel 3.4.3) benötigt.

2.5 Aufgaben und Fallstudien

2.5.1 Aufgaben zur Statistik

1. Welchen Vorteil weist die Standardabweichung als Maß für die Streuung einer Häufigkeitsverteilung im Vergleich zur Varianz auf?

2. Welche Aussage macht der Korrelationskoeffizient? Was ist der Vorteil des Korrelationskoeffizienten im Vergleich zur Kovarianz?

3. Welchen wesentlichen qualitativen Unterschied zwischen Median und arithmetischem Mittel gibt es?

4. Welche Möglichkeiten bietet die Betrachtung von theoretischen Verteilungen?

5. Der Korrelationskoeffizient zwischen zwei Datenreihen wurde mit 0 berechnet. Ein Kollege trifft die Feststellung, dass zwischen diesen Merkmalen kein Zusammenhang besteht. Stimmen sie dieser Aussage zu? Begründen sie ihre Antwort!

6. Der Korrelationskoeffizient zwischen zwei Merkmalen wurde mit 0,95 berechnet. Lässt sich daraus ein Kausalzusammenhang zwischen den beiden Merkmalen ableiten?

7. Wie ist die Standardnormalverteilung definiert? Welchen Vorteil bietet die Verwendung der Standardnormalverteilung im Vergleich zu beliebigen Normalverteilungen?

8. Angenommen, der Intelligenzquotient sei normalverteilt mit einem Mittelwert von 100 und einer Standardabweichung von 15. Für einen exklusiven Klub von hochintelligenten Personen wird als Aufnahmekriterium ein Wert von 130 verlangt. Wie viel Prozent der Bevölkerung sind weniger intelligent als ein Kandidat für diesen Klub, der das Aufnahmekriterium gerade erfüllt?

9. Beschreiben sie die typische Zielsetzung einer Regressionsanalyse!

10. Die statistische Untersuchung zweier Merkmale hat ergeben, dass diese unkorreliert sind ($\rho = 0$). Würden sie nach diesem Ergebnis noch eine Regressionsanalyse durchführen? Begründen sie ihre Antwort!

11. Sie haben die täglichen Wertveränderungen einer Aktie über die letzten 200 Handelstage beobachtet und festgestellt, dass die durchschnittliche tägliche Rendite bei $0,25\%$ liegt und die Standardabweichung für diese Datenreihe bei $0,5\%$. Wenn bezüglich der Wertbewegungen dieser Aktie eine Normalverteilung unterstellt wird, mit welcher Wahrscheinlichkeit ist ein Wertzuwachs von mehr als $0,5\%$ zu erwarten? Mit welcher Wahrscheinlichkeit ein Wertverlust von mehr als $-0,5\%$?

12. Ein Unternehmen hat in den letzten fünf Jahren die folgenden Gewinne erwirtschaftet (in Mio. EUR): 5,0; 6,0; 5,5; 4,0; 5,0. Der Vorstand spricht von einem „stetigen Gewinnausweis". Stimmen sie dieser Aussage zu, wenn das Kriterium für Stetigkeit eine maximale Standardabweichung von 0,5 Mio. EUR ist?

2.5.2   Fallstudien zur Statistik

1. Die sieben Mitarbeiter einer Bankfiliale erhalten die folgenden Stundenlöhne (in EUR):
   9,80; 10,10; 10,80; 10,80; 11,70; 11,80; 47,00 (für den Filialleiter).

   (a) Stellen Sie eine Häufigkeitsverteilung für das Merkmal Stundenlohn in Form einer
       Tabelle auf. Berücksichtigen Sie dabei sowohl absolute als auch relative Häufigkeiten.

   (b) Berechnen Sie den Median und das arithmetische Mittel für diese Verteilung. Welcher Wert erscheint Ihnen für die Charakterisierung der Verteilung sinnvoller? Wie
       kommt es zu den Unterschieden?

   (c) Ermitteln Sie die Spannweite und die Standardabweichung der Verteilung.

2. In einer Bank soll ein neues Gebührenmodell für die Girokonten entwickelt werden. Hierbei ist die Anzahl der Überweisungen je Kunde eine interessante Größe. Eine diesbezügliche Analyse der Anzahl der monatlichen Überweisungen bei 10 repräsentativ ausgewählten Kunden ergab die folgenden Daten:

Kunde	1	2	3	4	5	6	7	8	9	10
Überweisungen	2	0	4	7	2	3	4	5	3	2

   (a) Erstellen Sie eine Verteilung der relativen Häufigkeiten und stellen Sie das Ergebnis
       grafisch dar!

   (b) Berechnen Sie das arithmetische Mittel und die Standardabweichung dieser Verteilung!

   (c) Ergänzend wurde untersucht, wie viele Scheckeinreichungen bei den ausgewählten
       Kunden im vergangenen Monat angefallen sind. Die Ergebnisse sind der nachfolgenden Tabelle zu entnehmen. Welcher Zusammenhang, gemessen über den Korrelationskoeffizienten, kann zwischen den beiden untersuchten Merkmalen festgestellt
       werden?

Kunde	1	2	3	4	5	6	7	8	9	10
Scheckeinreichungen	0	0	1	0	2	1	0	2	1	1

3. Die Bankfiliale Unterdorf hat den durchschnittlichen Kontostand der Girokonten ihrer Privatkunden zum Monatsende mit 100 EUR ermittelt. Die Varianz der Kontostände beträgt 50 EUR². Die gleiche Untersuchung für die Bankfiliale Oberdorf hat ergeben, dass die Kontostände genau doppelt so hoch sind wie die der Filiale Unterdorf.

   (a) Wie hoch sind Kovarianz und Korrelationskoeffizient der beiden Datenreihen?

   (b) Welchen Wert hätte der Korrelationskoeffizient, wenn die Endkontostände in Oberdorf genau den negativen Endkontoständen in Unterdorf entsprechen würden?

4. Ein Unternehmen stellt Lautsprecherboxen her, die über Funk mit einem Smartphone gekoppelt werden. Aufgrund der positiven Marktlage bei Smartphones gab es im letzten Jahr auch eine sehr hohe Nachfrage nach den Lautsprechern. Diese hohe Nachfrage

wurde aufgrund einer betrieblichen Vereinbarung mit den Mitarbeitern durch Überstunden ausgeglichen. Die Produktionszahlen und Überstunden sind in der nachfolgenden Tabelle zusammengefasst.

Monat	Produktionsmenge	Überstunden
Januar	600	40
Februar	640	50
März	580	40
April	540	30
Mai	560	30
Juni	540	30
Juli	0	0
August	520	20
September	500	10
Oktober	520	14
November	600	36
Dezember	560	30

(a) Berechnen sie den Korrelationskoeffizienten zwischen der Produktionsmenge und den Überstunden. Lässt sich aufgrund ihrer Ergebnisse ein linearer Zusammenhang feststellen?

(b) Es wird angenommen, dass die Anzahl der Überstunden abhängig von der Produktionsmenge ist. Stellen sie die Regressionsfunktion auf, um diesen Zusammenhang zu beschreiben!

5. Sie sind mit der Beschaffung eines neuen Geldautomaten betraut worden. Als wichtigste Eigenschaft wurde vom Vorstand eine möglichst lange störungsfreie Betriebsdauer festgesetzt. Der von Ihnen ausgewählte Hersteller gibt die störungsfreie Betriebsdauer seines Automaten als normalverteilt mit dem Mittelwert $\mu = 1.200$ Stunden und der Standardabweichung $\sigma = 100$ Stunden an.

(a) Wie groß ist die Wahrscheinlichkeit dafür, dass der Automat

   i. weniger als 1.000 Stunden bzw.

   ii. mehr als 1.100 Stunden störungsfrei funktioniert?

(b) Mit welcher Wahrscheinlichkeit liegt die Betriebsdauer zwischen zwei Störungen zwischen 1.000 und 1.500 Stunden?

(c) Ein Automat mit einer störungsfreien Betriebsdauer von weniger als 950 Stunden gilt als unzumutbar für die verehrten Kunden und würde dem Vorstand nicht gefallen. Mit welcher Wahrscheinlichkeit werden Sie nach Anschaffung des genannten Automaten für die nächsten Jahre in der Abteilung Zahlungsverkehr Überweisungen eingeben müssen?

z	F(z)	z	F(z)	z	F(z)	z	F(z)
0,0	0,5000	1,0	0,8413	2,0	0,9772	3,0	0,9987
0,1	0,5398	1,1	0,8643	2,1	0,9821	3,1	0,9990
0,2	0,5793	1,2	0,8849	2,2	0,9861	3,2	0,9993
0,3	0,6179	1,3	0,9032	2,3	0,9893	3,3	0,9995
0,4	0,6554	1,4	0,9192	2,4	0,9918	3,4	0,9997
0,5	0,6915	1,5	0,9332	2,5	0,9938	3,5	0,9998
0,6	0,7257	1,6	0,9452	2,6	0,9953	3,6	0,9998
0,7	0,7580	1,7	0,9554	2,7	0,9965	3,7	0,9999
0,8	0,7881	1,8	0,9641	2,8	0,9974	3,8	0,9999
0,9	0,8159	1,9	0,9713	2,9	0,9981	3,9	1,0000

2.6   Symbolverzeichnis

Symbole und Abkürzungen des zweiten Kapitels:

Symbol	Erklärung
a	Beobachtungswert
b_0	Ordinatenabschnitt der Regressionsgeraden
b_1	Steigung der Regressionsgeraden
COR_{xy}	Korrelationskoeffizient zwischen den beiden Merkmalen x und y
COV_{xy}	Kovarianz zwischen den beiden Merkmalen x und y
ϵ	Stör- oder Residualgröße
e	Eulersche Zahl
f_j	relative Häufigkeit
h_j	absolute Häufigkeit
k	Zählindex
N	normalverteilte Zufallsvariable
n	Zählindex
r^2	Bestimmtheitsmaß
$\bar{x}$	arithmetisches Mittel
X	Merkmal oder statistische Variable
x	Merkmalsausprägung
y_i	Wert der abhängigen Variablen Y an der Stelle x_i
Z	standardnormalverteilte Zufallsvariable
μ	Erwartungswert
π	Zahl Pi
σ	Standardabweichung
σ^2	Varianz
σ_{xy}^2	Kovarianz zwischen den beiden Merkmalen x und y
ρ_{xy}	Korrelationskoeffizient zwischen den beiden Merkmalen x und y
Ω	Grundgesamtheit
ω	Untersuchungseinheiten oder auch statistische Einheiten

Tabelle 2.3: Symbolverzeichnis Kapitel 2

2.7   Literaturhinweise zu Kapitel 2

- Bamberg, G./Baur, F.: Statistik, 17. Auflage, München/Wien 2012.

- Bleymüller, J./Gehlert, G./Gülicher, H.: Statistik für Wirtschaftswissenschaftler, 15. Auflage, München 2008.

- Eckey, H.-F./Kosfeld, R./Dreger, C.: Statistik: Grundlagen – Methoden – Beispiele, 5. Auflage, Wiesbaden 2008.

- Hippmann, H.-D.: Statistik für Wirtschafts- und Sozialwissenschaftler, 3. Auflage, Stuttgart 2003.

- Hölscher, R./Kalhöfer, C.: Mathematische Grundlagen, Finanzmathematik und Statistik für Bankkaufleute, 2. Auflage, Wiesbaden 2001.

- Pflaumer, P./Heine, B./Hartung, J.: Statistik für Wirtschafts- und Sozialwissenschaften: Deskriptive Statistik, 3. Auflage, München/Wien 2001.

- Schira, J.: Statistische Methoden der VWL und BWL – Theorie und Praxis, 4. Auflage, München 2012.

- Schwarze, J.: Grundlagen der Statistik I – Beschreibende Verfahren, 18. Auflage, Herne, Berlin 2014.

- Sydsæter, K./Hammond, P.: Mathematik für Wirtschaftswissenschaftler – Basiswissen mit Praxisbezug, 4. Auflage, München 2013.

- Toutenburg, H./Fieger, A./Kastner, C.: Deskriptive Statistik, 7. Auflage, München u. a. 2009.

3 Beispiele finanzwirtschaftlicher Anwendungen

3.1 Barwert- und Effektivzinsrechnung

3.1.1 Grundlagen der Barwertrechnung

Die Verwendung von Barwerten ist ein in verschiedenen betriebswirtschaftlichen Disziplinen übliches Verfahren. Am bekanntesten ist möglicherweise die Berechnung des sogenannten *Kapitalwertes*, auch *Nettobarwert* oder *Net Present Value* genannt, im Rahmen der Investitionsrechnung. Der Nettobarwert informiert über die finanzielle *Vorteilhaftigkeit* von Investitionsprojekten. Aber auch für die Bestimmung von *theoretischen Marktwerten* von Vermögensgegenständen oder in der modernen Banksteuerung wird auf Barwerte zurückgegriffen. In den folgenden Abschnitten werden verschiedene Möglichkeiten zur Berechnung von Barwerten vorgestellt, bei denen aber immer auf die weiter oben vorgestellten Verfahren der Zinsrechnung Bezug genommen wird (vgl. Kapitel 1.1.3).

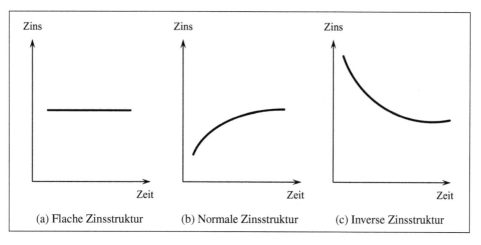

(a) Flache Zinsstruktur   (b) Normale Zinsstruktur   (c) Inverse Zinsstruktur

Abbildung 3.1: *Zinsstrukturkurven*

Die Berechnung von Barwerten erfolgt durch die *Diskontierung* von Zahlungsströmen (Cashflows), wobei zur Abzinsung die Kassazinssätze verwendet werden. Bei Kassazinssätzen handelt es sich um Zinssätze von Kassageschäften. Dies sind Geschäfte, die im Betrachtungszeitpunkt abgeschlossen werden können und zu diesem Zeitpunkt auch starten. Zinssätze lassen sich in Form von *Zinsstrukturkurven* darstellen, in denen die Zinssätze in Abhängigkeit von der Laufzeit des entsprechenden Geschäftes abgebildet werden. Bei einer als *normal* bezeichneten Zinsstruktur sind längerfristige Geschäfte mit höheren Zinssätzen ausgestattet als kurzfristige (vgl. Abbildung 3.1b). Demgegenüber sind bei einer sogenannten *inversen* Zinsstruktur die kurzfristigen Zinssätze höher als die langfristigen (vgl. Abbildung 3.1c). Einen Sonderfall stellt die in der Realität eher selten auftretende *flache*, im Extremfall sogar *waagerechte* Zinsstrukturkurve dar, bei der die Zinsunterschiede zwischen den einzelnen Laufzeiten gering (bzw. Null) sind (vgl. Abbildung 3.1a).

Im mathematisch *einfachsten* Fall einer waagerechten Zinsstrukturkurve wird der Barwert berechnet, indem die zukünftigen, zum Zeitpunkt t anfallenden Cashflows (CF_t) durch Diskontierung mit einem einheitlichen Zinssatz (i) zu einem auf den Bewertungszeitpunkt t_0 bezogenen Barwert (BW) verdichtet werden. Vereinfachend wird unterstellt, dass alle Cashflows jeweils am Periodenende anfallen, der letzte Cashflow wird am Ende der Laufzeit (n) gezahlt.

$$BW = \sum_{t=1}^{n} CF_t \cdot (1+i)^{-t}$$

Beispiel

Betrachtet wird eine Anleihe mit drei Jahren Restlaufzeit und einer Nominalverzinsung von 4% und einem Nominalwert von 1 Mio. EUR. Gesucht ist der Barwert dieser Anleihe bei einem Bewertungszinssatz von 7%. Hierzu ist zunächst der Cashflow aufzustellen, der aus den drei jährlichen Zinszahlungen und der Rückzahlung des Nominalwertes nach drei Jahren besteht.

Zeitpunkt t	1	2	3
Cashflow CF_t	40.000	40.000	1.040.000

Der (theoretische) Marktwert ergibt als Barwert des Cashflows, d. h. als Summe der abgezinsten Cashflows. Annahmegemäß liegt der Berechnung ein einheitlicher Bewertungszinssatz von 7% zugrunde.

$$BW = 40.000 \cdot (1{,}07)^{-1} + 40.000 \cdot (1{,}07)^{-2} + 1.040.000 \cdot (1{,}07)^{-3}$$

$$= 921.271 \text{ EUR}$$

Der Barwert der beschriebenen Anleihe beträgt bei Verwendung eines einheitlichen Bewertungszinssatzes von 7% 921.271 EUR.

Von einem *Nettobarwert* wird gesprochen, wenn die zu Beginn anfallende Zahlung mit in die Berechnung einbezogen wird, die Diskontierung also in $t = 0$ startet.

$$NBW = \sum_{t=0}^{n} CF_t \cdot (1+i)^{-t}$$

Während der Nettobarwert also eine *Gewinngröße* darstellt, handelt es sich beim Barwert um den *aktuellen Wert* eines Cashflows. Bei einem Finanzprodukt, z. B. einer Anleihe, ist der Nettobarwert tendenziell gleich Null.

Beispiel

Für die betrachtete Anleihe mit einem Barwert von 921.271 EUR liegt die Rendite bei 7%. Ein über diese Rendite hinausgehender Gewinn kann mit dem Kauf der Anleihe nicht erzielt werden.

Das Ziel von Sachinvestitionen ist es demgegenüber, einen den Verzinsungsanspruch übersteigenden Gewinn zu erwirtschaften.

Beispiel

Betrachtet wird ein Investitionsprojekt mit folgender Zahlungsreihe:

Zeitpunkt t	0	1	2	3
Cashflow CF_t	-100.000	45.000	45.000	45.000

Zum Preis von 100.000 EUR erwirbt der Investor also einen Cashflow, der aus drei Folgecashflows von jeweils 45.000 EUR besteht. Um herauszufinden, ob es sich hierbei um eine sinnvolle Investition handelt, wird der Nettobarwert des Cashflows berechnet. Hierzu werden alle Zahlungen mit dem einheitlichen Zinssatz, im Beispiel seien es 10%, abgezinst.

$$NBW = -100.000 + 45.000 \cdot (1,07)^{-1} + 45.000 \cdot (1,07)^{-2}$$
$$+ \quad 45.000 \cdot (1,07)^{-3} = 11.908 \, \text{EUR}$$

Das betrachtete Investitionsprojekt führt bei einem Zinssatz von 10% zu einer Vermögensmehrung beim Investor in Höhe von 11.908 EUR.

Liegt, wie in der Realität normalerweise üblich, eine *nicht-waagerechte* Zinsstrukturkurve vor, ist die Barwertberechnung von den vorliegenden Zinsinformationen abhängig, denn Kassazinssätze können entweder als *Kuponzinssätze* oder als *Zerobondzinssätze* angegeben werden.

Zerobondrenditen (oder spot rates) bringen die Verzinsung von Nullkuponanleihen mit einer spezifischen Laufzeit zum Ausdruck. Zerobonds weisen im Unterschied zu Kuponanleihen keine zwischenzeitlichen Zinszahlungen auf. Vielmehr entstehen Cashflows nur jeweils zu Beginn und am Ende der Laufzeit. Werden laufzeitspezifische Zerobondrenditen (ZBR_t) verwendet, stellt sich die Berechnung des Barwertes wie folgt dar:

$$BW = \sum_{t=1}^{n} CF_t \cdot (1 + ZBR_t)^{-t}$$

Beispiel

Betrachtet wird wieder die Anleihe mit drei Jahren Restlaufzeit und einer Nominalverzinsung von 4% im Nominalwert von 1 Mio. EUR. Gesucht ist erneut der Barwert. Die in Form von Zerobondrenditen vorliegende Zinsstrukturkurve sowie der Cashflow der Anleihe sind gegeben.

Zeitpunkt t	1	2	3
Zerobond-Rendite ZBR_t	5,00%	6,03%	7,10%
Cashflow CF_t	40.000	40.000	1.040.000

Der Barwert ergibt sich wieder über die Abzinsung des Cashflows, d. h. als Summe der mit den Zerobondrenditen abgezinsten Cashflows.

$$BW = 40.000 \cdot (1,0500)^{-1} + 40.000 \cdot (1,0603)^{-2}$$

$$+ \quad 1.040.000 \cdot (1,0710)^{-3} = 920.321 \text{ EUR}$$

Der Barwert der beschriebenen Anleihe beträgt bei Verwendung der vorliegenden Zinsstrukturkurve 920.321 EUR.

Wichtige Anmerkung: Der für das Beispiel verwendete Anleihe Cashflow wird auch bei den im Folgenden vorzustellenden Verfahren zur Barwertberechnung herangezogen. Um die Ergebnisidentität der verschiedenen Verfahren darstellen zu können, wurden die Ergebnisse ohne Rundung berechnet. Bei Verwendung der hier mit vier Nachkommastellen dargestellten Zinssätze ergibt sich ein leicht abweichender Barwert in Höhe von 920.249 EUR. Analog gilt dies für die folgenden Beispiele. Die 920.321 EUR sind also der korrekte, ohne jede Rundung berechnete Barwert des betrachteten Cashflows.

Kuponzinssätze geben die Verzinsung eines typischen Geld- und Kapitalmarktgeschäftes an, das bei *endfälliger Rückzahlung* des Nominalbetrages *jährliche Zinszahlungen* verursacht. Kuponzinssätze werden, genau wie Zerobondzinssätze, laufzeitspezifisch angegeben. Für die Berechnung des Barwertes darf aber nicht einfach mit Kuponrenditen exponentiell abgezinst werden, denn dadurch würde implizit wieder die Zahlungsstruktur eines Zerobonds unterstellt. Vielmehr muss auf andere Berechnungsverfahren zurück gegriffen werden. Zunächst wird hier die sogenannte *retrograde Abzinsung* vorgestellt. Im nachfolgenden Abschnitt wird dann die Verwendung von Zerobond-Abzinsfaktoren sowie Forward Rates zur Barwertermittlung erläutert.

Bei der retrograden Abzinsung werden zahlungsstrukturkongruente Opportunitätsgeschäfte konstruiert, die in Verbindung mit dem Cashflow des Grundgeschäftes zu jedem Zeitpunkt – mit Ausnahme des Planungszeitpunktes – einen Ausgleich der Zahlungsströme bewirken. Anders ausgedrückt wird die originale Zahlungsstruktur am Geld- und Kapitalmarkt mit umgekehrten Vorzeichen *dupliziert*. Die genannten Opportunitätsgeschäfte sind entweder Geldaufnahmen oder Geldanlagen am Geld- und Kapitalmarkt, die zu den in der (Kupon-) Zinsstrukturkurve angegebenen Zinssätzen abgeschlossen werden können. Die Vorgehensweise wird im Folgenden am Beispiel der oben schon betrachteten Anleihe aufgezeigt.

Beispiel

Betrachtet wird wieder die Anleihe mit drei Jahren Restlaufzeit und einer Nominalverzinsung von 4% im Nominalwert von 1 Mio. EUR. Die in Form von Kuponzinssätzen vorliegende Zinsstrukturkurve sowie der Cashflow der Anleihe sind gegeben. Die folgenden Ausführungen beziehen sich auf die in der nachfolgenden Abbildung dargestellten Zahlen. Gesucht ist erneut der Barwert des Zahlungsstroms.

Zeitpunkt t	0	1	2	3
Kuponzinssatz i_t		5,00%	6,00%	7,00%
Cashflow CF_t		40.000	40.000	1.040.000
G1: 3jährige Kreditaufnahme zu 7%	971.963	–68.037	–68.037	–1.040.000
			–28.037	0
G2: 2jährige Geldanlage zu 6%	–26.450	1.587	28.037	
		–26.450	0	
G3: 1jährige Geldanlage zu 5%	–25.191	25.450		
	920.321	0		

Für die retrograde Abzinsung werden Gegengeschäfte konstruiert, die zum Ausgleich der Zahlungssalden des Grundgeschäftes führen. Da die Gegengeschäfte aufgrund der daraus resultierenden Zinszahlungen ebenfalls Zahlungsströme generieren, muss mit der letzten Zahlung in Höhe von 1.040.000 EUR begonnen werden. Das Gegengeschäft muss im Zeitpunkt $t = 3$ eine Auszahlung in Höhe von 1.040.000 EUR verursachen, damit der Saldo in $t = 3$ bei Null liegt. Diese Auszahlung könnte über eine Kreditaufnahme am Geld- und Kapitalmarkt oder die Emission einer Anleihe mit periodischer Kuponzahlung erreicht werden. Der Betrag der Kreditaufnahme ergibt sich durch einfaches Diskontieren der 1.040.000 EUR mit dem 3-Jahres-Zinssatz.

$$G1 = 1.040.000 \cdot (1,07)^{-1} = 971.963 \text{ EUR}$$

Das einfache Abzinsen (trotz der drei Jahre Laufzeit) ist aufgrund der Zahlungsstruktur mit jährlichen Zinszahlungen korrekt, denn die 1.040.000 EUR bestehen aus dem Nominalbetrag des Kredits in Höhe von 971.963 EUR und den Zinsen für ein Jahr in Höhe von 68.037 EUR. Aus der beschriebenen Kreditaufnahme in Höhe von 971.963 EUR resultieren Zinsausgaben von 68.037 EUR pro Jahr, die mit dem originalen Cash-Flow der Anleihe verrechnet werden müssen. Im Zeitpunkt $t = 2$ liegt ein negativer Zahlungssaldo von -28.037 EUR vor. Dieser kann durch eine zweijährige Geldanlage in Höhe von 26.450 EUR zu 6% ausgeglichen werden.

$$G2 = 28.037 \cdot (1,06)^{-1} = 26.450 \text{ EUR}$$

Auch die aus dieser Geldanlage resultierenden jährlichen Zinserträge in Höhe von 1.587 EUR werden in den Cashflow integriert, sodass für $t = 1$ ein Saldo von -26.450 EUR verbleibt, der wiederum durch eine Geldanlage, diesmal mit einem Jahr Laufzeit und einer Verzinsung von 5%, ausgeglichen wird.

$$G3 = 26.450 \cdot (1,05)^{-1} = 25.191 \text{ EUR}$$

Werden die im Bewertungszeitpunkt fälligen Zahlungen addiert, ergibt sich eine Summe von 920.321 EUR. Diese repräsentieren den Barwert der Anleihe.

Das Beispiel hat die Vorgehensweise bei der retrograden Abzinsung aufgezeigt. Es wurde deutlich, dass mithilfe der Opportunitätsgeschäfte die Zahlungsstruktur des zu bewertenden Cashflows *dupliziert* wird. Die Bewertung des Cashflows erfolgt somit anhand der aktuellen Zinsstrukturkurve. Da die gleiche Anleihe und die gleiche Zinsstrukturkurve wie im Beispiel der Zerobondrenditen verwendet wurden, ist das Ergebnis der Barwertberechnung identisch. Der Zusammenhang zwischen Zerobond- und Kuponzinssätzen wird im nächsten Abschnitt verdeutlicht.

3.1.2 Abzinsfaktoren und Forward Rates

Zur Vereinfachung und Standardisierung der Barwertberechnung kann mit laufzeitspezifischen *Zerobond-Abzinsfaktoren* gearbeitet werden, die für jede Zinsstruktur (aus Kuponrenditen) nur einmal berechnet werden müssen und dann zur Diskontierung aller Cashflows herangezogen werden können. Ein Zerobond ist ein Finanztitel, dessen Zahlungsstruktur nur zwei Zahlungen aufweist, nämlich den Emissionswert K_0 und den Rückzahlungsbetrag K_t. Aufgrund dieser einfachen Zahlungsstruktur ist die Rendite eines Zerobonds ZBR_t relativ einfach zu berechnen, sie beträgt

$$ZBR_t = \sqrt[t]{\frac{K_t}{K_0}} - 1$$

Der zugehörige Abzinsfaktor berechnet sich wie folgt:

$$ZBAF_t = \frac{K_0}{K_t} = \left[\frac{1}{1 + ZBR_t}\right]^t$$

Beispiel

Ein Zerobond weist einen Emissionskurs von 61,34% und eine Laufzeit von zehn Jahren auf. Die Rückzahlung erfolgt zu 100%. Die Rendite beträgt

$$ZBR_{10} = \sqrt[10]{\frac{100,00}{61,34}} - 1 = 0,05 = 5\%,$$

der zugehörige Zerobond-Abzinsfaktor beträgt

$$ZBAF_{10} = \frac{61,34}{100,00} = \left[\frac{1}{1 + 0,05}\right]^{10} = 0,6134.$$

Zerobond-Abzinsfaktoren lassen sich also problemlos berechnen, wenn die laufzeitspezifischen Zerobondrenditen (spot rates) gegeben sind. In diesem Fall kann allerdings auch, wie oben bereits beschrieben, zur Diskontierung direkt exponentiell mit den Zerobondrenditen abgezinst werden. Eine Umrechnung in Zerobond-Abzinsfaktoren ist dann eigentlich *nicht* erforderlich.

$$BW = \sum_{t=1}^{n} CF_t \cdot (1 + ZBR_t)^{-t} = \sum_{t=1}^{n} CF_t \cdot ZBAF_t$$

Die Herleitung von Zerobond-Abzinsfaktoren kann aber sinnvoll sein, wenn die Zinsstrukturkurve in Form von Kuponrenditen gegeben ist und die Berechnung von Barwerten daher mithilfe der retrograden Abzinsung vorgenommen werden muss. In diesem Fall können zuerst Zerobond-Abzinsfaktoren aus der aktuellen Zinsstruktur ermittelt werden, die anschließend für die Berechnung von Barwerten anzuwenden sind. Für die Bestimmung der Zerobond-Abzinsfaktoren ist allerdings auf die retrograde Abzinsung zurückzugreifen. Der abzuzinsende Cashflow repräsentiert dabei einen Zerobond mit einem Rückzahlungskurs von 100%. Das nachfolgende Beispiel erläutert die Vorgehensweise.

Beispiel

Im Beispiel soll der Zerobond-Abzinsfaktor für drei Jahre Laufzeit berechnet werden. Die in Form von Kuponzinssätzen vorliegende Zinsstrukturkurve sowie der Cashflow des synthetischen Zerobonds sind gegeben. Die folgenden Ausführungen beziehen sich auf die in der nachfolgenden Abbildung dargestellten Zahlen. Die Vorgehensweise ist analog zur oben dargestellten retrograden Abzinsung zur Barwertbestimmung der Anleihe.

Zeitpunkt t	0	1	2	3
Kuponzinssatz i_t		5,00%	6,00%	7,00%
Zerobond-Cashflow CF_t		0,0000	0,0000	1,0000
G1: 3jährige Kreditaufnahme zu 7%	0,9346	–0,0654	–0,0654	–1,0000
			–0,0654	0,0000
G2: 2jährige Geldanlage zu 6%	–0,0617	0,0037	0,0654	
		–0,0617	0	
G3: 1jährige Geldanlage zu 5%	–0,0588	0,0617		
	0,8141	0		

Es wird mit der letzten Zahlung in Höhe von 1 begonnen. Das Gegengeschäft muss im Zeitpunkt $t = 3$ eine Auszahlung in Höhe von 1 verursachen, damit der Saldo in $t = 3$ bei Null liegt. Diese Auszahlung könnte über eine Kreditaufnahme am Geld- und Kapitalmarkt erreicht werden. Der Betrag der Kreditaufnahme ergibt sich durch einfaches Diskontieren des Cashflows in $t = 3$ in Höhe von 1 mit dem 3-Jahres-Zinssatz.

$$G1 = 1,000 \cdot (1,07)^{-1} = 0,9346 \, \text{EUR}$$

Aus der Kreditaufnahme in Höhe von 0,9346 resultieren Zinsausgaben von 0,0654 pro Jahr, die mit dem originalen Cash-Flow verrechnet werden. Da die für den Kredit zu zahlenden Zinsen höher sind als der Rückfluss des Zerobonds, verbleibt für den Zeitpunkt $t = 2$ ein negativer Zahlungssaldo von $-0,0654$. Dieser kann durch eine zweijährige Geldanlage in Höhe von 0,0617 zu 6% ausgeglichen werden.

$$G2 = 0,0654 \cdot (1,06)^{-1} = 0,0617 \, \text{EUR}$$

Auch die aus dieser Geldanlage resultierenden jährlichen Zinserträge in Höhe von 0,0037 werden in den Cashflow integriert, sodass für $t = 1$ ein Saldo von $-0,0617$ verbleibt, der wiederum durch eine Geldanlage, diesmal mit einem Jahr Laufzeit und einer Verzinsung von 5%, ausgeglichen wird.

$$G3 = 0,0617 \cdot (1,05)^{-1} = 0,0588 \, \text{EUR}$$

Werden die im Bewertungszeitpunkt fälligen Zahlungen addiert, ergibt sich eine Summe von 0,8141. Dies ist der Drei-Jahres-Zerobond-Abzinsfaktor.

Auf analoge Weise lassen sich auch die Zerobond-Abzinsfaktoren für die anderen Laufzeiten berechnen. Der Barwert der Zahlungsreihe der Anleihe lässt sich, wie oben schon erwähnt, durch *Multiplikation* der Einzelzahlungen mit den Zerobond-Abzinsfaktoren der jeweiligen Zahlungszeitpunkte errechnen.

Beispiel

Bei der vorliegenden Zinsstruktur ergeben sich die Werte 0,8895 für den zweijährigen und 0,9524 für den einjährigen Abzinsfaktor. Der Barwert der Anleihe ergibt sich zu

$$BW = 40.000 \cdot 0,9524 + 40.000 \cdot 0,8895$$
$$+ \quad 1.040.000 \cdot 0,8141 = 920.321 \, \text{EUR}$$

Offensichtlich führt auch diese Variante zum gleichen Ergebnis wie die Barwertberechnung über die Zerobondrenditen oder die retrograde Abzinsung.

Eine weitere Möglichkeit der Barwertberechnung besteht in der Verwendung von *Forward Rates*. Forward Rates (*FR*) stellen Zinssätze dar, die bereits heute für in der Zukunft startende Geschäfte vereinbart werden.

Beispiel

Bei einem Forward Darlehen handelt es sich um eine Kreditvereinbarung, bei der die Kreditauszahlung (und natürlich auch die Zins- und Tilgungszahlungen) in der Zukunft liegen. Dieses wird beispielsweise vereinbart, um im Fall von niedrigen Zinsen eine Anschlussfinanzierung für einen auslaufenden Immobilienkredit zu günstigen Konditionen sicherzustellen. Die Auszahlung kann dabei bis zu 60 Monate nach Vertragsabschluss liegen. Der zu zahlende Zinssatz wird bei Vertragsabschluss fixiert und liegt i. d. R. über dem aktuellen Zinssatz für gleichartige Immobilienkredite, d. h. der Kunde erkauft sich die Sicherheit bezüglich des Zinssatzes mit einem Aufschlag.

Forward Rates kommen in einer Reihe von betriebswirtschaftlichen Problemstellungen zur Anwendungen, sodass Kenntnisse über Forward Rates nicht nur im Rahmen der Barwertberechnung von Bedeutung sind. Daher wird im Folgenden kurz auf ihre Berechnung und als Anwendungsbeispiel auf die Barwertberechnung eingegangen. Beim oben genannten Beispiel des Forward Darlehens handelt es sich um ein Bankprodukt, bei dem sich der Zinssatz am Markt, d. h. aus Angebot und Nachfrage ergibt. In finanzwirtschaftlichen Anwendungen sind natürlich eher die *theoretischen Forward Rates* interessant, die aus der aktuellen Zinsstrukturkurve abgeleitet werden. Eine spezifische Forward Rate ist immer durch die Angabe von Startzeitpunkt und Laufzeit definiert.

Beispiel

Die Angabe $FR_{1,3} = 4,2\%$ bedeutet, dass der Zinssatz für ein Geschäft, das in einem Jahr beginnt und eine Laufzeit von drei Jahren aufweist, 4,2% beträgt.

Wird ein vollkommener Markt betrachtet, dann darf es keinen Unterschied machen, ob beispielsweise eine zweijährige Geldanlage durch ein zweijähriges Geschäft oder zwei aufeinanderfolgende einjährige Geschäfte realisiert wird, denn ansonsten wären risikolose Gewinne möglich. Unterstellt wird dabei natürlich, dass im zweiten Fall das Anschlussgeschäft mit einer Forward Rate gepreist wird, damit keine offene Position entsteht, denn diese würde eine Unsicherheit für den Anleger zur Folge haben. Hätten die beiden genannten Anlagealternativen unterschiedliche Erträge, so würde die erhöhte Nachfrage nach dem günstigeren Produkt die Erträge schnell ausgleichen.

Beispiel

Ein Anleger möchte Geld für zwei Jahre investieren. Er kann entweder ein zweijähriges Wertpapier am Geld- und Kapitalmarkt erwerben, oder sein Geld zunächst nur für ein Jahr anlegen und gleichzeitig ein Forward-Geschäft für das folgende Jahr vereinbaren. Welcher Zinssatz müsste für das Forward-Geschäft gelten, damit das Gesamtinvestment zum zweijährigen Geschäft gleichwertig ist? Es gilt die oben bereits verwendete Zinsstrukturkurve.

– Alternative 1: Kauf eines zweijährigen Wertpapiers

– Alternative 2: Kauf eines einjährigen Wertpapiers mit nachfolgendem einjährigen Forward-Geschäft

Die Cashflows beider Alternativen müssen identisch sein, um die Gleichwertigkeit zu gewährleisten. Die nachfolgende Abbildung zeigt die resultierenden Cashflows.

Zeitpunkt t	0	1	2
Kuponzinssatz i_t		5,00%	6,00%
A1: 2jährige Geldanlage zu 6%	-100	$+6$	$+106$
A2: 1jährige Geldanlage zu 5%	-100	$+105$	
A2: 1jähriges Forward Geschäft		-99	$+106$
A2: Summe	-100	$+6$	$+106$

Im Zeitpunkt $t = 1$ resultiert aus der ersten Alternative ein Rückfluss, ausgelöst durch die Zinszahlung, in Höhe von 6 EUR, aus Alternative 2 erhält der Anleger den Nominalbetrag nebst Zinsen in Höhe von 105 EUR zurück. Die Differenz in Höhe von 99 EUR wird über das Forward Geschäft für ein weiteres Jahr angelegt und muss, damit die Ergebnisse beider Alternativen identisch sind, zu einem Rückfluss von 106 EUR führen. Die notwendig Forward Rate ist also derjenige Zinssatz, der bei einer Investition von 99 EUR nach einem Jahr einen Rückfluss von 106 EUR bewirkt. Formal bedeutet dies:

$$106 = 99 \cdot (1 + FR_{1,1})$$

Diese Gleichung kann nach dem Zinssatz aufgelöst werden und die Forward Rate ergibt sich zu

$$FR_{1,1} = \frac{106}{99} - 1 = 0,0707 = 7,07\%$$

Der Index 1,1 soll ausdrücken, dass es sich bei dieser Forward Rate um den Zinssatz für ein Geschäft handelt, das in einem Jahr beginnt und eine Laufzeit von einem Jahr aufweist.

Die Tatsache, dass die beiden Anlagevarianten gleichwertig, d. h. *arbitragefrei* sein müssen, lässt sich leicht nachvollziehen, wenn eine Situation betrachtet wird, in der eine reale Forward Rate nicht mit der theoretisch richtigen übereinstimmt. In diesem Fall lässt sich ohne großen Aufwand eine Strategie entwickeln, bei der ein risikoloser (Arbitrage-)Gewinn für den Investor entsteht, eine Situation, die in der Realität durch eine Veränderung von Angebot und Nachfrage und den sich dadurch ändernden Preisen schnell korrigiert würde.

Beispiel

Wird, bezogen auf das obige Beispiel, angenommen, dass die $FR_{1,1}$ nicht bei 7,07% liegt, sondern 8% beträgt, dann könnte ein Investor dies ausnutzen und einen risikolosen Gewinn realisieren. Die entsprechende Strategie ist in der nachfolgenden Abbildung zusammengefasst. Der Investor nimmt 100 EUR am Markt für zwei Jahre zu einem Zinssatz von 6% auf und investiert diese 100 EUR zu 5% für ein Jahr. Den nach einem Jahr anfallenden Überschuss in Höhe von 99 EUR legt er mithilfe des Forward-Geschäftes zu 8% für ein weiteres Jahr an und realisiert daraus einen Rückfluss von

$$99 \cdot 1,08 = 106,92$$

Diese Summe übersteigt den Rückzahlungsbetrag des Kredites um 0,92 EUR, die als Arbitragegewinn beim Investor verbleiben.

Zeitpunkt t	0	1	2
Kuponzinssatz i_t		5,00%	6,00%
2jährige Geldaufnahme zu 6%	+100,00	−6,00	−106,00
1jährige Geldanlage zu 5%	−100,00	+105,00	
1jähriges Forward Geschäft		−99,00	+106,92
Summe	0,00	0,00	+0,92

Der Gewinn ist risikolos, denn alle Geschäfte werden schon in $t = 0$ vereinbart und zu allen Zahlungszeitpunkten außer in $t = 2$ ist der Saldo der Cashflows gleich Null.

Die Bestimmung von Forward Rates für andere Laufzeiten und andere Startzeitpunkte erfolgt in analoger Vorgehensweise. Einige Beispiele hierzu finden sich in den Fallstudien. Die Forward Rates für die gegebene Zinsstrukturkurve können der Tabelle im folgenden Beispiel entnommen werden. Die so berechneten Forward Rates werden als Zerobondrenditen (und nicht als Kuponzinssätze) angegeben.

Beispiel

Aus den in Tabelle dargestellten Zinssätzen seien beispielhaft herausgegriffen:

- Die $FR_{1,2} = 8,16\%$ repräsentiert den Zinssatz für einen im Zeitpunkt $t = 1$ abzuschließenden Zerobond mit zwei Jahren Laufzeit. Dieser weist eine Verzinsung von 8,16% auf.

– Die $FR_{2,1} = 9,26\%$ repräsentiert den Zinssatz für einen im Zeitpunkt $t = 2$ abzuschließenden Zerobond mit einem Jahr Laufzeit. Dieser besitzt eine Rendite von 9,26%.

Startzeitpunkt [t = ...]	Laufzeit [Jahre]		
	1	2	3
0	5,00%	6,03%	7,10%
1	7,07%	8,16%	
2	9,26%		

Der Zusammenhang zwischen diesen Zinssätzen lässt sich beispielsweise anhand einer auf den Zeitpunkt $t = 3$ bezogenen Endwertbetrachtung verdeutlichen. Der Endwert ergibt sich etwa durch

– eine dreijährige Geldanlage oder

– eine einjährige gefolgt von einer zweijährigen Geldanlage oder

– eine zweijährige gefolgt von einer einjährigen Geldanlage.

Die genannten Geschäfte werden zu den entsprechenden Zerobond-Forward Rates getätigt und führen durch entsprechende exponentielle Aufzinsung zum Endwert.

$$K_3 = 100 \cdot (1,071)^3 = 122,85 \, \text{EUR}$$

$$= 100 \cdot 1,05 \cdot (1,0816)^2 = 122,85 \, \text{EUR}$$

$$= 100 \cdot (1,0603)^2 \cdot 1,0926 = 122,85 \, \text{EUR}$$

Die Barwertberechnung mithilfe der Forward Rates erfolgt dementsprechend, indem die Cashflows mit den Forward Rates oder mit den aus den Forward Rates gebildeten Abzinsungsfaktoren diskontiert werden. Formal wird dabei auf die Einjahreszinssätze abgestellt, aber selbstverständlich lassen sich auch die anderen Forward Rates in die Berechnungen integrieren. Darauf wird hier aber nicht weiter eingegangen.

$$BW = \sum_{t=1}^{n} CF_t \cdot \Pi_{\tau=1}^{t}(1 + FR_{\tau-1,1})^{-1}$$

Beispiel

Um die Vorgehensweise zu verdeutlichen, wird wieder das schon mehrfach verwendete Beispiel der dreijährigen Anleihe betrachtet. Die ersten Rechenschritte sind aus Gründen der Übersichtlichkeit zunächst tabellarisch dargestellt.

CF_t	Zinssatz	$\Pi_{\tau=1}^{t}(1 + FR_{\tau-1,1})^{-1}$
CF_1	$ZBR_{0,1} = 5,00\%$	$1,05^{-1} = 0,9524$
CF_2	$FR_{1,1} = 7,07\%$	$1,05^{-1} \cdot 1,0707^{-1} = 0,8895$
CF_3	$FR_{2,1} = 9,26\%$	$1,05^{-1} \cdot 1,0707^{-1} \cdot 1,0926^{-1} = 0,8141$

Die in der rechten Spalte der Tabelle enthaltenen Produkte der einjährigen Forward Rates entsprechen den zuvor berechneten Zerobond-Abzinsfaktoren.

Der Barwert der Anleihe ergibt sich demnach wieder zu

$$BW = 40.000 \cdot 0,9524 + 40.000 \cdot 0,8895$$

$$+ \quad 1.040.000 \cdot 0,8141 = 920.321 \text{ EUR}$$

Letztendlich ist festzustellen, dass die aufgezeigten unterschiedlichen Verfahren zur Barwert-bestimmung immer zum gleichen Ergebnis führen. Dies muss auch der Fall sein, da sich alle Verfahren auf die gleiche Zinsstrukturkurve beziehen. Welches Verfahren angewendet wird, ist von den zur Verfügung stehenden Daten abhängig.

3.1.3   Effektivzinsrechnung

Bei der Beurteilung von Zahlungsströmen, beispielsweise aus Wertpapieren oder von Krediten, wird oftmals die Rendite betrachtet. Mit dem Begriff der Rendite wird in diesem Zusammen-hang i. d. R. der sogenannte dynamische Effektivzins einer Zahlungsreihe bezeichnet. Die Ef-fektivverzinsung ist in vielen Fällen nicht mit der Nominalverzinsung identisch, sondern ergibt sich aus der spezifischen Kombination aus Ankaufkurs, Rückzahlungskurs, Laufzeit, Zinszah-lungszeitpunkten und Nominalzinssatz.

Beispiel

Eine endfällige Bundesanleihe mit 5 Jahren Restlaufzeit und einer Nominalverzinsung von 4,5% wird an der Börse zu einem Kurs von 114,35% gehandelt. Die Rendite einer solchen Anleihe beträgt – da der aktuelle Kurs nicht dem Rückzahlungsbetrag von 100% entspricht – nicht 4,5%, sondern lediglich 1,5%.

Zur Bestimmung des Effektivzinssatzes gibt es zahlreiche verschiedene, an dieser Stelle nicht weiter erläuterte Verfahren, die sich in der Berechnung und auch im Ergebnis insbesondere dann unterscheiden, wenn

- unterjährige Zahlungen geleistet werden und/oder
- sogenannte „gebrochene" Laufzeiten, z. B. 1,25 oder 1,5 Jahre vorliegen.

Da alle dynamischen Effektivzinsverfahren auf der aus der dynamischen Investitionsrechnung bekannten *Internen Zinsfußmethode* basieren, wird dieses Verfahren im Folgenden kurz erläu-tert.

Materiell bezeichnet der Interne Zinsfuß den Zinssatz, mit dem sich das *noch nicht amortisierte Kapital jährlich verzinst.*

Formal stellt die Interne Zinsfußmethode bei einem Kredit (oder einer anderen Investition) dagegen lediglich fest, mit welchem Zinssatz i_{eff} die aus dem Kreditgeschäft resultierenden Zahlungen CF_t abgezinst werden müssen, damit die Rückzahlungsbarwerte in ihrer Summe genau dem ausgezahlten Kreditbetrag K_0 entsprechen. Diesen Zusammenhang zeigt auch die Ausgangsgleichung zur Berechnung des Internen Zinsfußes.

$$K_0 = \sum_{t=1}^{n} CF_t \cdot (1 + i_{eff})^{-t}$$

Beispiel

Eine Bank vergibt einen 2jährigen Kredit von nominal 500.000 EUR. Es wurde ein Disagio von 5% vereinbart. Die Zins- und Tilgungszahlungen erfolgen jährlich, wobei für die Tilgung zwei gleich große Raten von jeweils 250.000 EUR am Ende des ersten und am Ende des zweiten Jahres vorgesehen sind. Der Nominalzins beläuft sich auf 5%. Der durch diesen Kredit verursachte Zahlungsstrom sieht folgendermaßen aus:

Zeitpunkt	0	1	2
Zahlung	−475.000	+275.000	+262.500
Ereignis	Kreditauszahlung	Zinsen und Tilgung	Zinsen und Tilgung

Nach der oben stehenden formalen Darstellung muss für den internen Zinsfuß also gelten:

$$475.000 = 275.000 \cdot (1 + i_{eff})^{-1} + 262.500 \cdot (1 + i_{eff})^{-2}$$

Alternativ könnte auch die Auszahlung auf die rechte Seite geschrieben werden, sodass der Interne Zinssatz auch als derjenige Zinssatz bezeichnet wird, bei dem der Barwert der Zahlungsreihe gleich Null ist.

$$0 = -475.000 + 275.000 \cdot (1 + i_{eff})^{-1} + 262.500 \cdot (1 + i_{eff})^{-2}$$

In diesem Beispiel beträgt der Interne Zinssatz 8,7237%.

Anmerkung: Da es sich bei der Bestimmungsgleichung um eine quadratische Gleichung handelt, kann der Effektivzinssatz mithilfe der in Kapitel 4.2.1 auf Seite 138 vorgestellten p/q-Formel berechnet werden.

Beim Internen Zinssatz handelt es sich um die interne Verzinsung des jeweils noch eingesetzten Restkapitals, d. h. also um den Zins, mit dem sich das noch nicht zurückgezahlte Kapital effektiv verzinst. Letzteres kann auch an einer *zahlungsstromorientierten* Darstellungsweise verdeutlicht werden. Ausgehend vom anfänglich ausgezahlten Kreditbetrag lässt sich über den Effektivzins die reale Zinsbelastung des Kreditnehmers in jedem Jahr bestimmen. Ebenso wie mit der Nominalrechnung gelangt man auch mit der Effektivzinsrechnung zu einer vollständigen Rückzahlung des Kredits am Ende der Laufzeit.

Beispiel

Für den im Beispiel verwendeten Kredit mit einem Effektivzinssatz von 8,7237% kann die zahlungsstromorientierte Sichtweise wie folgt dargestellt werden:

Zeitpunkt	0	1	2
Zahlungsstrom	−475.000,00	275.000,00	262.500,00
Zins	–	41.437,66	21.062,34
Tilgung	–	233.562,34	241.437,66
Gebundenes Kapital	475.000,00	241.437,66	0,00

Die Zinszahlungen ergeben sich jeweils aus der Multiplikation des gebundenen Kapitals mit dem Effektivzinssatz, die Tilgungszahlungen sind entsprechend die Residualzahlungen aus Cashflow und Zinsen. Es ist erkennbar, dass die Verrechnung von Effektivzinsen zu einem Endsaldo von Null führt, d. h. der Kredit wird bis zum Ende der Laufzeit vollständig getilgt wobei die Zinsen aus der Effektivverzinsung und der jeweils noch ausstehende Kreditsumme berechnet wurden.

Ebenso wie jeder andere Zinssatz i ist auch der Effektivzins eine Größe, bei der ein Zinsbetrag Z auf das diesem Zinsbetrag zugrundeliegende Kapital K bezogen wird.

$$i = \frac{Z}{K}$$

Diese Interpretation kann allerdings nicht zur Berechnung des Effektivzinssatzes herangezogen werden, denn um die für die Berechnung dieses Bruchs notwendigen Größen zu bestimmen, wird der Interne Zinssatz benötigt.

Beispiel

Die vom Kreditnehmer zu zahlenden Zinsen belaufen sich im Beispielsfall auf 62.500 EUR (41.437,66 + 21.062,34), das eingesetzte Kapital beträgt im ersten Jahr 475.000 EUR und im zweiten Jahr 241.437,66 EUR, insgesamt also 716.437,66 EUR. Auch aus der Zusammenführung dieser Größen ergibt sich der Effektivzins:

$$i_{eff} = \frac{62.500}{716.437,66} = 8,7237\%$$

Beim eingesetzten Kapital wird deutlich, dass dieses nur bei Kenntnis des Internen Zinssatzes berechnet werden kann. Die Zinsen entsprechen dagegen dem Saldo der Zahlungsreihe. Der einfache Bruch Z/K kann also nicht zur Bestimmung des Internen Zinssatzes verwendet werden.

Die Berechnung des Effektivzinssatzes erfolgt vielmehr in Abhängigkeit vom *Zahlungsstrom*. Hierbei ist zunächst zwischen dem Zweizahlungsfall und dem Fall mehrerer Zahlungen zu unterscheiden. Während der Effektivzinssatz im Zweizahlungsfall direkt berechnet werden kann, ist bei mehreren Zahlungen, und hierbei insbesondere bei mehr als zwei Jahren Laufzeit, die Verwendung eines Näherungsverfahrens erforderlich.

Zunächst ist kurz auf den *Zweizahlungsfall* einzugehen. Hier weist der Cashflow die Struktur eines Zerobonds auf: der Anfangsauszahlung K_0 folgen außer der Rückzahlung R_n am Ende der Laufzeit keine weiteren Zahlungen mehr nach. Die Berechnung des Effektivzinssatzes erfolgt daher auf relativ einfachem Wege durch Auflösung der Gleichung nach i_{eff}.

$$K_0 \cdot (1 + i_{eff})^n = R_n$$

$$(1 + i_{eff})^n = \frac{R_n}{K_0}$$

$$i_{eff} = \sqrt[n]{\frac{R_n}{K_0}} - 1$$

Beispiel

Eine Bank kauft einen Zerobond (Nominalwert 100%) mit einer Laufzeit von sechs Jahren zu einem Kurs von 83,49%. Die Rückzahlung erfolgt am Ende der Laufzeit zum Nominalwert. Die effektive Verzinsung kann wie folgt berechnet werden:

$$83,49 \cdot (1 + i_{\mathit{eff}})^6 = 100$$

$$(1 + i_{\mathit{eff}})^6 = \frac{100}{83,49}$$

$$i_{\mathit{eff}} = \sqrt[6]{\frac{100}{83,49}} - 1 = 3,0531\%$$

Die einfachste Variante im *Mehrzahlungsfall* ist gegeben, wenn die Laufzeit *genau zwei Jahre* beträgt und die Zahlungen jährlich geleistet werden. In diesem Fall handelt es sich bei der Effektivzinsrechnung um die Lösung einer quadratischen Gleichung (vgl. dazu die Darstellung im Anhang Kapitel 4.2.1). Ist die Laufzeit größer als zwei Jahre, muss zur Bestimmung des Effektivzinses auf ein *mathematisches Näherungsverfahren* zurückgegriffen werden. Im Folgenden wird das Verfahren der linearen Interpolation vorgestellt.

Bei der *linearen Interpolation* wird zwischen zwei Werten auf der konvex fallenden Barwertfunktion interpoliert und so eine Näherungslösung für den Effektivzins gefunden. Hierzu wird zunächst ein Zinssatz i_A gewählt, bei dessen Verwendung der Barwert der Cashflows größer ist als der Auszahlungsbetrag. Ein weiterer Zinssatz i_B wird dann so gewählt, dass der Barwert kleiner als der Auszahlungsbetrag ist. Diese Vorgehensweise stellt sicher, dass der gesuchte Effektivzinssatz zwischen i_A und i_B liegt. Anschließend wird zwischen den beiden Zinssätzen so lange interpoliert, bis der Barwert der Cashflows gleich dem Auszahlungsbetrag ist. Anhand der in Abbildung 3.2 gezeigten grafischen Darstellung lässt sich die hier beschriebene Idee nachvollziehen.

Zur Berechnung des Effektivzinssatzes wird bei Anwendung der linearen Interpolation die folgende Formel verwendet:

$$i_{\mathit{eff}} = i_A + (i_B - i_A) \cdot \frac{BW_A - K_0}{BW_A - BW_B}$$

Beispiel

Für den oben bereits verwendeten Beispielkredit werden 7% und 9% als Versuchszinssätze verwendet:

– Bei einem Zinssatz $i_A = 7\%$ ergibt sich ein Barwert in Höhe von 486.287,01 EUR.

– Bei einem Zinssatz $i_B = 9\%$ ergibt sich ein Barwert in Höhe von 473.234,58 EUR.

Die oben angegebene Formel führt zu einem Effektivzins von 8,7295%.

$$i_{\mathit{eff}} = 7\% + (9\% - 7\%) \cdot \frac{486.287 - 475.000}{486.287 - 473.235} = 8,7295\%$$

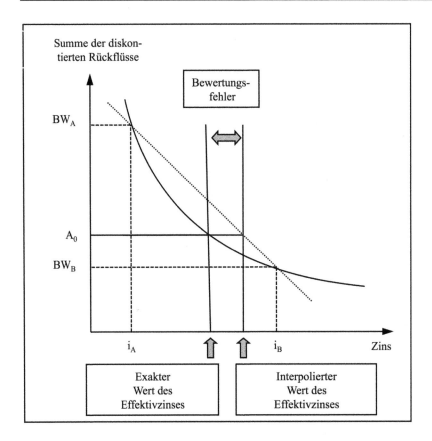

Abbildung 3.2: *Lineare Interpolation*

Der so ermittelte Zinssatz *unterscheidet sich* geringfügig vom korrekten Effektivzinssatz, da er durch ein Näherungsverfahren ermittelt wurde. Um die Genauigkeit zu erhöhen, kann die Interpolation solange wiederholt werden, bis der gewünschte Genauigkeitsgrad erreicht ist. Hierzu wird der Barwert der Cashflows mit dem ermittelten Zinssatz und einem weiteren Versuchszinssatz, der wesentlich näher am korrekten Zinssatz liegt, berechnet. Anschließend wird die Interpolation wiederholt.

Beispiel

Der oben berechnete Zinssatz (8,7295%) führt zu einem Barwert von 474.963 EUR, d. h. der berechnete Zinssatz ist zu hoch. Ein weiterer Versuchszinssatz muss also niedriger gewählt werden, beispielsweise 8,7200%. Bei diesem Zinssatz beträgt der Barwert 475.024 EUR. Eine erneute Interpolation ergibt:

$$i_{eff} = 8,72\% + (8,7295\% - 8,72\%) \cdot \frac{475.024 - 475.000}{475.024 - 474.963}$$

$$= 8,7237\%$$

Dieser Wert stimmt bereits auf vier Nachkommastellen mit dem korrekten Effektivzins überein.

Nach den allgemeinen Erläuterungen zur Effektivzinsrechnung wird abschließend die ISMA-Methode kurz vorgestellt. Abweichungen vom Grundmodell ergeben sich zunächst nur dann, wenn auch unterjährige Zahlungen anfallen oder - wie bereits erwähnt - eine gebrochene Laufzeit vorliegt. Die *ISMA-Methode* kalkuliert unterjährig mit exponentieller Zinsrechnung, also quasi täglich mit Zinseszinsen. Die für einen Tag anfallenden Effektivzinsen werden somit gleichgültig, ob eine Zahlung erfolgt oder nicht, täglich dem Kapital zugeschlagen und am nächsten Tag wieder mit verzinst. Dies gilt natürlich nur im Rahmen der Effektivzinsrechnung, d. h. die vom Kreditnehmer zu erbringenden Rückzahlungsleistungen werden aus den Vertragsbedingungen abgeleitet und verändern sich durch diese Form der Effektivzinsrechnung nicht. Analog zur oben beschriebenen allgemeinen Vorgehensweise wird bei der ISMA-Methode derjenige Zinssatz gesucht, bei dem die Summe der exponentiell abgezinsten Rückflüsse dem Auszahlungsbetrag entspricht.

Beispiel

Das bekannte Beispiel wird wie folgt modifiziert: Eine Bank vergibt einen 2jährigen Kredit von nominal 500.000 EUR. Es wurde ein Disagio von 5% vereinbart. Die Zinszahlungen erfolgen halbjährlich, die Tilgung in zwei gleich große Raten von jeweils 250.000 EUR am Ende des ersten und am Ende des zweiten Jahres. Der Nominalzins beläuft sich auf 5%. Der durch diesen Kredit verursachte Zahlungsstrom sieht folgendermaßen aus:

Zeitpunkt	0	0,5	1	1,5	2
Zahlung	−475.000	+12.500	+262.500	+6.250	+256.250
Ereignis	Kreditaus-zahlung	Zinsen für ein halbes Jahr	Zinsen und Tilgung	Zinsen für ein halbes Jahr	Zinsen und Tilgung

Für den Internen Zinsfuß gilt:

$$475.000 = 12.500 \cdot (1 + i_{eff})^{-0,5} + 262.500 \cdot (1 + i_{eff})^{-1}$$

$$+6.250 \cdot (1 + i_{eff})^{-1,5} + 262.250 \cdot (1 + i_{eff})^{-2}$$

Dieser Zahlungsstrom weist einen Effektivzinssatz von 8,836941% auf. Der Effektivzinssatz kann beispielsweise über das Verfahren der linearen Interpolation ermittelt werden.

Auch für diesen Kredit lässt sich die Richtigkeit des Effektivzinssatzes anhand eines Zins- und Tilgungsplanes nachvollziehen.

Zeitpunkt	0	0,5	1	1,5	2
Zahlungsstrom	−475.000,00	12.500,00	262.500,00	6.250,00	256.250,00
Zins	–	−20.543,49	−20.891,36	−10.441,92	−10.623,22
Tilgung	–	−8.043,49	241.608,64	−4.191,92	245.626,78
Gebundenes Kapital	−475.000,00	−483.043,49	−241.434,85	−245.626,78	0,00

Zu beachten ist hierbei, dass sich das gebundene Kapital zu den halben Jahren kalkulatorisch erhöht, da der Zahlungseingang die kalkulatorischen Effektivzinsen nicht deckt.

Die grundsätzliche Vorgehensweise zur Berechnung der Effektivverzinsung ist also auch beim ISMA-Verfahren mit der oben vorgestellten Idee der Internen Zinssatzmethode identisch. Die Preisangabenverordnung enthält über das Grundmodell hinausgehende Modifikationen, auf die hier nicht eingegangen werden soll.

3.2 Portfoliotheorie

3.2.1 Vorgehensweise und statistische Grundlagen

Die Portfoliotheorie bzw. *Portfolio Selection Theory* wurde von Harry M. Markowitz in den 1950er Jahren entwickelt und basierte auf der empirischen Beobachtung, dass Investoren bei der Investition in Wertpapiere in der Regel diversifizieren, d. h. mehrere Wertpapiere in ihr Portfolio aufnehmen. Dieses Verhalten wäre keine sinnvolle Vorgehensweise, wenn die Rendite das einzige Entscheidungskriterium wäre, denn in diesem Fall wäre es sinnvoll, nur das Wertpapier mit der höchsten Rendite zu erwerben. Markowitz schloss daraus, dass die Investoren neben der *Rendite* auch das *Risiko* des Investments berücksichtigen. Vor diesem Hintergrund beschäftigt sich die Portfoliotheorie mit den folgenden zwei grundlegenden Fragestellungen (vgl. Perridon/Steiner/Rathgeber 2012, S. 260 ff.):

- Wie lässt es sich erklären, dass in der Anlagepraxis oftmals zur Risikostreuung mehrere Wertpapiere in ein Portfolio aufgenommen werden?

- Wie kann die Diversifikation eines Portfolios rational gestaltet werden, also welche und wie viele Wertpapiere sollten in ein Portfolio aufgenommen werden?

Die erste Frage beruht wie erwähnt auf der empirischen Beobachtung, dass Anleger ihr Vermögen auf mehrere Anlagetitel aufteilen. Als Begründung für dieses als Diversifikation bezeichnetes Verhalten lässt sich anführen, dass Investitionen zukunftsorientiert und daher immer mit einer gewissen *Unsicherheit* behaftet sind. Bei einer finanzwirtschaftlichen Betrachtung zeigt sich diese Unsicherheit daran, dass die zukünftigen Zahlungsströme nicht genau vorherzusagen sind. Dies gilt selbstverständlich auch für die meisten Investitionen in Wertpapiere. Demgegenüber wären in einer Situation ohne Unsicherheit alle zukünftigen Zahlungsströme bekannt und dann dasjenige Wertpapier auszuwählen, das den höchsten positiven Kapitalwert, d. h. den höchsten Ertrag bietet. Die einzige Zielvariable wäre somit die Rendite und Diversifikation nicht erforderlich.

Beispiel

Die aus einer Aktie resultierenden Zahlungsströme sind relativ schlecht prognostizierbar, da weder die zukünftigen Dividendenzahlungen noch die Wertenwicklung bekannt sind. Ähnliches gilt für viele andere Anlageklassen. Eine Ausnahme bilden Anleihen erstklassiger Schuldner, insbesondere (bestimmte) Staatsanleihen, bei denen sowohl Zins- als auch Tilgungsleistungen relativ verlässlich planbar sind.

Zusammenfassend lässt sich also feststellen, dass Investitionsentscheidungen i. d. R. *zukunfts-orientiert* zu treffen und deshalb mit Unsicherheiten behaftet sind, denn zukünftige Zahlungs-ströme können nicht exakt vorhergesagt werden.

Entscheidungstheoretisch wird die Situation eines Investors, sich für Wertpapiere entscheiden zu müssen, deren zukünftige Zahlungen nicht bekannt sind, als *Entscheidung unter Unsicher-heit* bezeichnet. In dieser Situation ist eine Lösung auf der Basis lediglich einer Variable, der Rendite, nicht mehr möglich, vielmehr muss auch die Höhe des Risikos in die Entscheidungs-findung einbezogen werden. Die Berücksichtigung des Risikos als zweite Entscheidungsva-riable führt dazu, dass Investoren im Unterschied zur Entscheidung unter Sicherheit nicht die reine Ertragsmaximierung anstreben, sondern eine Maximierung des sogenannten *Risikonut-zens* . Investoren berücksichtigen also, welcher Ertrag und welches Risiko mit einer Investition verbunden sind.

Beispiel

Im Rahmen von Investitionsentscheidungen kann der Nutzen des Investors durch eine spezi-fische Relation zwischen Renditeerwartung und Risikoübernahme beschrieben werden. Der Nutzen entsteht also nicht nur durch die zu erwartende Rendite, sondern aus einer Kombi-nation aus Rendite und Risiko.

Markowitz hat in seinem Modell aus den zahlreichen Möglichkeiten der Risikoerfassung auf das μ/σ -Prinzip der Entscheidungstheorie zurückgegriffen, d. h. der *Risikonutzen* wird als eine Funktion des Erwartungswertes der Rendite μ und der Streuung der Renditen σ abgebildet. Werden der Risikonutzen mit dem griechischen Buchstaben Phi (Φ), der Erwartungswert der Rendite r mit μ und die Streuung mit σ bezeichnet, so führt dies zu der folgenden allgemeinen Darstellung des Risikonutzens im μ/σ-Prinzip:

$$\Phi(r) = \Phi(\mu, \sigma)$$

Der Risikonutzen ist damit von zwei zukunftsgerichteten Variablen abhängig, dies sind der Erwartungswert und die Streuung der Rendite r. Da verlässliche, objektive Prognosen dieser beiden Parameter in der Regel nicht erhältlich sind, wird üblicherweise mit dem *arithmetischen Mittel* einer historischen Datenreihe gearbeitet, um den Erwartungswert der Rendite zu bestim-men. Die Streuung entspricht dann der *Standardabweichung* der historischen Renditen (vgl. zu diesen statistischen Kennzahlen Kapitel 2.3.2).

Beispiel

Für eine Aktie wurden aus den Daten des letzten Handelsjahres die täglichen Wertbewe-gungen als Renditen berechnet. Daraus ergibt sich beispielsweise eine Liste von 220 Tages-renditen. Der Mittelwert dieser 220 Werte kann als (in die Zukunft gerichteter) Erwartungs-wert für die Wertentwicklung dieser Aktie am nächsten Tag verwendet werden. Die aus der gleichen Liste ermittelte Standardabweichung beschreibt entsprechend das zu erwartende Risiko.

Die Risikoneigung eines Investors wird mit Hilfe einer sogenannten *Risikopräferenzfunktion* abgebildet, die das individuelle Austauschverhältnis zwischen Risiko und Rendite beschreibt.

Eine solche Risikopräferenzfunktion kann in einem Diagramm, das auf der waagerechten Achse das Risiko und auf der senkrechten Achse die Rendite abbildet, als entsprechende Kurve dargestellt werden. Alle Punkte auf einer solchen Kurve haben dabei für den Investor die gleiche Wertigkeit, ergeben also den gleichen Nutzen. Mit anderen Worten ist der Investor indifferent zwischen Kombinationen aus Risiko und Rendite, die auf der gleichen Kurve liegen. Diese Kurven werden daher auch als *Indifferenzkurven* bezeichnet. Eine Parallelverschiebung der Risikopräferenzfunktion beschreibt dann einen anderen, niedrigeren oder höheren Nutzen.

Um mit Risikopräferenzfunktionen arbeiten zu können, muss für jeden Investor das individuelle *Austauschverhältnis* zwischen Rendite und Risiko bestimmt werden. In diesem Zusammenhang ist z. B. zu untersuchen, auf wie viel Rendite der Investor zugunsten eines niedrigeren Risikos seines Portfolios verzichten würde. In Abhängigkeit von der grundsätzlichen Einstellung des Investors zum Verhältnis zwischen Rendite und Risiko wird zwischen den Alternativen Risikoaversion, Risikosympathie und Risikoneutralität unterschieden (vgl. auch Abbildung 3.3). In der grafischen Darstellung sind für jede Alternative einige Indifferenzkurven eingezeichnet. Weiter oben liegende Indifferenzkurven weisen dabei einen höheren Nutzen für den Investor auf ($A_4 > A_3 > A_2 > A_1$) (vgl. Troßmann 1998, S. 322 ff.).

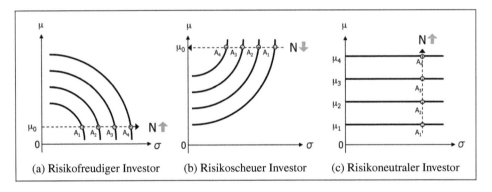

Abbildung 3.3: *Indifferenzlinien von Präferenzfunktionen*

Die Risikopräferenzfunktionen verdeutlichen die unterschiedlichen Einstellungen eines Investors zum Risiko:

- Ein *risikoscheuer (risikoaverser) Investor* fordert bei einem höheren Risiko auch eine Zunahme des Erwartungswertes der Rendite, um einen identischen Nutzen zu erreichen. Bei einem risikoscheuen Investor werden bei gegebenem Erwartungswert μ_0 mit sinkendem Risiko Indifferenzlinien höherer Präferenz erreicht (vgl. Abbildung 3.3b). Der Investor wird also bei identischem Erwartungswert der Rendite die Alternative mit der im Vergleich zu den anderen Alternativen geringsten Streuung auswählen.

    Beispiel

    Ein risikoscheuer Investor hat zwei Investitionsalternativen zur Auswahl: Bei Alternative A wird bei einer Standardabweichung von 20% eine Rendite von 5% erwartet, während bei Alternative B die gleiche Rendite (5%) mit einer Standardabweichung von

15% zu erwarten ist. Der risikoaverse Investor zieht Alternative B vor, da die gleiche Rendite mit einem geringeren Risiko erzielt verbunden ist.

- Im Unterschied dazu muss bei einem *risikofreudigen Investor* ein geringerer Erwartungswert mit einem größeren Risiko einhergehen, um den gleichen Nutzen zu erreichen. Anders ausgedrückt bevorzugt der risikofreudige Investor bei festem Erwartungswert μ_0 unter verschiedenen Alternativen die mit der größten Standardabweichung. In der grafischen Darstellung kann dieses Verhalten daran abgelesen werden, dass bei wachsendem Risiko Risikoindifferenzlinien höherer Präferenz erreicht werden (vgl. Abbildung 3.3a). Ein risikofreudiger Investor zieht die Alternative mit hohen Gewinnchancen und Verlustrisiken anderen Alternativen mit jeweils geringeren Werten vor.

Beispiel

Ein risikofreudiger Investor hat zwei Investitionsalternativen zur Auswahl: Bei Alternative A wird bei einer Standardabweichung von 40% eine Rendite von 5% erwartet, während bei Alternative B die gleiche Rendite (5%) mit einer Standardabweichung von 15% zu erwarten ist. Der risikofreudige Investor zieht Alternative A vor. Die höhere Standardabweichung von A signalisiert eine höhere Streuung der möglichen Ergebnisse. Es sind also deutlich höhere Gewinne, aber auch deutlich höhere Verluste möglich. Dem risikofreudigen Investor ist die Chance auf höhere Gewinne wichtiger als die Gefahr höherer Verluste. Er wählt daher Alternative A.

- Im Falle eines *risikoneutralen (risikoindifferenten) Investors* werden die Alternativen nur anhand der jeweiligen Erwartungswerte der Renditen beurteilt, d. h. der Nutzen ist unabhängig von der Höhe des Risikos. Ein risikoindifferenter Investor präferiert die Alternative mit dem höchsten Erwartungswert der Rendite (vgl. Abbildung 3.3c).

Beispiel

Ein risikoneutraler Investor hat zwei Investitionsalternativen zur Auswahl: Bei Alternative A wird bei einer Standardabweichung von 20% eine Rendite von 5% erwartet, während bei Alternative B eine Rendite von 6% mit einer Standardabweichung von 60% zu erwarten ist. Der risikoneutrale Investor zieht Alternative B vor, da sie voraussichtlich die höhere Rendite abwirft. Die Höhe des Risikos ist für die Investitionsentscheidung eines risikoneutralen Investors nicht relevant.

Es kann beobachtet werden, dass in der Realität Risikoaversion die häufigste Einstellung der Investoren darstellt. Dementsprechend geht auch die Portfoliotheorie von risikoscheuem Verhalten der Anleger aus. Weitere Prämissen des Modells sind (vgl. Perridon/Steiner/Rathgeber 2012, S. 260)

- ein Betrachtungszeitraum von einer Periode,

- homogene Erwartungen aller Investoren hinsichtlich Rendite und Risiko und

- die Gültigkeit der Merkmale des vollkommenen Kapitalmarktes, z. B. Informationseffizienz, keine Transaktionskosten und Steuern.

Diese Prämissen werden zunächst aus Vereinfachungsgründen gesetzt, obwohl sie teilweise recht realitätsfremd sind. Es existieren Erweiterungen bzw. Modifikationen des Modells, bei denen diese Restriktionen abgemildert werden.

3.2.2   Die Bestimmung von effizienten Portfolios

Es gibt zahlreiche Möglichkeiten, mehrere Wertpapiere zu einem Portfolio zusammenzustellen. Jede dieser Möglichkeiten weist eine spezifische Kombination von Rendite und Risiko auf. Werden diese Kombinationen in ein Diagramm eingetragen, in dem auf der waagerechten Achse das Risiko und auf der senkrechten Achse die Rendite dargestellt sind (ein sogenanntes Rendite-Risiko- oder μ/σ-Diagramm) , bilden sie darin eine *Punktwolke*. Jeder Punkt repräsentiert hierbei ein einzelnes mögliches Portfolio, dargestellt durch seine Rendite und sein Risiko, das prinzipiell für eine Investition in Frage kommt. Da den Investoren in der modellhaften Betrachtung Risikoaversion unterstellt wird, stellt allerdings nicht jedes der möglichen Portfolios eine echte Investitionsalternative dar. Der Anleger wird vielmehr aus der Gesamtmenge der realisierbaren Portfolios – beispielsweise bei gegebenem Ertrag – dasjenige mit dem geringsten Risiko auswählen. Ein solches Portfolio P wird als *risikoeffizient* bezeichnet (vgl. Abbildung 3.4).

Ähnliche Überlegungen gelten bei gegebenem Risiko bzw. für Kombinationen aus Rendite und Risiko, sodass zusammenfassend folgende Feststellung getroffen werden kann (vgl. Perridon/Steiner/Rathgeber 2012, S. 261 f.):

Ein *risikoeffizientes Portfolio* liegt dann vor, wenn zu diesem Portfolio keine Alternative existiert, die

- für den gleichen Erwartungswert der Rendite ein geringeres Risiko,

- für das gleiche Risiko einen höheren Erwartungswert der Rendite oder

- sowohl einen höheren Erwartungswert der Rendite als auch ein niedrigeres Risiko

aufweist. Aufgrund dieser Bedingungen gibt es – unabhängig vom Grad der Risikoaversion – aus der Menge aller realisierbaren Portfolios nur bestimmte Portfolios, die als risikoeffizient angesehen werden können.

In der grafischen Darstellung bilden alle risikoeffizienten Portfolios die sogenannte *Effizienzkurve* (vgl. Abbildung 3.4). Die Effizienzkurve begrenzt den Bereich aller möglichen Portfolios nach links oben. Es sind also nicht alle auf der Begrenzungslinie liegenden Portfolios effizient, sondern nur die des Teils mit einer positiven Steigung. Nur dieser, in der Abbildung mit einer durchgezogenen Linie gezeichnete Abschnitt der Begrenzungslinie bildet die Effizienzkurve. Der Bereich mit einer negativen Steigung repräsentiert demgegenüber Portfolios, die bei gleichem Risiko mit einen niedrigeren Ertrag als andere Portfolios verbunden sind.

Entscheidungsparameter für die Beurteilung eines Portfolios sind seine erwartete Rendite und sein Risiko. Wird ein Portfolio nicht aus lediglich einem, sondern aus mehreren verschiedenen

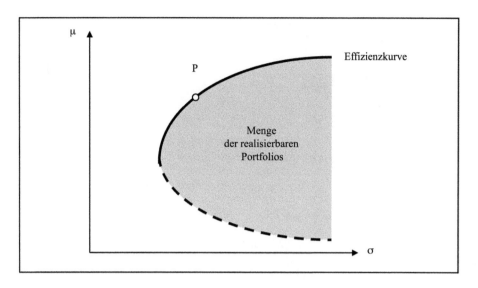

Abbildung 3.4: *Effizienzkurve*

Wertpapieren zusammengesetzt, so müssen zur Entscheidungsfindung die Erwartungswerte von Rendite und Risiko (in Form der Standardabweichung) des Gesamtportfolios berechnet werden. Die Ermittlung dieser Größen erfolgt auf der Grundlage der bereits erläuterten statistischen Regeln (vgl. Kapitel 2.2.2).

Die *erwartete Rendite* von Mischungen aus n Wertpapieren entspricht der mit ihrem Portfolioanteil (a_i) gewichteten Summe der Einzelrenditen μ_i aller verwendeten Wertpapiere:

$$\mu_P = \sum_{i=1}^{n} a_i \cdot \mu_i$$

Dabei muss die Summe der Einzelgewichte 100% bzw. 1 betragen:

$$\sum_{i=1}^{n} a_i = 1$$

Der Erwartungswert der Rendite eines einzelnen Wertpapiers wird damit über das arithmetische Mittel der Einzelrenditen gemessen. Die Einzelrenditen werden entweder aus historischen Zeitreihen, beispielsweise als Tagesrenditen, gewonnen oder vom Anwender in Form einer eigenen Prognose geschätzt. Die erstgenannte Vorgehensweise folgt der bei statistischen Anwendungen typischen Annahme, dass Durchschnittswerte aus der Vergangenheit als gute Näherung für die Erwartungswerte der Zukunft angesehen werden können.

Für die Berechnung des Risikos eines Portfolios wird im Rahmen der Portfoliotheorie auf die *Standardabweichung* zurückgegriffen. Die Berechnung ist allerdings nicht so einfach wie bei der Rendite, denn bei der Beurteilung des Risikos sind die wechselseitigen Beziehungen zwischen den Wertpapieren zu berücksichtigen. Dies geschieht mithilfe des Korrelationskoeffizienten (vgl. Bruns/Meyer-Bullerdieck 2008, S. 57 f.; zum Korrelationskoeffizienten auch Kapitel 2.3.2).

$$\sigma_P = \sqrt{\sum_{i=1}^{n} \sum_{j=1}^{n} a_i \cdot a_j \cdot \rho_{ij} \cdot \sigma_i \cdot \sigma_j}$$

In dieser Formel bezeichnet ρ_{ij} den *Korrelationskoeffizienten* zwischen den Wertpapierrenditen der Wertpapiere i und j, σ steht für die Standardabweichungen der Renditen der Wertpapiere. Die Formel sagt aus, dass zur Berechnung der Standardabweichung des Portfolios die Standardabweichungen aller im Portfolio enthaltenen Wertpapiere mit den Standardabweichungen aller anderen Wertpapiere mithilfe des Korrelationskoeffizienten kombiniert werden müssen.

Diese allgemeine, formale Darstellung der Risikoberechnung ist natürlich sehr abstrakt. Um die Komplexität in der Darstellung etwas zu reduzieren, bietet es sich an, ein Portfolio aus lediglich *zwei Wertpapieren* zu betrachten. Werden die Elemente der obigen Summenformel in Tabellenform dargestellt und dabei die beiden Wertpapiere mit A und B (mit den Renditeerwartungswerten μ_A und μ_B sowie den Standardabweichungen σ_A und σ_B) bezeichnet, lassen sich die einzelnen Elemente wie folgt darstellen (vgl. Schmidt/Terberger 1997, S. 318 f.).

	Wertpapier A mit x_A, σ_A	Wertpapier B mit x_B, σ_B
Wertpapier A mit x_A, σ_A	$x_A^2 \cdot \sigma_A^2$	$x_A \cdot x_B \cdot \rho_{AB} \cdot \sigma_A \cdot \sigma_B$
Wertpapier B mit x_B, σ_B	$x_A \cdot x_B \cdot \rho_{AB} \cdot \sigma_A \cdot \sigma_B$	$x_B^2 \cdot \sigma_B^2$

Tabelle 3.1: Elemente der Risikoberechnung im Zwei-Wertpapier-Portfolio

Gemäß der obigen Formel entspricht das Portfoliorisiko der Summe der in der Tabelle dargestellten Felder.

$$\sigma_P^2 = x_A^2 \cdot \sigma_A^2 + x_B^2 \cdot \sigma_B^2 + 2 \cdot x_A \cdot x_B \cdot \rho_{AB} \cdot \sigma_A \cdot \sigma_B$$

Weist Wertpapier A einen Anteil von x_A am Gesamtportfolio auf, dann ist der Anteil von B $(1 - x_A)$, da die Summe aus beiden Anteilen 100% ergeben muss. Die erwartete Rendite und die Standardabweichung des Portfolios können daraus wie folgt berechnet werden:

$$\mu_P = x_A \cdot \mu_A + (1 - x_A) \cdot \mu_B$$

$$\sigma_P = \sqrt{x_A^2 \cdot \sigma_A^2 + (1 - x_A)^2 \cdot \sigma_B^2 + 2 \cdot \rho_{AB} \cdot x_A \cdot (1 - x_A) \cdot \sigma_A \cdot \sigma_B}$$

Beispiel

Betrachtet werden die Aktien A und B, bei denen die Erwartungswerte der Renditen und Standardabweichungen bereits wie folgt ermittelt wurden:

$\mu_A = 7\%, \sigma_A = 9\%$

$\mu_B = 12\%, \sigma_B = 8\%$

Das Portfolio soll aus 60% Anteil Aktie A und 40% Anteil Aktie B bestehen. Der Korrelationskoeffizient zwischen den Renditen der beiden Aktien beträgt $\rho_{AB} = 0,5$. Die tabellarische Darstellung der Berechnung mit diesen Daten ist nachfolgend abgebildet.

	Aktie A $x_A = 60\%, \sigma_A = 9\%$	Aktie B $x_B = 40\%, \sigma_B = 8\%$
Aktie A $x_A = 60\%, \sigma_A = 9\%$	$0,6^2 \cdot 0,09^2$	$0,4 \cdot 0,6 \cdot 0,5 \cdot 0,09 \cdot 0,08$
Aktie B $x_B = 40\%, \sigma_B = 8\%$	$0,6 \cdot 0,4 \cdot 0,5 \cdot 0,09 \cdot 0,08$	$0,4^2 \cdot 0,08^2$

Die einzelnen Felder dieser Matrix beschreiben die Kombinationen von

Aktie A mit Aktie A: $0,6^2 \cdot 0,09^2 = 0,002916$

Aktie A mit Aktie B: $0,6 \cdot 0,4 \cdot 0,5 \cdot 0,09 \cdot 0,08 = 0,000864$

Aktie B mit Aktie A: $0,4 \cdot 0,6 \cdot 0,5 \cdot 0,09 \cdot 0,08 = 0,000864$

Aktie B mit Aktie B: $0,4^2 \cdot 0,08^2 = 0,001024$

Diese Werte werden im Anschluss addiert, um die Portfoliovarianz zu bekommen. Die Quadratwurzel aus der Varianz ergibt dann die Standardabweichung des Portfolios.

$$\sigma_P = \sqrt{0,002916 + 0,000864 + 0,000864 + 0,001024} = 0,0752 = 7,52\%$$

Das Portfolio hat dabei eine Rendite von

$$\mu_P = 0,6 \cdot 0,07 + 0,4 \cdot 0,12 = 0,09 = 9\%.$$

Das dargestellte Beispiel macht den Effekt der Diversifikation sehr gut deutlich, denn eigentlich *dominiert* Aktie B Aktie A mit einer höheren Rendite und einer niedrigeren Standardabweichung. Eine Kombination der beiden Aktien scheint daher auf den ersten Blick keinen Sinn zu machen. Die Berechnungen zeigen aber, dass aufgrund des Diversifikationseffektes das Portfoliorisiko (7,5%) sogar unter dem geringsten Einzelrisiko (8% Aktie A) liegt.

Es ist anhand der Formel erkennbar, dass das Risiko der Mischung einerseits vom Anteil x_A des Wertpapiers A und andererseits vom Korrelationskoeffizienten ρ_{AB} abhängt. Die Auswirkungen dieser Parameter auf Rendite und Risiko können bei Betrachtung von drei *Extremwerten* des Korrelationskoeffizienten (–1, 0, 1) anschaulich in grafischer Form verdeutlicht werden (vgl. Abbildung 3.5). Der Punkt A bezeichnet hierin ein Portfolio, in dem ausschließlich Aktie A enthalten ist, im Punkt B besteht das Portfolio entsprechend nur aus Aktie B. Die Verbindungslinien markieren Portfolios aus Mischungen der beiden Wertpapiere in Abhängigkeit vom unterstellten Korrelationskoeffizienten (vgl. Perridon/Steiner/Rathgeber 2012, S. 263 ff.).

In Abbildung 3.5 sind die effizienten Portfolios wieder mit der durchgezogenen Linie gekennzeichnet. Die Effizienzlinien zu den drei Extremwerten des Korrelationskoeffizienten können wie folgt interpretiert werden:

Beträgt der Korrelationskoeffizient $\rho_{AB} = 0$, handelt es sich also um *unkorrelierte Renditen*, so ist es möglich, ausgehend vom Punkt A durch eine Mischung beider Wertpapiere eine steigende Rendite bei sinkender Standardabweichung zu erreichen. In der Abbildung entspricht dies einem „Wandern" auf der Linie von A nach Q. Allerdings ist der Kurvenabschnitt zwischen A und Q nicht effizient, denn zwischen den Punkten Q und B liegen Portfolios mit gleichem Risiko und höherem Ertrag. Damit ist nur die Investition in Mischungen, die zwischen Q und B liegen, sinnvoll. Wird der Korrelationskoeffizient von 0 in der Formel zur Berechnung des

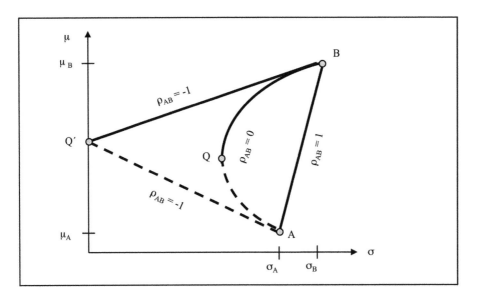

Abbildung 3.5: *Zusammenhang zwischen Risiko und Rendite im Zwei-Anlagen-Fall*

Portefeuillerisikos berücksichtigt, ergibt sich folgender Ausdruck:

$$\sigma_P = \sqrt{x_A{}^2 \cdot \sigma_A^2 + (1 - x_A)^2 \cdot \sigma_B^2}$$

Im Falle einer *vollständig negativen Korrelation* der Renditen ($\rho_{AB} = -1$) kann durch eine entsprechende Mischung der Wertpapiere die Standardabweichung und damit das Risiko bis auf Null reduziert werden. In der Abbildung ist das entsprechende Portfolio durch den Punkt Q' gekennzeichnet. Auch für die vollständig negative Korrelation gilt, dass nur die Mischungen zwischen Q' und B, nicht aber diejenigen zwischen Q' und A effizient sind. Das Einsetzen des Korrelationskoeffizienten von -1 in die Formel zur Berechnung von σ_P führt zu folgender Vereinfachung:

$$\sigma_P = |x_A \cdot \sigma_A + (1 - x_A) \cdot \sigma_B|$$

Der dritte Extremwert möglicher Korrelationskoeffizienten betrifft *vollständig positiv korrelierte Renditen* ($\rho_{AB} = 1$). Ist dies der Fall, können keine Diversifikationseffekte erzielt werden. Beide Wertpapiere und alle Mischungsverhältnisse sind dann effizient. Ebenso wie die Rendite ergibt sich auch das Portfoliorisiko additiv aus den gewichteten Einzelstandardabweichungen. Die Formel zur Bestimmung des Portfoliorisikos lautet für diese Konstellation:

$$\sigma_P = x_A \cdot \sigma_A + (1 - x_A) \cdot \sigma_B$$

Nach der gleichen Systematik ist auch für den Fall von mehr als zwei zur Verfügung stehenden Wertpapieren vorzugehen.

Beispiel

Die Grundüberlegungen der Portfoliotheorie sollen an einem einfachen Fall verdeutlicht werden. Ausgegangen wird wiederum von nur zwei Wertpapieren aus dem Beispiel zur Rendite- und Risikoberechnung, von denen isoliert betrachtet eindeutig das Wertpapier B dominiert, denn dieses weist eine höhere Rendite und ein geringeres Risiko auf als das Wertpapier A.

$$\mu_A = 7\%, \sigma_A = 9\%$$

$$\mu_B = 12\%, \sigma_B = 8\%$$

In der unten stehenden Abbildung sind beispielhaft das Portfoliorisiko sowie der Portfolioertrag für verschiedene Kombinationen der Wertpapiere A und B sowie für unterschiedliche Korrelationskoeffizienten dargestellt, um den Effekt der Risikostreuung zu verdeutlichen. Liegt keine streng positive Korrelation vor, sinkt das Risiko eines gemischten Wertpapierportfolios unter den Wert des gewogenen Durchschnittsrisikos der Einzelpapiere. Im Fall einer Korrelation von −1 kann das Risiko sogar den Wert Null annehmen. Im Beispielsfall ist dies bei einem Mischungsverhältnis A:B in Höhe von 52,94%:47,06% der Fall. Hierbei ergibt sich dann eine Portfoliorendite von 9,65%.

			σ_P bei ρ von...				
w_1	w_2	μ_P	−1,0	−0,5	0,0	0,5	1,0
0,00%	100,00%	12,00%	8,00%	8,00%	8,00%	8,00%	8,00%
10,00%	90,00%	11,50%	6,30%	6,79%	7,26%	7,69%	8,10%
20,00%	80,00%	11,00%	4,60%	5,72%	6,65%	7,46%	8,20%
30,00%	70,00%	10,50%	2,90%	4,85%	6,22%	7,33%	8,30%
40,00%	60,00%	10,00%	1,20%	4,33%	6,00%	7,30%	8,40%
50,00%	50,00%	9,50%	0,50%	4,27%	6,02%	7,37%	8,50%
60,00%	40,00%	9,00%	2,20%	4,70%	6,28%	7,53%	8,60%
70,00%	30,00%	8,50%	3,90%	5,51%	6,74%	7,78%	8,70%
80,00%	20,00%	8,00%	5,60%	6,55%	7,38%	8,12%	8,80%
90,00%	10,00%	7,50%	7,30%	7,73%	8,14%	8,53%	8,90%
100,00%	0,00%	7,00%	9,00%	9,00%	9,00%	9,00%	9,00%

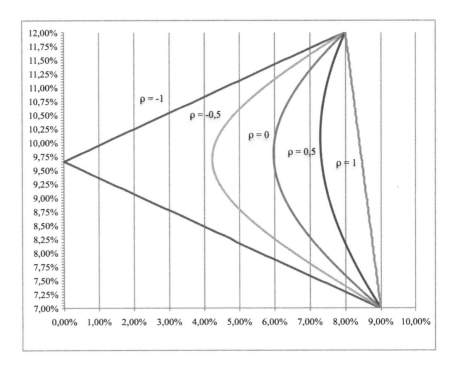

3.2.3   Auswahl des optimalen Portfolios und kritische Würdigung

Aus den Erläuterungen sowie den Beispielen ist nachvollziehbar, dass es i. d. R. eine ganze Reihe von effizienten Portfolios gibt. Aus diesen effizienten Portfolios muss der Investor ein für sich *optimales* Portfolio auswählen. Gemäß dem im Rahmen des Modells unterstellten Prinzip des höchsten Risikonutzens wird sich der Investor letztendlich für das Portfolio entscheiden, das ihm die beste Kombination von Rendite und Risiko verspricht. Die Risikoeinstellung eines Investors wird mit Hilfe von Präferenzfunktionen abgebildet, wobei sich der Grad der im Portfoliomodell unterstellten Risikoaversion in der Steilheit der Präferenzkurve widerspiegelt. Bei gegebener Risikopräferenzfunktion werden unterschiedliche Nutzenniveaus grafisch üblicherweise mit Hilfe einer Schar von Isonutzenkurven dargestellt (vgl. Abbildung 3.6). Alle Punkte auf einer Isonutzenkurve repräsentieren Kombinationen von Rendite und Risiko, die einem Investor den gleichen Nutzen bringen. Für einen risikoaversen Investor ist der Nutzen umso größer, je weiter oben links die Isonutzenkurve liegt, denn hier liegen Kombinationen mit niedrigem Risiko und hoher Rendite (vgl. Perridon/Steiner/Rathgeber 2012, S. 267).

Um das für den Investor optimale Portfolio auszuwählen, sind schließlich Effizienzlinie und Präferenzfunktion zu kombinieren. Wie beschrieben, ergeben sich die Isonutzenkurven aus der individuellen Risikopräferenz eines Anlegers, der Verlauf der Effizienzkurve hängt demgegenüber von der Struktur des Bestandes an riskanten Wertpapieren ab. Der Investor wird dann bei gegebener individueller Risikopräferenzfunktion dasjenige Portfolio auswählen, das durch den *Tangentialpunkt* zwischen der Effizienzlinie (die Linie AB in Abbildung 3.6) und einer Isonut-

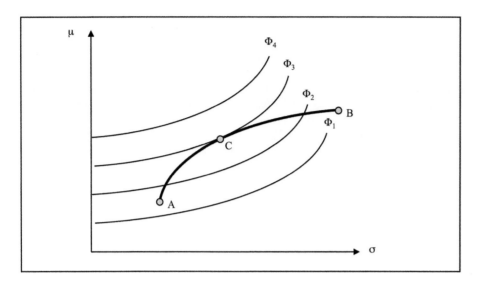

Abbildung 3.6: *grafische Bestimmung des optimalen Portfolios*

zenkurve (in Abbildung 3.6 beispielhaft durch die Linien Φ_1 bis Φ_4 dargestellt) gebildet wird, denn dieses Portfolio ist von allen effizienten Portfolios dasjenige, das am weitesten links oben positioniert ist. Im hier betrachteten Beispiel ist dieses Portfolio durch den Punkt C gekennzeichnet. Anders ausgedrückt ist das so ausgewählte optimale Portfolio von allen effizienten Portfolios für den hier betrachteten Anleger mit dem höchsten Nutzen verbunden, da es weiter oben links keinen Berührungspunkt mehr zwischen der Effizienzlinie und einer Isonutzenkurve gibt.

Eine *kritische Analyse* des Portfolio-Selection-Modells zeigt zunächst den entscheidenden *Vorteil*, dass es sich um ein Erklärungsmodell für das tatsächlich zu beobachtende Anlegerverhalten handelt. Empirische Beobachtungen zeigen, dass Anleger i. d. R. ihr Portfolio zum Zweck der Risikoreduktion diversifizieren. Aus den mathematischen Zusammenhängen wird des weiteren deutlich, dass das Ausmaß der möglichen Risikoreduzierung weniger von der Anzahl der Wertpapiere im Portfolio abhängt, sondern von den Korrelationen zwischen den Wertpapieren.

Das Portfoliomodell ist andererseits aber auch nicht frei von einigen *Kritikpunkten*, die insbesondere bei der Anwendung der Portfoliotheorie auf reale Investitionsentscheidungen zum Tragen kommen (vgl. Bieg/Kußmaul 2000, S. 130 f.).

Ein erster Kritikpunkt betrifft die Verwendung der μ/σ-Entscheidungsregel. Diese unterstellt eine Normalverteilung der Renditen bei beliebiger konkaver Nutzenfunktion bzw. eine quadratische Nutzenfunktion bei beliebiger Renditeverteilung, was beides in empirischen Untersuchungen nicht generell bestätigt werden konnte. Desweiteren erlaubt es das μ/σ-Prinzip nicht, asymmetrische Renditeerwartungen zu berücksichtigen. Dies wäre notwendig, wenn der Anleger z. B. eher steigende als fallende Kurse erwartet.

Ein weiterer Kritikpunkt betrifft das sogenannte Timing, denn die Portfoliotheorie kann zwar die Frage beantworten, in welchen Anteilen bestimmte Wertpapiere im Portfolio enthalten sein sollten, nicht aber die für eine Performancebetrachtung letztendlich mindestens genauso wichtige Frage nach den besten Zeitpunkten zum Ein- und Ausstieg. Unter eher technischen Gesichtspunkten ist des weiteren zu erwähnen, dass die Anwendung des Modells eine nicht unerhebliche Datenbasis voraussetzt. So werden für n Wertpapiere n erwartete Renditen, n Varianzen und $\frac{1}{2} \cdot (n^2 - n)$ Kovarianzen, in der Summe also $\frac{1}{2} \cdot n^2 + 1,5 \cdot n$ Daten benötigt. Es sei aber angemerkt, dass eine Vereinfachung in der Weiterentwicklung zum Indexmodell von Sharpe erreicht wurde, bei dem die Korrelationen der Wertpapierrenditen untereinander durch die Korrelationen der Wertpapierrenditen mit der Rendite des Marktindexes ersetzt werden und somit eine geringer Datenanzahl benötigt wird ($2 \cdot n$).

Beispiel

Bei einem Investmentuniversum, das beispielsweise den Deutschen Aktienindex DAX mit seinen lediglich 30 Werten umfasst, müssen bereits 495 Inputdaten dauerhaft gepflegt werden.

$$\frac{1}{2} \cdot 30^2 + 1,5 \cdot 30 = 495$$

Der amerikanische S & P 500 Aktienindex erfordert 125.750 Einzeldaten.

Ferner setzt die Berechnung der verschiedenen Portfolios prinzipiell eine beliebige Teilbarkeit der Wertpapiere voraus, was natürlich in der Realität nicht gegeben ist und die Anwendbarkeit weiter einschränkt.

Beispiel

Es ist nicht möglich, einen bestimmten Betrag in eine bestimmte Aktie zu investieren, wenn dieser Anlagebetrag nicht ganzzahlig durch den Aktienkurs teilbar ist. Wenn beispielsweise 10.000 EUR in ein Aktienportfolio investiert werden sollen, und das optimale Portfolio besteht gemäß Portfoliotheorie beispielsweise aus 20% (= 2.000 EUR) der Aktie A (Aktienkurs 17,17 EUR), dann müsste der Investor $\frac{2.000}{17,17} = 116,5$ Aktien erwerben. Dies ist natürlich nicht möglich.

Kritisch ist auch anzumerken, dass die Wertpapierportfolios i. d. R. unter Verwendung historischer Daten zusammengestellt werden, denn die erforderlichen Parameter (μ, σ, ρ) werden üblicherweise aus historischen Zeitreihen gewonnen. Daraus folgt implizit die Unterstellung, dass die Vergangenheitsdaten ein verlässlicher Indikator für die entsprechenden Werte der Zukunft sind. Dieser Kritikpunkt gilt jedoch für alle statistikbasierten Modelle. Schließlich liegt eine weitere Problematik in der Bestimmung der individuellen Risikopräferenzfunktion des Anlegers. Das optimale Portfolio kann letztlich nur mit Hilfe der jeweiligen Risikopräferenzfunktion abgeleitet werden.

Für die praktische Anwendung des Portfolio-Selection-Modells ergeben sich aus den genannten Gründen gewisse Einschränkungen. Die Portfoliotheorie macht jedoch das reale Anlegerverhalten nachvollziehbar und bildet die Grundlage für die Kapitalmarkttheorie (Capital Asset Pricing Model CAPM und Arbitrage Pricing Theory APT, vgl. dazu z. B. Bruns/Meyer-Bullerdiek 2008, S. 63 ff.).

3.3 Derivative Finanzinstrumente

3.3.1 Systematisierung und Grundbegriffe

Finanzgeschäfte können nach dem *Zeitpunkt der Vertragserfüllung* in *Kassageschäfte* und *Termingeschäfte* unterteilt werden. Bei den Kassageschäften liegen Vertragsabschluss und Erfüllung des Vertrags zeitlich eng zusammen, sie müssen innerhalb von zwei Handelstagen abgewickelt sein. Demgegenüber fallen bei den Termingeschäften Geschäftsabschluss und Erfüllung des Vertrages *zeitlich auseinander*. Der Abstand zwischen Vertragsabschluss und Vertragserfüllung ist länger als zwei Handelstage und kann mehrere Jahre betragen (vgl. Rudolph/Schäfer 2010, S. 15 ff.).

Beispiel

Wenn eine Börsenorder über den Kauf von 100 Aktien zu je 10 EUR ausgeführt wird, so erhält der Käufer die 100 Aktien innerhalb von zwei Handelstagen in sein Depot gebucht und muss den Kaufpreis von 1.000 EUR innerhalb von zwei Handelstagen begleichen. Dies ist ein Beispiel für ein Kassageschäft.

Ein Termingeschäft liegt vor, wenn zwei Vertragspartner einen Vertrag schließen, in dem sie vereinbaren, dass der Käufer dem Verkäufer in drei Monaten 100 Aktien zu je 10 EUR abkaufen wird. Der Vertragsabschluss ist heute, die Erfüllung des Vertrages erfolgt in drei Monaten.

In den nächsten Kapiteln werden einige wichtige Termingeschäfte (die auch als derivative Finanzinstrumente oder Derivate bezeichnet werden) vorgestellt. Zu Beginn ist es sinnvoll, eine Systematisierung der Geschäfte durchzuführen (vgl. Rudolph/Schäfer 2010, S. 17 f.).

Nach dem Kriterium der *Bedingtheit* können unbedingte und bedingte Termingeschäfte unterschieden werden. *Unbedingte Termingeschäfte* zeichnen sich durch eine unbedingte Erfüllungspflicht aus. Die Kontraktpartner sind dazu verpflichtet, die vereinbarte Leistung zum festgelegten Zeitpunkt zu erbringen, ein Wahlrecht besteht dabei nicht. Demgegenüber steht bei den *bedingten Termingeschäften* einer Vertragspartei das Recht zu, zwischen Erfüllung und Nichterfüllung des Geschäftes zu wählen.

Sowohl bei den unbedingten als auch bei den bedingten Termingeschäften ist zwischen Instrumenten, die an einer Terminbörse und Instrumenten, die außerbörslich gehandelt werden, zu unterscheiden. Diese nicht börsengehandelten Kontrakte werden auch als OTC-Derivate bezeichnet. OTC ist die Abkürzung für Over The Counter.

Die vorgenommene Systematisierung kann auch aus Abbildung 3.7 entnommen werden. Auf der unteren Ebene der Abbildung sind Beispiele für die entsprechenden Derivate aufgeführt.

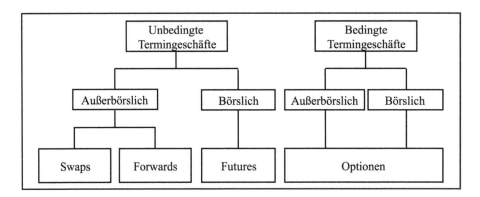

Abbildung 3.7: *Systematisierung von Termingeschäften*

Optionen, Futures und Swaps werden in den nachfolgenden Kapiteln erläutert. Forwards und Futures sind eng verwandt mit dem Unterschied, dass Futures börsengehandelt werden, während es sich bei Forwards um außerbörsliche Geschäfte handelt. Aufgrund der Ähnlichkeit zwischen den beiden Derivaten werden Forwards hier nicht separat dargestellt.

Hinsichtlich der *Anwendungsmöglichkeiten* der vorgestellten Instrumente sind mit der Spekulation, der Arbitrage und dem Hedging drei prinzipielle Einsatzfelder zu unterscheiden (vgl. Hull 2012, S. 32 ff.).

Bei der *Spekulation* geht es darum, eine vor dem Hintergrund einer bestimmten Markterwartung vorteilhafte Finanzposition aufzubauen. Wenn die gewünschte Marktentwicklung eintritt, wird aus der Spekulationsposition ein Gewinn erzielt. Andernfalls ist das Geschäft i. d. R. mit Verlusten verbunden.

Beispiel

Schon der Kauf von Aktien kann spekulativen Charakter haben. Erwartet der Käufer der Aktie beispielsweise eine Zinssenkung durch die Zentralbank, was im Allgemeinen mit Kurszuwächsen bei Aktien verbunden ist, könnte er Aktien kaufen, um den positiven Kurseffekt auszunutzen. Kommt es nicht zu der erwarteten Zinssenkung, lässt sich der positive Effekt möglicherweise nicht realisieren. Unter Umständen werden die Aktien sogar an Wert verlieren, wenn etwa – anders als erwartet – eine Zinserhöhung beschlossen wird.

Gegenstand der *Arbitrage* ist das risikolose Ausnutzen von Preisunterschieden. Arbitrage ist nur bei unvollkommenen Märkten möglich, wenn gleiche Finanzinstrumente an verschiedenen Handelsplätzen nicht den gleichen Preis aufweisen. Um Arbitrage zu betreiben, wird am Ort des niedrigeren Preises gekauft und am Ort des höheren Preises wieder verkauft. Diese Transaktion findet in einen engen zeitlichen Band statt, sodass kein Kapitaleinsatz erforderlich ist. Arbitragegewinne sind daher risikolos.

Beispiel

Stellt z. B. ein Börsenteilnehmer fest, dass eine bestimmte Aktie zur Zeit an der Börse in New York niedriger notiert als in Frankfurt, dann könnte er die Aktie in New York kaufen und in Frankfurt direkt wieder verkaufen. Die Differenz zwischen beiden Preisen ist der Arbitragegewinn.

Im Mittelpunkt des *Hedgings* steht die Risikoabsicherung. Hierbei wird zu einer bestehenden oder geplanten Position in Finanzinstrumenten eine Gegenposition aufgebaut, deren Preisentwicklung genau umgekehrt zur Ausgangsposition verläuft. Ein Verlust in der Ausgangsposition wird dann durch einen Gewinn in der Gegenposition ausgeglichen, sodass im Idealfall das Risiko vollständig eliminiert ist. Allerdings geht mit dem Verzicht auf das Risiko auch der Verzicht auf Gewinnchancen einher. Mit anderen Worten bedeutet Hedging grundsätzlich nichts anderes als die Zusammenstellung verschiedener risikobehafteter Einzelpositionen zu einer Gesamtposition, wobei die sich ergebende Kombination ein deutlich geringeres Risiko als die Einzelpositionen aufweist.

Beispiel

Ein Anleger hat beispielsweise herausgefunden, dass bei steigenden Ölpreisen der Aktienkurs einer Mineralölgesellschaft steigt, der eines Automobilherstellers aber fällt und umgekehrt. Nimmt der Anleger beider Aktien ins Depot, ist er unabhängig von der Ölpreisentwicklung gegen Kursveränderungen geschützt.

Swaps, Futures und Optionen stellen die wichtigste Erscheinungsformen von Termingeschäften dar. Über diese Grundformen hinaus gibt es zahlreiche Wertpapiere, die als Kombinationen verschiedener Derivate bzw. als Kombination aus „traditionellen" Finanzinstrumenten und einem oder mehreren Derivaten konstruiert sind.

Beispiel

Als Beispiele für solche Wertpapiere seien etwa Swaptions (Optionen auf Swaps) genannt, auch zahlreiche Zertifikate weisen Elemente von Termingeschäften auf. Darüber hinaus sind auch Wandel- und Optionsanleihen als Beispiele geeignet.

Die genannten Grundformen werden in den folgenden Kapiteln kurz vorgestellt. Im Anschluss daran wird die Bepreisung von Optionen als Anwendungsmöglichkeit der Finanzmathematik etwas detaillierter betrachtet.

3.3.2   Futures

Ein *Future* beinhaltet die vertragliche Verpflichtung, zu einem bestimmten Termin in der Zukunft ein nach Qualität und Quantität genau bestimmtes Gut zu einem festgelegten Preis entweder zu kaufen (die Kaufposition wird auch als *Long-Position* bezeichnet) oder zu liefern (*Short-Position*) (vgl. Bieg/Kußmaul 2009, S. 298 f.).

Die Futures gehören damit zu den unbedingten Termingeschäften. Auf den ursprünglichen Futures-Märkten, den Warenterminmärkten, konnten lediglich Rohstoffe gehandelt werden. Aus dem Bedürfnis heraus, sich auch gegen die steigenden Kurs- und Zinsvolatilitäten absichern zu können, entstanden die Financial Futures Märkte. Diese sind dadurch gekennzeichnet, dass es sich bei dem Gegenstand eines Financial Futures, dem sogenannten *Underlying*, um ein Finanzinstrument, z. B. ein Wertpapier, handelt.

Neben dem zeitlichen Auseinanderfallen von Vertragsabschluss und -erfüllung weisen Futures die folgenden Besonderheiten auf (vgl. Bruns/Meyer-Bullerdiek 2008, S. 446 f.):

- Terminkontrakte werden über eine organisierte Börse, d. h. an zentralen Märkten, gehandelt. Der Börsenhandel erfordert eine Standardisierung der Handelsobjekte. Bei den standardisierten Verträgen, den sogenannten Kontrakten, sind Basiswert, Verfalldatum, Kontraktgröße und Lieferungsprozedur festzulegen.

- Zwischen Käufer und Verkäufer wird bei jedem Geschäftsabschluss einer Abrechnungsstelle, das sogenannte Clearing-House eingeschaltet, welches sowohl für den Käufer als auch für den Verkäufer als Vertragspartner auftritt und die Erfüllung der Verträge garantiert.

Futures können sich auf unterschiedliche Finanzinstrumente beziehen. Zu unterscheiden sind Futures auf konkreter Basis und Futures auf abstrakter Basis.

Den Futures auf *konkreter* Basis liegen echte Handelsobjekte zugrunde. Daher ist eine physische Lieferung des Basiswertes i. d. R. möglich. Meistens werden jedoch die Geschäfte schon vor dem Verfallstag glattgestellt, sodass es nur in wenigen Fällen zu einer effektiven physischen Lieferung kommt. Zu den Futures mit konkreter Basis gehören die Währungs-Futures (Currency Futures) und die Zins-Futures (Interest Rate Futures). Während ein Währungs-Future, dem ein standardisierter Betrag einer bestimmten Währung zugrunde liegt, zur Absicherung von Währungsrisiken genutzt werden kann, bezieht sich ein Zins-Future zumeist auf einen standardisierten Zinstitel. Motivation für den Einsatz von Zins-Futures ist oftmals die Absicherung gegen Zinsänderungsrisiken (vgl. Perridon/Steiner/Rathgeber 2012, S. 329 f.).

Beispiel

Der Bund-Future wird an der EUREX gehandelt. Gegenstand dieser Kontrakte ist eine langfristige standardisierte Bundesanleihe im Nominalwert von 100.000 EUR. Wichtige Ausstattungsmerkmale des Bund-Futures können der nachfolgenden Zusammenstellung entnommen werden.

Basiswert	Fiktive langfristige Schuldverschreibung des Bundes oder der Treuhandanstalt mit achteinhalb- bis zehneinhalbjähriger Laufzeit und einem Zinssatz von 6 Prozent
Erfüllung	Eine Lieferverpflichtung aus einer Short-Position in einem BUND-Future-Kontrakt kann nur durch bestimmte Schuldverschreibungen – nämlich Bundesanleihen oder börsennotierte, von der Bundesrepublik Deutschland uneingeschränkt und unmittelbar garantierte Schuldverschreibungen der Treuhandanstalt – mit einer Restlaufzeit von achteinhalb bis zehneinhalb Jahren erfüllt werden.
Kontraktwert	100.000 EUR

Preisermittlung	In Prozent vom Nominalwert; auf zwei Dezimalstellen
Minimale Preisver- änderung	0,01 Prozent; dies entspricht einem Wert von 10 EUR
Liefermonate	Die jeweils nächsten drei Quartalsmonate des Zyklus März, Juni, September und Dezember
Lieferanzeige	Clearing-Mitglieder mit offenen Short-Positionen müssen der EUREX am letzten Handelstag des fälligen Liefermonats bis zum Ende der Post-Trading-Periode anzeigen, welche Schuldverschreibungen sie liefern werden
Letzter Handelstag	Zwei Börsentage vor dem Liefertag des jeweiligen Quartalsmonats; Handelsschluss für den fälligen Liefermonat ist 12.30 Uhr
Tägliche Abrech- nungen	Für jeden Kontrakt werden Gewinne und Verluste aus offenen Positionen an dem betreffenden Börsentag im Anschluss an die Post-Trading-Periode ermittelt und dem internen Geldverrechnungskonto angeschrieben bzw. belastet. Für offene Positionen des Börsentages berechnet sich der Buchungsbetrag aus der Differenz zwischen den täglichen Abrechnungspreisen des Kontraktes vom Börsentag und Börsenvortag. Für Geschäfte am Börsentag ergibt sich der Buchungsbetrag aus der Differenz zwischen dem Preis des Geschäfts und dem täglichen Abrechnungspreis des Börsentages.
Täglicher Abre- chungspreis	Durchschnitt der Preise der letzten fünf zustande gekommenen Geschäfte oder der Durchschnitt der Preise aller während der letzten Handelsminute abgeschlossenen Geschäfte, sofern in diesem Zeitraum mehr als fünf Geschäfte zusammengeführt wurden. Ist eine derartige Preisermittlung nicht möglich oder entspricht der so ermittelte Preis nicht den tatsächlichen Marktverhältnissen, legt die EUREX den Abrechnungspreis fest.
Liefertag	Der Liefertag ist der zehnte Kalendertag des jeweiligen Quartalsmonats, sofern dieser Tag ein Börsentag ist, andernfalls der darauf folgende Börsentag. Die Belieferung erfolgt über die Deutscher Kassenverein AG
Schlussabrech- nungspreis	Gleiches Verfahren wie zur Berechnung des „täglichen Abrechnungspreises", jedoch bereits um 12.30 Uhr des letzten Handelstages
Margin	Die Marginverpflichtung wird von der EUREX mittels des „Risk-Based-Marging"-Verfahrens ermittelt

Demgegenüber ist bei Futures auf *abstrakter* Basis die physische Andienung des Basisobjektes i. d. R. unmöglich. Zu dieser Kategorie von Terminkontrakten gehören beispielsweise die Aktienindex-Futures (Stock Index Futures).

Beispiel

Der umsatzstärkste Aktienindex-Future in den USA basiert auf dem S & P Index der 500 führenden amerikanischen Aktien. Der an der EUREX gehandelte DAX-Future beinhaltet die vertragliche Verpflichtung, einen standardisierten Wert des zugrunde liegenden Aktienindex DAX am Erfüllungstermin zu kaufen bzw. zu verkaufen.

Aktienindex-Futures eignen sich insbesondere zur Absicherung eines gesamten Aktienportefeuilles.

Wie bereits erwähnt können Futures zur Spekulation, zur Arbitrage und zum Hedging eingesetzt werden. Beispielhaft werden im Folgenden Zins-Futures betrachtet. Der Wert von Zins-Futures verändert sich ständig mit der Kursentwicklung des Underlyings am Kassamarkt (vgl. Bruns/Meyer-Bullerdiek 2008, S. 449 ff.).

Beispiel

Genauso wie bei Rentenpapieren am Kassamarkt fällt der Preis eines Zins-Futures, sobald das allgemeine Renditeniveau am Kassamarkt steigt. Umgekehrt steigt der Preis der Zins-Futures, wenn die Marktrendite am Kassamarkt sinkt. Der beschriebene Mechanismus ermöglicht es einem spekulativen Investor, durch den Einsatz von Zins-Futures bestimmte Zins- und Kurserwartungen profitabel umzusetzen, ohne das zugrundeliegende Wertpapier tatsächlich kaufen bzw. verkaufen zu müssen. Ein risikofreudiger Investor wird demzufolge in Erwartung steigender Zinsen – eine Entwicklung, die nach dem erläuterten Zusammenhang fallende Kurse nach sich zieht – Zins-Futures verkaufen. Der Verkauf erfolgt zu dem gegenwärtigen Future-Preis.

Die Glattstellung dieser Position, d. h. der Kauf derselben Anzahl des entsprechenden Kontraktes, erfolgt zu einem späteren Zeitpunkt. Wenn sich die Erwartungen des Investors bestätigen und die Marktrendite steigt, wird der Preis des Futures zu diesem Zeitpunkt niedriger sein als zum Zeitpunkt des Kaufs, sodass ein Gewinn erzielt werden kann.

Im umgekehrten Fall der Erwartung einer sinkenden Marktrendite und damit steigender Kurse wird der Investor Zins-Futures kaufen. Sofern die Zinsen tatsächlich fallen, kann die Position wiederum durch den Verkauf der Zins-Futures zu einem höheren Preis mit Gewinn glattgestellt werden.

Eine Spekulation mit Futures birgt natürlich erhebliche *Risiken*. Tritt nämlich die Erwartung des Investors hinsichtlich der Entwicklung der Marktrendite nicht ein bzw. kommt es sogar zu einer entgegengesetzten Entwicklung, so ist eine Glattstellung der Position unter Gewinnerzielung nicht möglich. Stattdessen muss ein entsprechender Verlust hingenommen werden.

Ein wichtiges Anwendungsgebiet für Futures liegt in der Risikoabsicherung (Hedging). Wenn mithilfe von Futures Hedging betrieben werden soll, so ist neben einer bestehenden oder zukünftigen Kassaposition, dem sogenannten Grundgeschäft, eine entgegengesetzte Terminposition aufzubauen, deren Wertänderung bei einer bestimmten Marktentwicklung genau entgegengesetzt zu derjenigen des Grundgeschäftes verläuft. Auf diese Weise wird die Wertänderung der Gesamtposition minimiert. Wird der günstigste Fall einer Wertänderung von Null erreicht, so spricht man von einem „*Perfect Hedge*".

Grundsätzlich kann das Hedging auf zwei Wegen durchgeführt werden, die als Long-Hedge bzw. Short-Hedge bezeichnet werden (vgl. Bruns/Meyer-Bullerdiek 2008, S. 512 ff.).

- Ein *Long-Hedge* beinhaltet den Kauf eines Zinsterminkontraktes, um das Risiko fallender Zinsen resp. steigender Kurse zu vermindern. Er kommt zum Einsatz, wenn für eine zukünftige Kapitalanlage noch das aktuelle, höhere Zinsniveau gesichert werden soll.

- Ein *Short-Hedge* besteht demgegenüber aus dem Aufbau eines Verkaufsengagements auf dem Financial-Futures Markt, um das Risiko steigender Zinsen zu vermindern. Ein Short-Hedge eignet sich daher – bei einer entsprechenden Zinserwartung – zur Absicherung einer bereits bestehenden Kapitalanlage oder einer geplanten Kreditaufnahme.

Beispiel

Im März hält ein Finanzmanager nominal 15 Mio. EUR einer 6,25% Bundesanleihe in seinem Portfolio. Für die nächste Zeit erwartet er Zinssteigerungen, die sich in Kursverlusten
seines Bestandes niederschlagen würden. Um sich davor zu schützen, entscheidet er sich
am 15. März zum Verkauf von nominal 15 Mio. EUR des Euro-Bund-Futures mit Fälligkeit
im Juni. Unter der Annahme, dass die Zinsen bis zum Juni tatsächlich gestiegen sind und
ohne Berücksichtigung von Transaktionskosten kommt es zu dem in der folgenden Abbildung dargestellten Absicherungsergebnis. Dabei wurde angenommen, dass der Manager 60
Kontrakte zur Absicherung einsetzt.

Datum	Kassamarkt	Futures-Markt
7. März	Die Bundesanleihe wird im Portfolio belassen	Verkauf von 60 Juni Bund-Future-Kontrakten
	Kurs der Anleihe: 93,13%	Future-Preis: 91,47%
	Marktwert des Portfolios: 13.969.500 EUR	Marktwert der Futures-Position: 13.720.500 EUR
8. Juni	Die Marktrendite ist gestiegen	Kauf von 60 Juni Bund-Future-Kontrakten
	Kurs der Anleihe: 89,78%	Future-Preis: 86,88%
	Marktwert des Portfolios: 13.467.000 EUR	Marktwert der Futures-Position: 13.032.000 EUR
Ergebnis	Wertverlust: 502.500 EUR	Glattstellungsgewinn: 688.500 EUR

Bei der Wahl des jeweiligen Futurekontraktes sind verschiedene Fragestellungen zu beachten.
Zum einen muss abgeschätzt werden, wie lange die abzusichernde Position einem Kursände-
rungsrisiko ausgesetzt ist bzw. wie lange sie abgesichert werden soll. Zum anderen ist ein Future
auszuwählen, dessen Wertveränderung der Wertänderung der Kassaposition (voraussichtlich)
entspricht. Die Gefahr, dass dies nicht vollständig gelingt, wird als *Basisrisiko* bezeichnet.

3.3.3   Swaps

Swaps bzw. swapverwandte Techniken sind an den internationalen Finanzmärkten schon relativ
lange bekannt. Als „Swap" wird hier allgemein der Tausch von Zahlungsforderungen oder -
verbindlichkeiten bezeichnet, wobei zahlreiche verschiedene Ausprägungsformen von Swaps
existieren. Zur Systematisierung der verschiedenen Erscheinungsformen von Swaps bieten sich
folgende Kriterien an (vgl. auch Abbildung 3.8):

- Nach dem Gegenstand von Swapvereinbarungen lassen sich Zinsswaps, Währungsswaps
  und Kreditswaps differenzieren. Bei Zinsswaps werden Zinsberechnungsbasen (fest/ variabel), bei Währungsswaps Fremdwährungen getauscht, wobei hier auch eine Kombination eines Zins- mit einem Währungsswap möglich ist. Kreditswaps bestehen im Tausch
  von Rückzahlungsansprüchen aus vergebenen Krediten.

- Je nachdem, ob die Bilanzaktiv- oder die Bilanzpassivseite die Bezugsgröße von Swap-
  transaktionen ist, können Asset- und Liability-Swaps unterschieden werden. Während
  Gegenstand von Asset-Swaps Zahlungsansprüche sind, beziehen sich Liability-Swaps
  auf Zahlungsverpflichtungen.

- Wie bei anderen Finanzinstrumenten auch kann nach den *Zielen* von Swaps prinzipiell zwischen Spekulation, Arbitrage und Hedging unterschieden werden. Bei der Spekulation geht es darum, eine vor dem Hintergrund einer bestimmten Markterwartung vorteilhafte Finanzposition mit Hilfe von Swaps aufzubauen. Gegenstand der Arbitrage ist das risikolose Ausnutzen von Preisunterschieden, im Mittelpunkt des Hedgings steht die Risikoabsicherung durch Swapvereinbarungen.

Abbildung 3.8: *Systematisierung von Swapgeschäften*

In der Entstehungszeit der Swaps dominierte das Einsatzfeld der *Arbitrage*. Über Zins- und Währungsswaps wird hier versucht, aus *Marktunvollkommenheiten* resultierende Kostenvorteile, die die Vertragspartner an verschiedenen Segmenten des Finanzmarktes genießen, auszunutzen. Der Einsatz von Zins- und Währungsswaps zur Arbitrage eignet sich gut für die Darstellung der prinzipiellen Funktionsweise von Swaps.

Beispiel

Zu den erwähnten Unvollkommenheiten zählen zum Beispiel

- die empirisch nachweisbare Tatsache, dass Marktteilnehmer schlechterer Bonität bei festverzinslichen Mitteln einen höheren Aufschlag zahlen müssen als bei variabel verzinslichen Mitteln,

- verschiedene Informationsstände, d. h. also Informationsasymmetrien zwischen den Markteilnehmern.

Die im Rahmen der Arbitrage zum Einsatz kommenden Grundformen sind der Zinsswap, der im Folgenden beschrieben wird, und der *Währungsswap*.

Bei einem *Zinsswap* treffen zwei Parteien eine Vereinbarung, nach der die eine Partei der anderen einen Festzinssatz bezahlt und im Gegenzug von der anderen Partei einen variablen Zinssatz erhält. Der variable Zinssatz beruht i. d. R. auf einem Referenzzinssatz (z. B. EURIBOR, LIBOR); der Festzins orientiert sich, je nach Laufzeit des Swaps, an einem mittel- bis langfristigen Kapitalmarktsatz. Die Zinsen beziehen sich auf einen gleich hohen Kapitalbetrag der gleichen Währung, der nicht ausgetauscht wird, sondern nur der Berechnung der Zinszahlungen dient. Ein *reiner Zinsswap*, auch Kuponswap oder Plain Vanilla Swap genannt, ist damit durch die langfristige, gegenseitige Zahlung fester und variabler Zinsen in identischer Währung zwischen den Swap-Parteien gekennzeichnet. Die aus einer solchen Vereinbarung resultierenden Zahlungen zwischen den Vertragspartnern Partei A und Partei B sind in Abbildung 3.9 dargestellt (vgl. Bieg/Kußmaul 2009, S. 290).

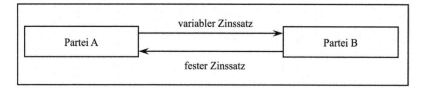

Abbildung 3.9: *Zahlungsströme eines reinen Zinsswaps*

Aus Sicht von Partei A handelt es sich bei dem hier dargestellten Swap um einen *Festzinsempfängerswap* (Receiver-Swap), da Partei A den festen Zinssatz erhält. Demgegenüber stellt der gleiche Swap aus Sicht von Partei B einen *Festzinszahlerswap* (Payer-Swap) dar, denn Partei B zahlt den festen Zinssatz.

Eine Vereinbarung zur Zahlung zweier, auf unterschiedlichen Referenzzinssätzen basierender variabler Zinsbeträge ist ebenfalls möglich und wird als *Basis-Swap*, Index-Swap oder Floating-to-Floating-Interest-Rate-Swap bezeichnet.

Ein Zinsswap kann als Liability-Swap einer Reduzierung der Finanzierungskosten, als Asset-Swap einer Erhöhung der Kapitalerträge dienen. Im Folgenden wird das erstgenannte Einsatzfeld betrachtet. Damit beide Swapparteien eine Reduzierung der Finanzierungskosten erreichen, müssen drei wesentliche Voraussetzungen erfüllt sein (vgl. Rudolph/Schäfer 2010, S. 134 ff.):

- Zwischen den Swapparteien muss ein Bonitätsunterschied bestehen. Dieser äußert sich dadurch, dass die Parteien unterschiedliche Zinsen für eine Mittelaufnahme zu leisten haben: Je besser die Bonität eines Schuldners, desto geringere Kreditzinsen werden verlangt.

- Die Differenz der von den Gläubigern für festverzinsliche Mittel von Schuldnern unterschiedlicher Bonität geforderten Risikoprämien muss von der Differenz der Risikoprämien für variabel verzinsliche Mittel abweichen: Eine unterschiedliche Bonität wirkt sich bei variablen Mitteln nicht so stark aus wie bei festverzinslichen. Der variable Kredit ist relativ betrachtet günstiger.

- Die Swap-Partner müssen über eine hinsichtlich der jeweiligen Zinsberechnungsbasis entgegengesetzte Interessenlage verfügen: die an den Märkten schlechter eingestufte Partei muss an den Mitteln, für die der größere Risikozuschlag gilt, interessiert sein.

Um ein vorteilhaftes Swapgeschäft aufbauen zu können, müssen beispielsweise zwei Partner gefunden werden, von denen der eine einen festverzinslichen, der andere einen variabel verzinslichen Kredit aufnehmen möchte. Da der Risikoaufschlag bei den festverzinslichen Krediten höher ist, diese also relativ teurer sind, sollte dabei der Partner mit der schlechteren Bonität an festverzinslichen Mitteln interessiert sein.

Beispiel

Es wird davon ausgegangen, dass eine Bank mit erstklassiger Bonität und ein Industrieunternehmen mit schlechterer Bonität sich zu folgenden Konditionen variable und zinsfixe Mittel beschaffen können:

	Industrieunternehmen	Bank	Zinsdifferenz
Zinsvariable Mittelbeschaffung	EURIBOR + 0,5%	EURIBOR	0,5%
Zinsfixe Mittelbeschaffung	10%	8,75%	1,25%

Ziel der Bank ist es, eine Finanzierung zu variablen Konditionen zu erhalten, während das Industrieunternehmen Festzinskonditionen wünscht. Da die Kapitalgläubiger auf Bonitätsunterschiede bei festverzinslichen Mitteln empfindlicher als bei variabel verzinslichen Mitteln reagieren, was sich im vorliegenden Fall durch die unterschiedlich hohen Zinsdifferenzen belegen lässt, und sich das Industrieunternehmen festverzinslich refinanzieren will, kann ein Finanzierungsvorteil durch einen Swap erreicht werden. Die Bank emittiert eine Festzinsanleihe zu 8,75% und das Industrieunternehmen eine Floating-Rate-Note zu EURIBOR + 0,5%. Beide Swapparteien verhalten sich also zunächst entgegengesetzt zu ihrer eigentlichen Interessenlage. Im anschließenden Swap vereinbaren die Parteien, dass die Bank variable Zinszahlungen in Höhe von EURIBOR an das Unternehmen zahlt, während sie vom Industrieunternehmen Festzinszahlungen in Höhe von 9,25% erhält.

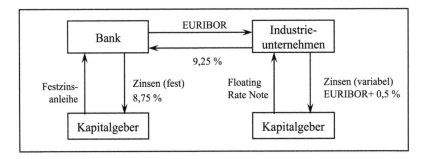

Ein Vergleich der Finanzierungskosten mit und ohne Swap-Vereinbarung zeigt, wie bei beiden Swap-Partnern die Kosten der Mittelaufnahme durch die Swap-Transaktionen gesenkt werden konnten. Beide Parteien erhalten die gewünschte Zinsberechnungsbasis und können darüber hinaus ihre Zinskosten gegenüber einer direkten Beschaffung der gewünschten Zinsbasis deutlich reduzieren. Die Zahlungen sind so konstruiert worden, dass sich 2/3 des Arbitragepotentials bei der Bank und 1/3 beim Industrieunternehmen befinden. Die Aufteilung des Arbitragegewinns ist jedoch reine Verhandlungssache. Andere Verteilungsregeln sind gleichfalls möglich.

Industrieunternehmen		Bank	
FRN	EURIBOR + 0,50%	Festzinskredit	8,75%
Variable Zinsen von der Bank	EURIBOR	Festzinsen vom Industrieunternehmen	9,25%
Festzinsen an das Industrieunternehmen	9,25%	Variable Zinsen an Industrieunternehmen	EURIBOR
Nettokosten	9,75%	Nettokosten	EURIBOR – 0,50%
Marktzins für festverzinsliche Mittel	10,00%	Marktzins für variable Mittel	EURIBOR
Vorteil durch Zinsswap	0,25%	Vorteil durch Zinsswap	0,50%

Es sei noch einmal darauf hingewiesen, dass der Abschluss eines Swaps keinen Einfluss auf die sich aus den Grundgeschäften ergebenden Zahlungsverpflichtungen hat, die beide Vertragsparteien gegenüber Dritten eingegangen sind.

Beispiel

In Beispielsfall sind dies die Emissionen von FRN und Festzinsanleihe. Jeder der Swap-Partner bleibt seinen Gläubigern für die termingerechte Begleichung seiner fälligen Verbindlichkeiten voll verantwortlich.

Wirtschaftlich gesehen sind die Vertragspartner allerdings so gestellt worden, als hätten sie die festverzinsliche Verbindlichkeit in eine variabel verzinsliche umgewandelt und umgekehrt.

3.3.4   Optionen

Bei Optionen handelt es sich um *bedingte Termingeschäfte*. Dies bedeutet, dass ein Vertragspartner – der Käufer der Option – ein Wahlrecht hat, ob er den Vertrag erfüllt oder nicht. Eine Option wird dann nicht ausgeübt, wenn die Ausübung mit einem finanziellen Nachteil für den Käufer verbunden wäre.

Eine Option kann ein Kauf- oder ein Verkaufsrecht enthalten und sie kann erworben oder veräußert werden. Daraus entstehen *vier Grundpositionen*: Kauf und Verkauf einer Kaufoption sowie Kauf und Verkauf einer Verkaufsoption. Kaufoptionen werden auch als Call, Verkaufsoptionen als Put bezeichnet. Der *Basiswert* einer Option ist derjenige Vermögensgegenstand, der ge- oder verkauft werden kann (vgl. Hull 2012, S. 232 f. sowie Tabelle 3.2).

	Käufer (zahlt Optionsprämie, aktives Entscheidungsrecht)	Verkäufer (erhält Optionsprämie, passive Verpflichtung)
Kaufoption	Käufer einer Kaufoption	Stillhalter in Wertpapieren
(Call)	Recht auf Bezug von Wertpapieren	Pflicht, Wertpapiere zu liefern
Verkaufsoption	Käufer einer Verkaufsoption	Stillhalter in Geld
(Put)	Recht auf Abgabe von Wertpapieren	Pflicht, Wertpapiere zu kaufen

Tabelle 3.2: *Rechte und Pflichten bei Optionsgeschäften*
(Perridon/Steiner/Rathgeber 2012, S. 346)

Ein Optionsgeschäft besteht dementsprechend im Erwerb oder der Veräußerung des Rechtes, eine bestimmte Anzahl von Basiswerten zu einem im vorhinein vereinbarten Basispreis kaufen (Kaufoption oder Call) oder verkaufen (Verkaufsoption oder Put) zu können. Ein wichtiger Aspekt bei Optionen ist der Zeitpunkt, zu dem sie ausgeübt werden können. Hier sind zwei Formen zu unterscheiden: bei der sogenannten *amerikanischen Option* ist die Ausübung jederzeit während der Laufzeit der Option möglich. Demgegenüber kann eine *europäische Option* lediglich an einem bestimmten Verfallstag ausgeübt werden. Das Recht, eine Option ausüben zu dürfen, ist nicht kostenlos (im Vertrag enthalten), sondern muss vom Käufer an den Verkäufer bezahlt werden. Der für das Recht zu bezahlende Preis hierfür wird als *Optionsprämie* bezeichnet. Sowohl beim Call als auch beim Put existieren somit jeweils die Positionen „Käufer", der die Optionsprämie zahlen muss, und „Verkäufer", der die Optionsprämie erhält.

Die dem Geschäft zugrundeliegenden Wertobjekte werden als Basiswerte bezeichnet und sind in einer Vielzahl von Ausprägungen erhältlich.

Beispiel

Beispielsweise werden Optionen auf Nahrungsmittel, Rohstoffe, Edelmetalle und verschiedene Finanzinstrumente gehandelt. Bei letzteren kann zwischen konkreten Basiswerten, z. B. Währungen, Zinssätzen oder Aktien, und abstrakten Basiswerten, z. B. Aktienindizes, unterschieden werden. Eine Finanzoption im Speziellen verkörpert also das Recht, bestimmte Finanztitel kaufen oder verkaufen zu können.

Der Käufer der Option besitzt hinsichtlich der Ausübung der Option ein *Wahlrecht*, während der Verkäufer als Stillhalter die *Pflicht* hat, einen Titel zu liefern (Call) oder zu beziehen (Put), sofern der Käufer die Option nicht verfallen lässt. Der Käufer muss dem Verkäufer am Verfallstag bzw. spätestens am Verfallstag bekannt geben, ob er sein Recht wahrnehmen will. Wird die Option bis zum Verfallstag nicht wahrgenommen, verfällt sie wertlos. Der Käufer hat dann die gezahlte Optionsprämie verloren.

Diese Beschreibung macht deutlich, dass die Abwicklung eines Optionsgeschäftes in zwei Stufen dargestellt werden kann (vgl. Perridon/Steiner/Rathgeber 2012, S. 347):

- Abschluss des Optionsgeschäftes durch Kauf bzw. Verkauf eines Optionsrechtes und Bezahlung der Optionsprämie durch den Käufer.

- Ausübung oder Verfall des Optionsrechtes. Bei Ausübung erfolgt der Kauf bzw. Verkauf der Kontraktpapiere unter Bezahlung des vereinbarten Basispreises durch den Wertpapiererwerber.

Die vier möglichen Grundpositionen bei Optionsgeschäften werden im Folgenden nochmals aufgegriffen und anhand eines Beispiels verdeutlicht. Die Kaufposition in einem Wertpapier wird auch als *Long-Position*, die Verkaufsposition als *Short-Position* bezeichnet.

Beispiel

Ein Short Call bezeichnet die Position des Verkäufers einer Kaufoption, ein Long Put den Kauf einer Verkaufsoption.

Entsprechend den vier genannten Positionen sind in Abhängigkeit von der Höhe der Differenz zwischen dem am Ausübungstag festgestellten Kurs für den Basiswert und dem bei der Emission festgelegten Basispreis verschiedene Gewinn- und Verlustkonstellationen zu differenzieren.

Beispiel

Ausgegangen wird im Rahmen der nachfolgenden Ausführungen beispielhaft von einer Aktienoption mit einem Basispreis von 150 EUR und einer Optionsprämie von 10 EUR. Die

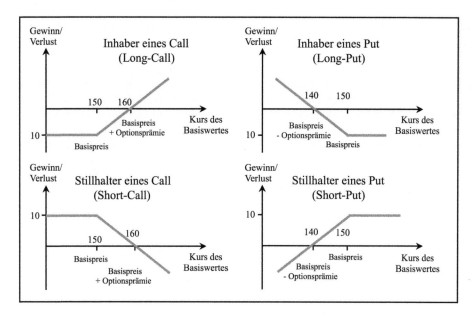

Abbildung 3.10: *Gewinn- und Verlustprofile der Optionsgrundpositionen*

grafische Darstellung der entsprechenden Gewinn- und Verlustprofile ist Abbildung 3.10 zu entnehmen.

Der *Käufer einer Kaufoption* erwartet deutlich steigende Kurse. Sofern der Kurs des Basiswertes unter dem Basispreis liegt, ergibt sich ein Verlust in Höhe der gezahlten Optionsprämie. Der Inhaber der Option wird in diesem Fall sein Bezugsrecht nicht ausüben, denn er kann den Basiswert zu einem günstigeren Kurs an der Börse erwerben. Liegt der Kurs des Basiswertes oberhalb, so ist die Ausübung der Option günstiger als der Kauf über die Börse. Da der Inhaber der Option eine Optionsprämie zahlen musste, vermindert sich jedoch bis zum Kurs „Basispreis plus Optionsprämie" zunächst nur der Verlust bis auf Null (Gewinnschwelle). Ein Gewinn wird erzielt, wenn der Aktienkurs höher ist als die Summe aus Basispreis und Optionsprämie. Für den Käufer ergibt sich damit ein theoretisch unbegrenzt hoher Gewinn, während sein Verlust auf die Höhe der gezahlten Optionsprämie beschränkt ist.

Beispiel

Im genannten Beispiel wird die Option bei Aktienkursen unterhalbe von 150 EUR nicht ausgeübt und verfällt wertlos. Der Käufer hat die Optionsprämie in Höhe von 10 EUR verloren. Das Ausüben der Option ist sinnvoll, sobald der Aktienkurs 150 EUR überschreitet. Allerdings wird bis zu einem Aktienkurs von 160 EUR (das entspricht der Summe aus Basispreis und Optionsprämie) die gezahlte Optionsprämie ausgeglichen, sodass ein Gewinn erst bei Aktienkursen über 160 EUR entsteht. Bei einem Aktienkurs von 170 EUR kann der Inhaber der Option die Aktie über die Ausübung der Option zum Basispreis von 150 EUR beziehen und am Markt für 170 EUR verkaufen, sodass ein Gewinn von 20 EUR anfällt. Unter Berücksichtigung der gezahlten Optionsprämie von 10 EUR verbleibt ein Nettogewinn von 10 EUR.

Der *Verkäufer einer Kaufoption* unterstellt gleichbleibende bis leicht sinkende Kurse. Sofern der Kurs des Basiswertes den Basispreis nicht überschreitet, übt der Inhaber der Kaufoption sein Recht nicht aus. Für den Verkäufer des Calls entsteht dann ein Gewinn in Höhe der vereinnahmten Optionsprämie. Bewegt sich der Kurs des Basiswertes in der Zone zwischen dem Basispreis und der Summe von Basispreis plus Optionsprämie, vermindert sich der Gewinn bis auf Null (Gewinnschwelle). Wenn der Kurs des Basiswertes die Summe aus Basispreis und Optionsprämie überschreitet, kommt der Verkäufer einer Kaufoption in die Verlustzone. Der Inhaber der Kaufoption übt in diesem Fall sein Bezugsrecht aus, der Stillhalter muss die Papiere zu dem im Vergleich zum Börsenkurs niedrigeren Basispreis liefern. Sein Verlust ist folglich theoretisch unbegrenzt, während sein maximaler Gewinn auf die Höhe der vereinnahmten Optionsprämie beschränkt ist.

Beispiel

Der Short Call ist die Gegenposition zum Long Call. Der Verkäufer des Calls erzielt einen Gewinn in Höhe der vereinnahmten Optionsprämie (10 EUR), wenn der Käufer die Option nicht ausübt, also bei Kursen unterhalb von 150 EUR. Sobald die Option ausgeübt wird, muss der Verkäufer die Aktie zum Basispreis von 150 EUR abgeben, obwohl am Markt ein höherer Preis zu erzielen wäre. Bei einem Aktienkurs zwischen 150 und 160 EUR reicht die vereinnahmte Optionsprämie von 10 EUR, um diesen Nachteil zu kompensieren. Bei Aktienkursen über 160 EUR (Basispreis plus Optionsprämie) erleidet der Verkäufer einen Verlust.

Der *Käufer einer Verkaufsoption* erwartet stark sinkende Kursen. Sofern der Kurs des Basiswertes über oder beim Basispreis liegt, wird die Option nicht ausgeübt, da der Basiswert zum gleichen oder zu einem höheren Kurs an der Börse verkauft werden kann. Für den Inhaber der Option entsteht ein Verlust in Höhe der Optionsprämie. Sinkt der Kurs des Basiswertes unter den Basispreis, so reduziert sich bis zum Erreichen des Kurses „Basispreis minus Optionsprämie" der Verlust bis auf Null (Gewinnschwelle). Wenn der Kurs des Basiswertes die Differenz zwischen Basispreis und Optionsprämie unterschreitet, befindet sich der Inhaber eines Puts in der Gewinnzone. Da der Kurs einer Aktie nicht geringer als Null sein kann, ist der Gewinn maximal so groß wie die Differenz zwischen Basispreis und Optionsprämie; der Verlust ist auf die Höhe der gezahlten Optionsprämie beschränkt.

Beispiel

Der Käufer des Puts verliert die gezahlten 10 EUR Optionsprämie, wenn die Ausübung der Option nicht sinnvoll ist, wenn also der Aktienkurs über dem Basispreis liegt. Er wird die Option ausüben, sofern der Aktienkurs unter den Basispreis von 150 EUR fällt. Beispielsweise wäre bei einem Aktienkurs von 145 EUR das Ausüben der Option sinnvoll, denn die Aktie könnte unter Ausnutzen der Option für 150 EUR verkauft werden, sodass – im Vergleich zum Marktpreis – ein Gewinn von 5 EUR entsteht. Dabei muss allerdings auch noch die gezahlte Prämie von 10 EUR berücksichtigt werden, sodass insgesamt ein Verlust von

5 EUR entsteht. Nichtsdestotrotz ist das Ausüben der Option sinnvoll, denn ansonsten wäre die gesamte Prämie von 10 EUR verloren. Einen Gewinn erzielt der Käufer eines Puts wenn der Aktienkurs unter 140 EUR sinkt.

Der *Verkäufer einer Verkaufsoption* erwartet schließlich stagnierende bis leicht steigende Kurse des Basiswertes. Überschreitet der Kurs des Basiswertes den Basispreis, so wird der Käufer der Verkaufsoption sein Recht nicht wahrnehmen. Für den Stillhalter entsteht ein Gewinn in Höhe der Optionsprämie. Sofern der Kurs des Basiswertes unter den Basispreis bis zur Differenz von Basispreis und Optionsprämie sinkt, vermindert sich der Gewinn bis auf Null (Gewinnschwelle). Der Stillhalter einer Verkaufsoption gerät in die Verlustzone, wenn der Kurs des Basiswertes unter die Differenz von Basispreis und Optionsprämie sinkt. Der Inhaber der Verkaufsoption wird in diesem Fall von seinem Recht, das Papier zu einem im Vergleich zum Börsenkurs höheren Kurs zu verkaufen, Gebrauch machen. Der Stillhalter kann maximal einen Gewinn in Höhe der vereinnahmten Optionsprämie erzielen, der maximal mögliche Verlust ergibt sich wiederum als Differenz zwischen Basispreis und Optionsprämie.

Beispiel

Für den Verkäufer der Verkaufsoption hat sich das Eingehen dieser Position gelohnt, wenn die Option nicht ausgeübt wird, denn in diesem Fall kann er die Optionsprämie von 10 EUR als Gewinn vereinnahmen. Dies ist bei Aktienkursen über 150 EUR, also dem Basispreis der Option, der Fall. Liegt der Aktienkurs unter 150 EUR, wird der Inhaber der Option diese ausüben und der Stillhalter ist zur Abnahme der Aktie zu 150 EUR verpflichtet. Die vereinnahmte Prämie reicht bis zu einem Aktienkurs von 140 EUR, um den aus der Ausübung der Option entstehenden Nachteil zu kompensieren. So wird der Inhaber der Option diese bei einem Aktienkurs von 145 EUR ausüben, sodass der Stillhalter die Aktie zu 150 EUR erwerben muss. Der Verkauf der Aktie am Markt erbringt nur 145 EUR, sodass ein Verlust von 5 EUR entsteht, der aber durch die vereinnahmte Prämie von 10 EUR noch überkompensiert wird. Erst wenn der Aktienkurs 140 EUR (das entspricht dem Basispreis minus der vereinnahmten Optionsprämie) unterschreitet, entsteht für den Stillhalter ein Verlust.

In Bezug auf den *Optionshandel* ist zwischen standardisierten, börsengehandelten Optionen (Traded Options) und nicht standardisierten (Freiverkehrs-) Optionen (OTC-Options) zu unterscheiden. *Traded Options* werden an Börsen gehandelt und sind zur Vereinfachung des Handels in verschiedener Hinsicht standardisiert. Dabei ist zwischen Käufer und Verkäufer ein sogenanntes Clearinghouse zwischengeschaltet, das alle Abschlüsse registriert, verrechnet und ggfs. für jeden Kontrakt bei Nichterfüllung als Kontraktpartner eintritt. Traded Options werden an verschiedenen Optionsbörsen gehandelt. Traded Options weisen zwar einerseits aufgrund der Standardisierung eine geringe Flexibilität auf, erreichen andererseits aber aus diesem Grund und aufgrund der Erfüllungsgarantie des Clearing-Hauses hohe Handelsvolumina.

Beispiel

Eine der größten Terminbörsen weltweit ist die EUREX. Zu den dort gehandelten Optionen gehören Aktienoptionen, Optionen auf den DAX sowie Optionen auf verschiedene Financial Futures. Ein weiterer wichtiger Anbieter ist die Chicago Mercantile Exchange CME.

Im Unterschied dazu werden *Over-the-Counter- (OTC-) Options* weder an Börsen gehandelt noch sind sie standardisiert. Sie werden vielmehr auf die individuellen Bedürfnisse der Benutzer abgestimmt und stellen zweiseitige Verträge zwischen einem spezifischen Käufer auf der einen und einem spezifischen Stillhalter auf der anderen Seite dar. Aufgrund dieser Ausgestaltung und des damit verbundenen höheren Risikos werden entsprechende Geschäfte i. d. R. nur zwischen größeren Institutionen, z. B. Kreditinstituten, abgeschlossen.

3.4 Optionspreistheorie

3.4.1 Grundlagen der Optionsbewertung

Die Bewertung von Optionen soll im Folgenden anhand von Aktienoptionen verdeutlicht werden. Aktienoptionen sind in besonderer Weise einer Bewertung durch Modelle zugänglich. Die Bewertung von Optionsrechten besitzt beispielsweise Bedeutung zur Ermittlung über- oder unterbewerteter Optionen im Rahmen von Anlageentscheidungen sowie zur Ermittlung angemessener Preise bei der Neuemission von Optionen. Daneben können die Bewertungsmodelle auch zur Bewertung von Optionsscheinen und zur Preisfindung von Optionsanleihen und anderer Produkte mit Optionscharakter bzw. mit Optionskomponenten herangezogen werden.

Bevor auf die Bestimmung einer *theoretischen* Optionsprämie eingegangen wird, sind zunächst einige allgemeine Aussagen zur Optionsprämie erforderlich. Die für eine Option zu zahlende Prämie setzt sich aus *zwei Komponenten* zusammen, die als innerer Wert und als Zeitwert bezeichnet werden (vgl. Perridon/Steiner/Rathgeber 2012, S. 349 ff.).

Der *innere Wert* ergibt sich als Differenz zwischen dem gegenwärtigen Kurs der zugrundeliegenden Aktie und dem Basispreis. Der innere Wert spiegelt somit den Betrag wider, den der Optionsinhaber im Falle der Optionsausübung mit anschließender Verwertung des Basiswerts am Kassamarkt realisieren könnte. Der innere Wert kann niemals negativ werden, da der Optionsinhaber nicht zur Ausübung verpflichtet ist. Anders formuliert entsteht ein innerer Wert erst dann, wenn der Börsenkurs den Basispreis über- (Call) bzw. unterschreitet (Put).

Der *Zeitwert* (Zeitprämie oder Prämie im engeren Sinne) ist die Differenz zwischen dem Marktpreis der Option und ihrem inneren Wert. Haupteinflusfaktor des Zeitwertes ist die Restlaufzeit der Option, d. h. die bis zum Verfalldatum verbleibende Zeit. Die Optionsprämie ist um so höher, je länger die Restlaufzeit der Option ist, da dann der Basiswert noch mehr Kursbewegungspotential besitzt und das über die Prämie zu entgeltende Risiko für den Stillhalter größer ist. Bis zum Verfalltermin schmilzt der Zeitwert bis auf Null ab.

Zeitwert und innerer Wert einer Option können berechnet werden, indem zunächst der innere Wert ermittelt und dieser dann von der Optionsprämie subtrahiert wird. Die Betrachtung einer Aktienoption verdeutlicht diesen Zusammenhang anschaulich.

Beispiel

Liegt beispielsweise bei einem Call mit Basispreis 150 EUR der Kurs der Aktie bei 170 EUR, so beläuft sich der innere Wert der Option auf 20 EUR. Der Inhaber des Calls könnte die Aktie über die Option zu 150 EUR erwerben und an der Börse zu 170 EUR verkaufen; er hätte dadurch einen Gewinn von 20 EUR erzielt. Beträgt der Marktpreis der Option 30 EUR, entfällt auf den Zeitwert ein Betrag von 10 EUR.

Im Hinblick auf Größe und Vorzeichen der Differenz zwischen dem aktuellen Kurs des Basiswertes und dem Basispreis kann sich eine Option

- out-of-the-money (aus dem Geld),

- at-the-money (am Geld)

- oder in-the-money (im Geld) befinden.

Für Call und Put sind die in der Tabelle 3.3 dargestellten Situationen möglich.

	Call	Put
Basispreis über dem aktuellen Kurs des Basiswertes	out-of-the-money	in-the-money
Basispreis beim aktuellen Kurs des Basiswertes	at-the-money	at-the-money
Basispreis unter dem aktuellen Kurs des Basiswertes	in-the-money	out-of-the-money

Tabelle 3.3: Klassifizierung von Optionen

Wird zunächst eine Kaufoption betrachtet, so liegt eine *in-the-money-Call-Option* vor, wenn der Kurs des Basiswertes den Basispreis übersteigt. Eine in-the-money-Call-Option kann mit Gewinn ausgeübt werden. Ist der Basispreis hingegen höher als der Kurs des Basiswertes, so hat die Option keinen inneren Wert; es handelt sich dann um eine *out-of-the-money-Call-Option*. Da die Ausübung einer derartigen Option einem Verlust mit sich bringen würde, lässt der Inhaber die Option wertlos verfallen. Bei einer *at-the-money-Option* stimmen der Basispreis und der Kurs des Basiswertes überein. Der innere Wert dieser Option ist Null, da sich Basispreis und Kassakurs entsprechen. Für einen Put stellen sich die geschilderten Zusammenhänge zwischen Bezeichnung und dem Verhältnis zwischen aktuellem Aktienkurs und Basispreis genau umgekehrt dar. Dementsprechend bedeutet hier in-the-money, dass der Kurs des Basiswertes geringer als der Basispreis ist. Bei einer out-of-the-money-Put-Option liegt der Kurs des Basiswertes dagegen über dem Basispreis.

Das Wissen um die Klassifizierung einer Option weist einen direkten Zusammenhang mit der Optionsprämie auf, denn je mehr eine Option out-of-the-money und je geringer ihre Restlaufzeit ist, desto größer ist das Risiko, dass der Optionskäufer seine Prämie ganz oder teilweise verliert. Demgegenüber sind die Gewinnchancen von in-the-money-Optionen größer, je weiter die Optionen im Geld stehen. Diese unterschiedlichen Chancen und Risiken beeinflussen die Prämienhöhe: Je mehr sich eine Option in-the-money befindet, desto höher ist die für eine solche Option zu entrichtende Optionsprämie; je weiter eine Option out-of-the-money steht, desto niedriger fällt die Prämie aus. Dies bedeutet, dass der innere Wert einer Kaufoption mit steigenden Kursen des Basiswertes und niedrigerem Basispreis, der innere Wert einer Verkaufsoption dagegen mit höheren Basispreisen und sinkenden Kursen des Basiswertes zunimmt.

Wird eine Option, die sich in- oder out-of-the-money befindet, mit dem Zusatz „deep" versehen, so soll damit eine erhebliche Differenz zwischen dem Basispreis und dem Kurs des Basiswertes angezeigt werden.

Beispiel

Die erläuterte Klassifizierung verdeutlicht das folgende Beispiel, bei dem von Kaufoptionen auf Aktien ausgegangen wird.

Aktienkurs	Basispreis	Optionspreis Call	Innerer Wert	Zeitprämie	Klassifikation
300	260	42	40	2	(deep) in-the-money
300	280	34	20	14	in-the-money
300	300	28	0	28	at-the-money
300	320	18	0	18	out-of-the-money

In den vorstehenden Ausführungen wurde bereits auf wesentliche Faktoren hingewiesen, die Einfluss auf die Höhe der Optionsprämie nehmen. Hierzu zählen der Basispreis, die Restlaufzeit der Option und der aktuelle Kurs des Basiswertes. Daneben sind in Abhängigkeit vom betrachteten Basiswert weitere *wichtige Einflussfaktoren* auf die Höhe der Optionsprämie zu berücksichtigen. Im Fall von Aktienoptionen handelt es sich dabei um die Volatilität des Aktienkurses, das Zinsniveau und die Höhe einer eventuellen Dividende (vgl. Hull 2012, S. 296 ff.).

Die *Volatilität* ist ein Maß für die Preisvariabilität, d. h. für Größe und Häufigkeit von Kursschwankungen des jeweiligen Basiswertes. Sie wird in Form einer Streuung um den Mittelwert des Kurses ausgedrückt und üblicherweise über die Standardabweichung (σ) oder die Varianz (σ^2) gemessen. Je höher die Volatilität eines Basiswertes ist, umso höher ist ceteris paribus der Zeitwert und damit die Optionsprämie, da die Wahrscheinlichkeit, dass der Kurs eines Basiswertes innerhalb der Optionsfrist über bzw. unter dem Ausübungskurs liegt, bei Papieren mit hoher Volatilität größer ist als bei Papieren mit geringerer Volatilität. Das höhere Ausübungsrisiko ist dem Stillhalter einerseits mit einer entsprechend höheren Prämie zu vergüten, andererseits wird der Käufer einer solchen Option auch eher bereit sein, diese Prämie zu bezahlen.

Die Optionsprämie reagiert auf Veränderungen des *Zinsniveaus* im Falle des Calls bei steigenden Zinsen mit einer Erhöhung, bei sinkenden Zinsen mit einem Rückgang, im Falle eines Puts ist dieser Zusammenhang gerade umgekehrt. Eine Begründung für diesen Effekt lässt sich folgendermaßen herleiten: Der Verkäufer eines Calls kann das Risiko, den Basiswert bei Optionsausübung zu einem hohen Preis an der Börse kaufen zu müssen, durch den Erwerb der Wertpapiere zum Zeitpunkt des Verkaufs der Option beseitigen. Die daraus resultierende Kapitalbindung hat bei Eigenfinanzierung einen Zinsentgang, bei Fremdfinanzierung einen Zinsaufwand zur Folge. Da bei einer Erhöhung des Zinsniveaus die entgangenen Zinsen resp.

die Finanzierungskosten ansteigen, wird der Verkäufer einer Kaufoption einen höheren Preis verlangen. Demgegenüber kann der Verkäufer eines Puts einer möglichen Andienung der Wertpapiere entgegenwirken, indem er die Papiere bereits bei Abschluss des Kontraktes veräußert. Die aus der Anlage des Verkaufserlöses resultierende Zinserträge nehmen bei steigenden Zinsen zu, sodass der Verkäufer tendenziell bereit sein wird, den Preis der Option entsprechend nach unten zu korrigieren.

Die Ausschüttung einer *Dividende* bewirkt ein Absinken des Kurses des Basiswertes. Daher sinkt bei einer Kaufoption die Optionsprämie, während sie bei einer Verkaufsoption ansteigt. In den Grundformen zur Optionsbewertung wird in der Regel von der Berücksichtigung von Dividenden abgesehen.

Ausgangspunkt der Überlegungen zur Bewertung von Optionen ist der relativ leicht zu bestimmende Wert einer Option am Verfallstag. Werden der Optionswert eines Calls mit C und eines Puts mit P, der Basispreis mit X und der Aktienkurs mit K bezeichnet, so lässt sich der Wert einer Kaufoption am Verfallstag als das Maximum aus Null und der Differenz zwischen Aktienkurs K und Basispreis X bestimmen, für die Verkaufsoption entsprechend umgekehrt (vgl. Perridon/Steiner/Rathgeber 2012, S. 351).

Formal gilt also:

$$C = max(0; K - X)$$

$$P = max(0; X - K)$$

Aus Vereinfachungsgründen werden bei den folgenden Ausführungen nur Kaufoptionen betrachtet.

Beispiel

Beträgt der Basispreis eines Calls beispielsweise 200 EUR, so hat der Call bei einem Aktienkurs von 250 EUR am Verfallstag einen Wert von 50 EUR und bei einem Aktienkurs von 150 EUR einen Wert von Null EUR.

Interessanter als der Wert der Option am Verfallstag ist ihr Wert an einem beliebigen Zeitpunkt, d. h. wenn noch eine *Restlaufzeit t* vorhanden ist. In diesem Falle ist zu berücksichtigen, dass der Ausübungspreis nicht sofort, sondern erst am Verfallstag geleistet werden muss. Der Basispreis ist daher über die Restlaufzeit der Option abzuzinsen. Da über die Höhe des Ausübungspreises keine Unsicherheit besteht, ist als risikokonforme Abzinsungsrate der Zinssatz für eine risikolose Anlage r_f zu wählen. Die Optionsprämie des Calls ist dann größer oder gleich der Differenz aus Aktienkurs und dem Barwert des Basispreises:

$$C \geq K - X \cdot (1 + r_f)^{-t}$$

Beispiel

Wird das Beispiel dahingehend ergänzt, dass der Aktienkurs 250 EUR, der risikolose Zinssatz 8% und die Restlaufzeit zwei Jahre beträgt, lässt sich die folgende Wertuntergrenze des

Calls berechnen:

$$C \geq 250 - 200 \cdot (1 + 0,08)^{-2}$$

$$C \geq 78,53$$

Der Call muss bei den gegebenen Daten mindestens 78,53 EUR kosten.

An der vorstehenden Formel wird auch formal deutlich, warum der Zeitwert einer Option stark von der Restlaufzeit abhängig ist: Der Barwert des Basispreises ist aufgrund der Abzinsung umso geringer, je größer t gewählt wird. Die Wertobergrenze eines Calls entspricht dem aktuellen Aktienkurs, da es nicht sinnvoll sein kann, für das Bezugsrecht mehr zu bezahlen als den aktuellen Preis des Basiswertes. Optionspreismodelle sollen die genaue Bestimmung einer fairen Optionsprämie unter Berücksichtigung der oben genannten Einflussfaktoren ermöglichen, d. h. die obige Ungleichung muss in eine Gleichung verwandelt werden.

Im Rahmen der Bestimmung des Wertes von Aktienoptionen sind insbesondere zwei Modelle von Bedeutung. Es handelt sich dabei zum einen um das Binomialmodell von Cox, Ross und Rubinstein, zum anderen um das von Fischer Black und Myron Scholes entwickelte und nach ihnen benannte Black-Scholes-Modell.

3.4.2   Das Binomialmodell

Das Binomialmodell soll anhand einer Option mit einer Laufzeit von einem Jahr verdeutlicht werden (vgl. Steiner/Bruns 2007, S. 321 ff.). Der Zeitpunkt $t = 0$ stellt dabei den Bewertungszeitpunkt, der Zeitpunkt $t = 1$ den Verfalltermin der Option dar. Die Besonderheit des Modells liegt nun darin, dass es – und darin begründet sich der Name Binomialmodell – für den Verfallstag lediglich *zwei* verschiedene Ausprägungen für den Aktienkurs zulässt. Der Aktienkurs kann nach diesem Modell entweder mit einer Wahrscheinlichkeit q steigen und erreicht nach einer Periode den Wert K_{1u} oder er kann (mit der Wahrscheinlichkeit $1-q$) sinken und fällt auf den Wert K_{1d} (vgl. auch Abbildung 3.11). Die Indizes u und d stehen dabei für die Richtung der Kursbewegung (up bzw. down). Um den Preis einer Option unter diesen Voraussetzungen bestimmen zu können, wird die Zahlungsstruktur der Option mithilfe von Instrumenten nachgebildet (*pricing by duplication*), deren Preis bekannt ist oder bestimmt werden kann. Gleiche Zahlungsströme müssen aus Arbitrageüberlegungen den gleichen Preis haben (*law of one price*), sodass die Kenntnis des Wertes des Arbitrageportfolios für die Preisbestimmung der Option genutzt werden kann.

Die Zahlungsstruktur der Option lässt sich nachbilden, weil der Wert der Option am Verfallstag bekannt ist, es handelt sich hierbei bekanntlich um den inneren Wert. Der Wert der Option soll aber nicht am Verfallstag, sondern zum Bewertungszeitpunkt bestimmt werden. Für die beispielhafte Darstellung wird im folgenden die Bewertung eines Calls herangezogen. Es wird gezeigt, dass über ein Arbitrageportfolio, bestehend aus dem Kauf einer bestimmten Anzahl von Aktien und einer Kreditaufnahme, die Zahlungsstruktur eines verkauften Calls mit umgekehrtem Vorzeichen nachgebildet werden kann. Anders ausgedrückt führt die Kombination des Arbitrageportfolios mit dem Verkauf des Calls zu einem Nettowert von Null und damit einem

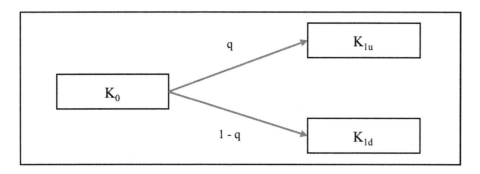

Abbildung 3.11: *Aktienkursentwicklung im einperiodigen Binomialmodell*

risikolosen Portfolio. In Tabelle 3.4 lassen sich die Zusammenstellung des Gesamtportfolios sowie die Wertentwicklung nach einer Periode in Abhängigkeit von der Aktienkursentwicklung nachvollziehen.

	t_0	$t_1(d)$	$t_1(u)$
Verkauf eines Call	$+C_0$	$-C_{1d}$	$-C_{1u}$
Kauf von n Aktien	$-n \cdot K_0$	$+n \cdot K_{1d}$	$+n \cdot K_{1u}$
Kreditaufnahme	$+n \cdot KR$	$-n \cdot KR \cdot (1 + r_f)$	$-n \cdot KR \cdot (1 + r_f)$
Portfoliowert	0	0	0

Tabelle 3.4: *Duplikationsportfolios zur Optionswertbestimmung*

Dabei bezeichnen C den Wert des Calls, KR den Kreditaufnahmebetrag, r_f den risikolosen Zinssatz und n die Anzahl der Aktien. Zu beachten ist, dass der Kredit in $t = 1$ inklusive der Zinsen zurückgezahlt werden muss. Die in Abbildung 3.4 dargestellte Portfoliostruktur lässt sich mathematisch wie folgt darstellen:

$$Für \quad t_0 : C_0 - n \cdot K_0 + n \cdot KR = 0 \quad (1)$$

$$Für \quad t_1(d) : -C_{1d} + n \cdot K_{1d} - n \cdot KR \cdot (1 + r_f) = 0 \quad (2)$$

$$Für \quad t_1(u) : -C_{1u} + n \cdot K_{1u} - n \cdot KR \cdot (1 + r_f) = 0 \quad (3)$$

Die erste Gleichung enthält den unbekannten Wert des Calls. Nach einer Umstellung der Gleichung lässt sich der Optionswert wie folgt berechnen (vgl. zum Umformen von Gleichungen Kapitel 4.2.1) :

$$C_0 = n \cdot K_0 - n \cdot KR \quad (4)$$

Für die Wertbestimmung fehlen aber noch die Werte von n und KR. Die beiden Gleichungen (2) und (3) lassen sich zunächst nach KR auflösen, das Ergebnis wird später in Gleichung (4) eingesetzt.

$$KR = \frac{n \cdot K_{1d} - C_{1d}}{n \cdot (1 + r_f)} \quad (5a)$$

$$KR = \frac{n \cdot K_{1u} - C_{1u}}{n \cdot (1 + r_f)} \quad (5b)$$

Gleichsetzen von (2) und (3) führt zum Wert n.

$$-C_{1d} + n \cdot K_{1d} = -C_{1u} + n \cdot K_{1u}$$

$$C_{1u} - C_{1d} = n \cdot (K_{1u} - K_{1d})$$

$$n = \frac{C_{1u} - C_{1d}}{K_{1u} - K_{1d}} \quad (6)$$

Dieser Ausdruck wird ebenfalls in (4) eingesetzt, sodass sich die Bestimmungsgleichung für den Wert des Calls wie folgt darstellen lässt:

$$C_0 = \frac{C_{1u} - C_{1d}}{K_{1u} - K_{1d}} \cdot \left(K_0 - \frac{K_{1d}}{1 + r_f} \right) + \frac{C_{1d}}{1 + r_f} \quad (7a)$$

$$C_0 = \frac{C_{1u} - C_{1d}}{K_{1u} - K_{1d}} \cdot \left(K_0 - \frac{K_{1u}}{1 + r_f} \right) + \frac{C_{1u}}{1 + r_f} \quad (7b)$$

Die Werte aller in den Gleichungen (7a) und (7b) verwendeten Symbole sind bekannt, sodass der Wert der Option berechnet werden kann. Die auf diesem Weg abgeleiteten Bewertungsgleichungen sind unabhängig von den Eintrittswahrscheinlichkeiten für die beiden zukünftigen Aktienkurse, des Weiteren benötigen sie keine Informationen über die Risikoeinstellung des Investors. Diese Form der Bewertung wird daher als *präferenzfrei* bezeichnet.

Beispiel

Die beschriebene Vorgehensweise wird anhand der Bewertung einer Kaufoption verdeutlicht. Der heutige Aktienkurs K_0 beträgt 100 EUR, der Basispreis X soll ebenfalls 100 EUR betragen und der risikolose Zinssatz r_f liegt bei 5%. Zu ermitteln ist der Preis der Calls, wenn am Verfallstag der Option nur die beiden Aktienkurse $K_{1d} = 80$ EUR oder $K_{1u} = 125$ EUR eintreten können. Die Laufzeit der Option beträgt ein Jahr. Die Anzahl der Aktien und die Höhe des Kredits lassen sich nach den oben entwickelten Gleichungen (7a) oder (7b) bestimmen. Die Werte für die verschiedenen Aktienkurse und den risikolosen Zinssatz sind bekannt und können direkt eingesetzt werden. Der Innere Wert der Option ist die Differenz aus Aktienkurs und Basispreis, minimal aber Null.

Dementsprechend lassen sich

$$C_{1d} = max(0; 80 - 100) = 0$$

und

$$C_{1u} = max(0; 125 - 100) = 25$$

berechnen.

Zusammen mit den anderen Werten ergibt sich der Optionswert im Bewertungszeitpunkt als

$$C_0 = \frac{25 - 0}{125 - 80} \cdot \left(100 - \frac{80}{1,05}\right) + \frac{0}{1,05} = 13,23 \text{ EUR}$$

bzw.

$$C_0 = \frac{25 - 0}{125 - 80} \cdot \left(100 - \frac{125}{1,05}\right) + \frac{25}{1,05} = 13,23 \text{ EUR}.$$

Beide Varianten führen zu einem Ergebnis von 13,23 EUR.

Die hier aufgezeigte abstrakte Berechnung des Optionswertes kann auch auf die ursprüngliche Überlegung, die Argumentation mit einem Arbitrageportfolio, zurückgeführt werden. Hierfür ist zunächst auf die mit n bezeichnete Anzahl der Aktien einzugehen. Das n wird auch als *Optionsdelta δ* bezeichnet und gibt an, wie sich der Optionspreis verändert, wenn sich der Wert der zugrunde liegenden Aktie um einen Euro ändert.

Beispiel

Im vorliegenden Beispiel beträgt der Wert für n

$$n = \Delta = \frac{25 - 0}{125 - 80} = 0,5556,$$

was bedeutet, dass beispielsweise bei einer Erhöhung des Aktienkurses um einen Euro der Wert der Option um 0,5556 EUR steigt. Das Delta zeigt also die Sensitivität der Optionsprämie für Veränderungen des Aktienkurses.

Der Kehrwert des Delta gibt an, wie viele Optionen benötigt werden, um die gleiche Wertveränderung zu erreichen wie die Aktie.

Beispiel

Im Beispiel liegt der Kehrwert des Delta bei 1,8, d. h. um beispielsweise einen Kursanstieg einer Aktie um einen Euro nachzuvollziehen, sind 1,8 Optionen notwendig, die – gemäß des oben betrachteten Deltas – um jeweils 0,5556 EUR im Wert steigen. Für das Arbitrageportfolio bedeutet dies, dass pro Aktie mit 1,8 Optionen gearbeitet werden muss. Umgekehrt lässt sich das Delta damit auch als Anzahl der Aktien pro Option interpretieren.

Die Konstruktion des Arbitrageportfolios wird abschließend anhand der schon verwendeten Beispieldaten verdeutlicht.

Beispiel

Um das obige Beispiel wieder aufzugreifen, kann daher ein Stillhalter betrachtet werden, der 18 Calls verkaufen möchte. Die Anzahl der Calls wurde im Beispiel zur Veranschaulichung auf 18 gesetzt, da 1,8 Calls nicht handelbar sind. Rechnerisch lässt sich das Ergebnis auch bei Verwendung von 1,8 Calls darstellen.

Die aus dem Optionsgeschäft resultierende Zahlungsstruktur des Stillhalters sieht zunächst folgendermaßen aus:

t_0		t_1	
$K_0 = 100$	$K_{1d} = 80$	$K_{1u} = 125$	
Verkauf 18 Calls	Optionen verfallen	Ausübung der Optionen durch Inhaber	
		$-18 \cdot (K - X) = -18 \cdot (125 - 100) = -450$	
+?	0	-450	

Das Fragezeichen bezeichnet hierbei den vorerst noch unbekannten heutigen Wert der 18 Calls. Die in der letzten Zeile der Tabelle abgebildete Zahlungsstruktur soll nun durch ein Portfolio aus Aktienkauf und Kreditaufnahme dupliziert bzw. zu einem insgesamt risikolosen Portfolio ergänzt werden, wobei gleichzeitig für das Fragezeichen der Wert der 18 Calls zu ermitteln ist. Ein risikoloses Portfolio wird realisiert, wenn beide Zahlungsstrukturen sich in jeder Situation zu Null ergänzen. Hierzu werden die Werte für n (Anzahl der Aktien pro Option) und KR (Kreditbetrag) berechnet und ein entsprechendes Portfolio konstruiert.

Für den Beispielsfall lässt sich für n der zuvor schon berechnete Wert von 0,5556 Aktien pro Option verwenden, sodass bei Betrachtung von drei Calls im Arbitrageportfolio mit zehn Aktien gearbeitet werden muss. Für KR ergibt sich nach Formel (5a) ein Betrag von

$$KR = \frac{10 \cdot 0,5556 \cdot 80 - 0}{10 \cdot 0,5556 \cdot 1,05} = 761,90 \text{ EUR}$$

Werden diese Werte in die Zahlungsstrombetrachtung des Gesamtportfolios, wie sie oben schematisch dargestellt ist, integriert, erhält man das in der nachfolgenden Abbildung dargestellte Bild.

	t_0	$t_1(d)$	$t_1(u)$
Verkauf von 18 Calls	$+18 \cdot 13,23 = 238,14$	0	$-18 \cdot 25 = -450$
Kauf von 10 Aktien	-1.000	$+800$	$+1.250$
Kreditaufnahme	$+761,90$	-800	-800
Portfoliowert	0	0	0

Bei einem Optionspreis von 13,23 EUR ist das Gesamtportfolio aus 18 geschriebenen Calls, zehn gekauften Aktie und einer Kreditaufnahme in angegebener Höhe bei der hier angenommenen einfachen Aktienkursentwicklungshypothese risikolos, da zu jedem Zeitpunkt und für beide angenommenen Szenarien der Gesamtsaldo des Stillhalters gleich Null ist. Dies hat außerdem zur Folge, dass zum Eingehen dieses Portfolios kein Kapitaleinsatz erforderlich ist. Aus diesem Grund wird von einem sich selbst finanzierenden Portfolio gesprochen.

Das hier aufgezeigte Binomialmodell kann neben dem vorgestellten Einperiodenfall auf längere Laufzeiten (Mehrperiodenfall) übertragen und auch zur Bestimmung des Wertes von Verkaufsoptionen herangezogen werden (vgl. dazu Steiner/Bruns 2007, S. 326 ff.).

3.4.3   Das Black-Scholes-Modell

Das bekannteste vollständige Gleichgewichtsmodell, das auch in der Praxis am meisten Verwendung findet, ist das im Jahre 1973 von Fischer Black und Myron Scholes erstmals veröffentlichte Black-Scholes-Modell. Es bewertet in seiner Grundform den europäischen Call. Dem Black-Scholes-Modell liegt das Prinzip zugrunde, die zukünftigen Rückflüsse des Calls durch ein äquivalentes, sich selbst finanzierendes Portfolio zu duplizieren. Es folgt damit dem gleichen Bewertungsansatz wie das vorstehend beschriebene Binomialmodell. Der wesentliche

Unterschied besteht in der Aktienkursverlaufshypothese. Während beim Binomialmodell eine diskreter Entwicklung unterstellt wird, arbeitet das Black-Scholes-Modell mit einem kontinuierlichen Zufallsprozess. Im Unterschied zum Binomialmodell ist bei einer kontinuierlichen Aktienkursentwicklung eine dynamische Duplikationsstrategie erforderlich, bei der die Aktienposition entsprechend dem Kursverlauf durch Käufe oder Verkäufe angepasst werden muss. Gleiches gilt auch für die Kredithöhe. Da eine detaillierte Beschreibung des Black-Scholes-Modells an dieser Stelle nicht möglich ist, werden im folgenden lediglich die wichtigsten Resultate dargestellt.

Das Black-Scholes-Modell setzt die folgenden vereinfachenden Annahmen voraus (vgl. Perridon/Steiner/Rathgeber 2012, S. 355 f.):

- Leerverkäufe sind unbeschränkt möglich.

- Es fallen keine Transaktionskosten oder Steuern an.

- Die Marktzinssätze für risikolose Kapitalanlagen (Habenzins) und Kapitalaufnahmen (Sollzins) sind identisch, konstant und können für kurzfristige Zeiträume ermittelt werden.

- Dividenden und sonstige Erträge werden auf die Wertpapiere nicht ausgeschüttet.

Die Höhe der fairen Optionsprämie kann nach dem Black-Scholes-Modell mit Hilfe einer Gleichung bestimmt werden, welche folgendes Aussehen hat:

$$C = K \cdot N(d_1) - X \cdot e^{-r_f \cdot t} \cdot N(d_2)$$

In der Grundstruktur ist die bereits bekannte Bewertungsgleichung zur Wertuntergrenze eines Calls zu erkennen. Die beiden Summanden aktueller Aktienkurs K und Basispreis X werden mit Hilfe der Faktoren $N(d_1)$ und $N(d_2)$ derart gewichtet, dass die Optionsprämie über der Untergrenze ($K - X \cdot e^{-r_f \cdot t}$) liegt und die Zeitprämie bei Optionen, die am Geld sind, am höchsten ist. Die Bewertungsfunktion ist in Abbildung 3.12 grafisch dargestellt.

Für d_1 und d_2 gelten die folgenden mathematischen Verknüpfungen:

$$d_1 = \frac{\ln \frac{K}{X} + \left(r_f + \frac{\sigma^2}{2} \right) \cdot t}{\sigma \cdot \sqrt{t}}$$

$$d_2 = d_1 - \sigma \cdot \sqrt{t}$$

Die Werte $N(d_i)$ können aus Wertetabellen für die Verteilungsfunktion der Standardnormalverteilung entnommen werden. Auch der Preis einer Verkaufsoption kann mithilfe des Black-Scholes-Modells bestimmt werden. Die entsprechende Formel lautet (vgl. Steiner/Bruns 2007, S. 347):

$$P = X \cdot e^{-r_f \cdot t} \cdot N(-d_2) - K \cdot N(-d_1)$$

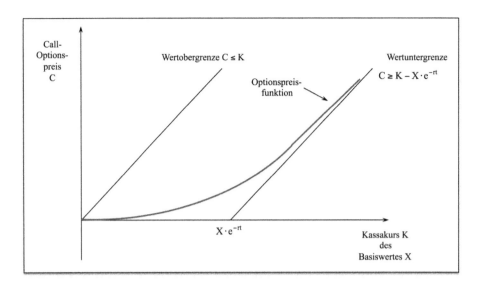

Abbildung 3.12: *Bewertungsfunktion eines Call nach dem Black-Scholes-Modell*

Beispiel

Zum besseren Verständnis der Optionsbewertung nach dem Black-Scholes-Modell soll ein Beispiel betrachtet werden. Folgende Ausgangsdaten werden unterstellt:

- Aktueller Aktienkurs $K = 100$
- Ausübungspreis $X = 100$
- Zinssatz $r_f = 0{,}05$
- Volatilität $\sigma^2 = 0{,}25$
- Restlaufzeit $t = 1$

Die Werte für die Verteilungsfunktion der Standardnormalverteilung können der nachfolgenden Tabelle entnommen werden:

d	0	0,075	0,20	0,325	0,50	0,71	1,00	1,50	1,89	2,20
N(d)	0,5	0,5299	0,5793	0,6274	0,6915	0,7611	0,8431	0,9332	0,9709	0,9861

Nach den oben angegebenen Formeln ergeben sich folgende Werte:

$$d_1 = \frac{\ln \frac{100}{100} + \left(0,05 + \frac{0,0625}{2}\right) \cdot 1}{0,25 \cdot \sqrt{1}} = 0,325$$

$$d_2 = 0,325 - 0,25 \cdot \sqrt{1} = 0,075$$

Aus der Tabelle sind $N(d_1) = 0,6274$ und $N(d_2) = 0,5299$ abzulesen, sodass der Wert des Call nach dem Black-Scholes-Modell

$$C = 100 \cdot 0,6274 - 100 \cdot e^{-0,05 \cdot 1} \cdot 0,5299 = 12,33 \text{ EUR}$$

beträgt.

Im Black-Scholes-Modell wird die Optionsprämie durch verschiedene Variablen determiniert, die sich in der Formel wieder finden. Um eine Option im Hinblick auf Risiko und Rendite zu beurteilen, werden in der Praxis verschiedene *Sensitivitätskennzahlen* berechnet. Diese zeigen an, wie die Optionsprämie bei Konstanz aller anderen Variablen auf die Veränderung einer Variablen reagiert. Mathematisch gesehen handelt es sich um partielle (n-te) Ableitungen der Optionspreisformel nach den einzelnen Variablen. Die Kennzahlen können beispielsweise im Rahmen von dynamischen Hedging-Strategien eingesetzt werden. Im Folgenden werden die wichtigsten Sensitivitätskennzahlen, die aufgrund ihrer Bezeichnung mit griechischen Buchstaben auch als „Griechen" oder „Greek Letters" bezeichnet werden, vorgestellt (vgl. Steiner/Bruns 2007, S. 355 ff.).

Das *Options-Delta* wurde bei der Optionsbewertung schon angesprochen. Es handelt sich hierbei um ist die erste Ableitung der Optionspreisformel nach dem Aktienkurs (vgl. zur Ableitung Kapitel 4.3.2). Das Delta drückt die Sensitivität der Optionsprämie bei einer Veränderung des Aktienkurses um eine Einheit aus. Der Kehrwert des Options-Deltas gibt an, wie viele Optionen benötigt werden, um die Preisveränderung des Basiswertes um eine Einheit zu kompensieren. Formal lässt sich dieser Sachverhalt folgendermaßen darstellen:

$$Delta_C = \Delta_C = \frac{\partial C}{\partial K} = N(d_1)$$

$$Delta_P = \Delta_P = \frac{\partial P}{\partial K} = N(d_1 - 1)$$

Das Delta einer Kaufoption kann zwischen Null und Eins liegen (vgl. Tabelle 3.5). Ein Delta-Faktor von Null bedeutet, dass eine Kursveränderung des Basiswertes ohne jegliche Auswirkung auf die Optionsprämie bleibt. Dies ist näherungsweise bei Kaufoptionen der Fall, die Deep-out-of-the-Money stehen. Das andere Extrem eines Delta-Faktors von Eins bedeutet entsprechend, dass eine Kursveränderung des Basiswertes eine betragsmäßig identische Veränderung der Optionsprämie zur Folge hat, was wiederum für Deep-in-the-Money-Calls bezeichnend ist. Bei Verkaufsoptionen liegt das Delta zwischen 0 und -1, da der Preis eines Put sich in entgegen gesetzter Richtung wie der Kurs des Basiswertes bewegt.

	Out-of-the-money	At-the-money	In-the-money
Call-Delta	ca. 0 bis 0,5	ca. 0,5	ca. 0,5 bis 1
Put-Delta	ca. 0 bis $-0,5$	ca. $-0,5$	ca. $-0,5$ bis -1

Tabelle 3.5: Wertebereiche des Options-Deltas

Das Delta kann anschaulich auch als die Ausübungswahrscheinlichkeit der Option interpretiert werden.

Beispiel

Das Delta im oben betrachteten Beispiel beträgt 0,7611. Dieser Wert sagt aus, dass bei einer Wertveränderung der Aktie um einen EUR der Wert der Option um 0,7611 EUR variiert. Der Kehrwert des Delta gibt an, wie viele Optionen benötigt werden, um die gleiche Wertveränderung wie der Basiswert zu erreichen. Im Beispiel liegt dieser Wert bei 1/0,7611 = 1,3139, was bedeutet, dass 1,3139 Optionen die gleiche absolute Wertveränderung erfahren wie eine Aktie des Basiswertes.

Da die Optionspreisfunktion einen gekrümmten Verlauf aufweist, ist die Aussagekraft des Deltas hinsichtlich der Wertveränderung der Option auf kleine Schwankungen des Preises des Basiswertes beschränkt, bei größeren Wertveränderungen wird die Aussage des Delta ungenau. Mit Hilfe des *Options-Gammas* soll die Messgenauigkeit verbessert werden, es handelt sich hierbei um die Sensitivität des Options-Deltas gegenüber Veränderungen des Aktienkurses. Anders ausgedrückt kann das Options-Gamma auch als das Delta des Options-Deltas bezeichnet werden und wird mathematisch durch die zweite Ableitung der Optionspreisformel nach dem Aktienkurs gebildet.

$$Gamma_{C/P} = \Gamma_{C/P} = \frac{\partial \Delta}{\partial K} = \frac{N'(d_1)}{K \cdot \sigma \cdot \sqrt{t}}$$

Das Gamma ist für Kauf- und Verkaufsoptionen gleich groß und immer positiv. Die höchsten Gammawerte entstehen bei Optionen, die gerade noch im out-of-the-money-Bereich bzw. kurz vor dem at-the-money-Bereich liegen. Je höher das Gamma ist, desto instabiler ist das Delta und umgekehrt.

Beispiel

Für die Berechnung des Gamma wird der Funktionswert der Ableitung der Verteilungsfunktion der Standardnormalverteilung $N'(d_1)$ benötigt. Die Ableitung der Verteilungsfunktion wird als Dichtefunktion bezeichnet. Auch die Funktionswerte der Dichtefunktion können entsprechenden Tabellen entnommen oder mithilfe gängiger Tabellenkalkulationsprogramme erzeugt werden. Das Gamma des oben beschriebenen Calls beläuft sich auf

$$Gamma_C = \frac{0,3093}{200 \cdot 0,40 \cdot \sqrt{1}} = 0,00387$$

und sagt aus, dass eine Veränderung des Aktienkurses um einen EUR den Wert des Delta um 0,00387 verändert.

Das *Options-Vega* gibt den Betrag an, um den sich der Wert einer Option (absolut) verändert, wenn sich die Volatilität des Basiswertes um einen Prozentpunkt ändert. Formal entspricht das Vega der ersten Ableitung der Optionspreisformel nach der Volatilität.

$$Vega_{C/P} = \frac{\partial C}{\partial \sigma} = \frac{\partial P}{\partial \sigma} = K \cdot \sqrt{t} \cdot N'(d_1)$$

Eine steigende Volatilität führt bei Kauf- und Verkaufsoptionen zu steigenden Optionsprämien, eine sinkende Volatilität hat den umgekehrten Effekt. Das Vega ist deshalb für Kauf- und Verkaufsoptionen gleich groß und immer positiv.

Beispiel

Das Vega der Beispieloption lässt sich nach der oben angegebenen Formel als

$$Vega_C = 200 \cdot \sqrt{1} \cdot 0,3093 = 61,86 \, \text{EUR}$$

berechnen. Diese Zahl sagt aus, dass der Wert der Option bei einer Veränderung der Volatilität um 1%-Punkt, also beispielsweise von 40 auf 41%, um 0,6186 EUR $(0,01 \cdot 61,86)$
ansteigen wird.

Der *Theta-Wert* einer Option ist schließlich ein Maß für die Sensitivität der Optionsprämie
bezüglich einer Veränderung der Restlaufzeit. Formal handelt es sich dabei um die Ableitung
der Optionspreisformel nach der Restlaufzeit. Diese wird mit −1 multipliziert, um der Tatsache
Rechnung zu tragen, dass die Restlaufzeit einer Option nur geringer werden kann.

$$Theta_C = \Theta_C = -\frac{\partial C}{\partial t} = -\frac{K \cdot N'(d_1) \cdot \sigma}{2 \cdot \sqrt{t}} - X \cdot r_f \cdot e^{-r_f \cdot t} \cdot N(d_2)$$

$$Theta_P = \Theta_P = -\frac{\partial P}{\partial t} = -\frac{K \cdot N'(d_1) \cdot \sigma}{2 \cdot \sqrt{t}} - X \cdot r_f \cdot e^{-r_f \cdot t} \cdot N(-d_2)$$

Der Zeitwert geht mit abnehmender Restlaufzeit stark zurück, aus diesem Grund ist das Theta
i. d. R. negativ. Lediglich in der Situation, dass bei einem Put die Optionsprämie niedriger als
der innere Wert ist, kann das Theta positiv werden. Da die Laufzeit in der Formel in Jahren
angegeben ist, bezeichnet das Theta die Veränderung des Optionspreises, die sich bei einer
Verkürzung der Laufzeit um ein Jahr ergeben würde. Diese Information wird in der Praxis
i. d. R. nicht verwendet, vielmehr wird die Veränderung auf einen Tag bezogen. Hierfür muss
der errechnete Theta-Wert noch durch die Anzahl der Tage, also 365, geteilt werden.

Beispiel

Für die Beispieloption errechnet sich ein Theta von

$$Theta_C = -\frac{200 \cdot 0,3093 \cdot 0,40}{2 \cdot \sqrt{1}} - 180 \cdot 0,10 \cdot e^{0,10 \cdot 1} \cdot 0,6217$$

$$Theta_C = -22,50 \, \text{EUR},$$

was bedeutet, dass der Preis der Option bei einem Rückgang der Restlaufzeit um ein Jahr
um 22,50 EUR sinken wird. Bezogen auf eine Verkürzung der Restlaufzeit um einen Tag
muss der Wert durch 365 geteilt werden, was zu einem Betrag von 0,0616 EUR führt.

Die hier beschriebenen Sensitivitätskennzahlen können beispielsweise verwendet werden, um
bestimmte Hedgingstrategien zu entwickeln, z. B. können deltaneutrale Portfolios gebildet werden, die dann gegen Veränderungen von Aktienkursen immunisiert sind, oder um Optionsport-
folios unter Risikogesichtspunkten zu überwachen. Dies ist sinnvoll, wenn eine Neutralität gegenüber einem Einflussfaktor aus ökonomischen Gründen nicht möglich bzw. nicht sinnvoll ist.
Beispielsweise kann ein Optionsportfolio nur durch kontinuierliches Anpassen der Positionen
veganeutral gehalten werden. Die damit verbundenen Transaktionskosten würden aber die Erträge aus dem Portfolio aufzehren, sodass diese Strategie nicht sinnvoll ist. Vielmehr wird das
Portfolio-Vega beobachtet und erst bei Überschreitung von bestimmten Höchstwerten erfolgt
eine Korrektur der Portfoliozusammensetzung.

3.5   Aufgaben und Fallstudien

3.5.1   Aufgaben zu den finanzwirtschaftlichen Anwendungen

1. Welcher Frage geht das Portfolio-Selection-Modell grundsätzlich nach und welches sind die notwendigen Voraussetzungen?

2. Was ist unter einem effizienten Portfolio nach Markowitz zu verstehen?

3. Herr R. Echner besitzt derzeit 1.000 Aktien der Bären-Markt AG und beabsichtigt, nach einem Jahr seine Aktien zu verkaufen. Er befürchtet jedoch innerhalb des kommenden Jahres einen Rückgang des Aktienkurses und möchte sich dagegen mit Optionen auf die Bären-Markt AG absichern. Welche Optionsposition sollte er eingehen, um seine Aktien gegen einen Kursrückgang abzusichern?

4. Das Unternehmen Vereinigte Früchte AG finanziert den Ausbau ihrer ausländischen Obstplantagen mittels eines variabel verzinslichen Kredits über 20 Mio. EUR. Der Zinssatz des Kredits beläuft sich auf den 12-Monats-EURIBOR zuzüglich 2,5%. Das Unternehmen befürchtet einen Anstieg des 12-Monats-EURIBOR und möchte sich dagegen mithilfe eines Zins-Swaps absichern. Die Hausbank der Vereinigte Früchte AG bietet einen Swap an, bei dem der EURIBOR gegen 4,5% fest getauscht wird.

   (a) Welche Swap-Seite sollte die Vereinigte Früchte AG wählen?

   (b) Bestimmen Sie die nach dem Abschluss des Swaps resultierenden Finanzierungskosten für die Vereinigte Früchte AG!

5. Das Bankhaus Kupon & Schneider bietet seinen Kunden ein zweijähriges Darlehen über 15.000 EUR an. Der Nominalzins beträgt 8% p.a., die Zinsen sind jährlich am Jahresende zu bezahlen. Das Darlehen ist endfällig zu tilgen und wird mit einem Disagio von 6% ausgegeben. Bestimmen Sie den Effektivzins des Darlehens! Hinweis: Der effektive Zinssatz liegt zwischen 11% und 12%!

6. Von welchen Einflussfaktoren ist der Effektivzins eines Kredits abhängig? Wie verändert sich der Kreditzins qualitativ, wenn bei Konstanz der restlichen Einflussfaktoren das Disagio erhöht wird?

7. Herr Neureich bekommt vom Bankhaus Kupon & Schneider eine endfällige Anleihe zum Kauf angeboten. Das Bankhaus bietet die Anleihe mit einer Laufzeit von 5 Jahren zu einem Kurs von 96,00% an. Das Nominalvolumen der Anleihe beträgt 100.000 EUR, der Nominalzinssatz beläuft sich auf 6%. Überprüfen Sie, ob das Angebot bei einem Bewertungszinssatz von 7% fair ist!

8. Zusätzlich zur Anleihe bietet das Bankhaus Herrn Neureich Aktien zum Kauf an. Die erwartete Rendite der Aktie A beträgt 8%, die Standardabweichung liegt bei 12%. Alternativ wird ihm die Aktie B angeboten. Deren Renditeerwartung liegt bei 7%, die Standardabweichung bei 18%. Herr Neureich entscheidet sich gemäß seiner Risikopräferenzfunktion für die Aktie B! Nennen und erläutern Sie die Risikoeinstellung von Herrn Neureich!

9. Nennen und erläutern Sie die Unterschiede zwischen Optionen und Futures hinsichtlich ihrer Erfüllung am Laufzeitende!

10. Herr Neureich hat die Anleihe vom Bankhaus Kupon & Schneider erworben. Er befürchtet jedoch, dass die Marktzinsen steigen und der Wert der Anleihe sinkt. Wie kann sich Herr Neureich mit Futures auf diese Anleihe gegen den Wertverlust absichern?

11. Stellen Sie tabellarisch die mit den verschiedenen Optionspositionen verbunden Rechte und Pflichten zusammen!

3.5.2   Fallstudien zu den finanzwirtschaftlichen Anwendungen

1. Eine Bank plant die Einführung von Forward-Darlehen. Um einen Eindruck von der Höhe der zu verlangenden Zinsen zu bekommen, sollen in einem ersten Schritt die zur aktuellen Zinsstrukturkurve gehörenden Forward Rates bestimmt werden. Leider wurde der einzige Computer, auf dem das entsprechende Programm installiert ist, vom Auszubildenden mit Kaffee überschüttet, sodass die Zinssätze manuell berechnet werden müssen. Aufgrund Ihrer profunden Mathematikkenntnisse wurden Sie vom Abteilungsleiter mit dieser Aufgabe betraut. Als einzige Information steht Ihnen die folgende Zinsstrukturkurve zur Verfügung.

Laufzeit	1	2	3
Kuponzinssätze	2,300%	2,500%	2,700%

Die Bank benötigt Ihre Mithilfe bei der Berechnung

(a) der zugehörigen Zerobond-Abzinsfaktoren,

(b) der sich daraus ergebenden Zerobondrenditen sowie

(c) der Forward Rates.

2. Der Vorstand einer Bank plant neben einer Beteiligung an einem global agierenden Hersteller von Golfzubehör, der Tee Aktiengesellschaft – im Volksmund auch als Tee-Aktie bezeichnet – ein Aktienpaket eines großen Unternehmens der chemischen Industrie zu erwerben, das gerade einen neuen Sponsor für den unternehmenseigenen Fußballklub Hesse 05 Leberkäsen, gefunden hat und daher ab sofort eine sehr gute Rendite verspricht. Die Bank will das Portfolio unter Risiko- und Ertragsgesichtspunkten optimieren. Folgende Daten wurden über die beiden Unternehmen bereits beschafft:

Wertpapier	Erwartungswert der Rendite μ	Standardabweichung der Rendite σ
Tee AG	2,5%	39,0%
Hesse AG	9,5%	50,0%

Die Renditen der beiden Wertpapiere sind zu 50% positiv korreliert. Sie sind dem Bereich Eigenhandel als Berater für diese Problemstellung zugewiesen worden und sollen die folgenden beiden Fragen beantworten:

(a) Welche Rendite und welches Risiko weist ein Portfolio auf, das aus einer Zusammenstellung von 60% Tee und 40% Hesse besteht?

(b) Die Bank möchte eine Rendite von 6% p.a. erzielen. Welche Zusammensetzung und welches Risiko weist ein Portfolio aus den beiden Aktien auf, welches diese Bedingung erfüllt?

3. Peter Panter ist für das Portfoliomanagement einer Regionalbank zuständig und hat ein Problem: Die Beteiligungen an zwei Unternehmen sollen unter Risiko- und Ertragsgesichtspunkten optimiert werden. Folgende Daten wurden über die beiden Unternehmen bereits beschafft:

Wertpapier	Erwartungswert der Rendite μ	Standardabweichung der Rendite σ
Schrott AG	9%	30%
Gießerei AG	7%	22%

Die Renditen der beiden Wertpapiere sind zu 50% positiv korreliert. Panter will dieses Optimierungsproblem mit Hilfe des Portfolio-Selection-Modells von Markowitz lösen, ihm fehlen allerdings einige Grundlagen. Da Sie während Ihres Studiums den Vertiefungsblock Finanzwirtschaft belegt hatten und sich daher in der Materie gut auskennen, bittet Panter Sie um einige Erläuterungen.

(a) Panter hatte ins Auge gefasst, den Anteil der Beteiligung am Schrottwerk in seinem Portfolio auf 10% zu reduzieren, sodass die Gießerei mit 90% im Portfolio vertreten wäre. Berechnen Sie die erwartete Rendite und die Standardabweichung dieses Portfolios!

(b) Können Sie anhand der bisherigen Ergebnisse beurteilen, ob das ausgewählte Portfolio ein effizientes Portfolio ist?

(c) Welche Zusammensetzung und welche Rendite weist das Null-Risiko-Portfolio auf, wenn die Korrelation der beiden Wertpapiere vollständig negativ ist?

4. Ihr Unternehmen beabsichtigt, mit einem in 12 Monaten zu erwartenden Geldbetrag eine Aktienposition einzugehen. Da sich die Aktienkurse gerade auf einem sehr tiefen Niveau bewegen und allgemein von einem bevorstehenden starken Kursanstieg ausgegangen wird, soll der Kaufpreis mit Hilfe von Optionen abgesichert werden.

(a) Welche Optionsposition sollte hier zweckmäßigerweise gewählt werden?

(b) Berechnen Sie den theoretisch richtigen Preis einer Option nach dem Binomialmodell. Die folgenden Daten sind Ihnen bekannt:

 – Aktienkurs in t_0: 50 EUR,
 – Mögliche Aktienkurse in t_1: 45 EUR oder 55 EUR,
 – Risikoloser Zinssatz: 2%,
 – Basispreis der Option: 50 EUR.

(c) Ermitteln Sie ergänzend den Optionspreis anhand des Black-Scholes-Modells! Wie sind eventuelle Unterschiede in den ermittelten Optionswerten der Aufgabenteile (b) und (c) zu erklären?

Neben den in Aufgabenteil (b) gegebenen Werten sind die folgenden Informationen zur Volatilität bekannt:

 – Standardabweichung $\sigma = 0,095$

- Varianz $\sigma^2 = 0,0091$

Die nachfolgende Tabelle zeigt einen Ausschnitt aus der Verteilungsfunktion der Standardnormalverteilung.

d	0	0,16	0,20	0,26	0,50	0,71	1,00	1,50
N(d)	0,5	0,5636	0,5793	0,6026	0,6915	0,7611	0,8431	0,9332

(d) Nach drei Monaten ist der Preis der Aktie auf 52 EUR, der Optionspreis auf 3,05 EUR gestiegen. Wie ist die Option zu klassifizieren? Bestimmen Sie den inneren Wert und den Zeitwert der Option!

3.6   Symbolverzeichnis

Symbole und Abkürzungen des dritten Kapitels:

A	Alternative
a	Portfolioanteil
BW	Barwert
C	Wert eines Calls
CF	Cashflow
d	Richtung der Kursbewegung (abwärts, down)
FR	Forward Rate
G	Gegengeschäft
i	Zinssatz
i_{eff}	Effektivzinssatz
K	Kapitalbetrag, auch: Aktienkurs
KR	Kreditaufnahmebetrag
n	Zählindex für Anzahl oder Zeit
NBW	Nettobarwert
P	Wert eines Puts
Φ	Risikonutzen
q	Wahrscheinlichkeit
r	Rendite
r_f	risikoloser Zinssatz
R_n	Rückzahlungsbetrag
t	Zählindex für Zeit
τ	Zählindex für Zeit
u	Richtung der Kursbewegung (aufwärts, up)
X	Basispreis
Z	Zinsen
$ZBAF$	Zerobond-Abzinsfaktor
ZBR	Zerobondrendite
Δ	Options-Delta
Γ	Options-Gamma
Θ	Options-Theta
μ	Erwartungswert der Rendite
σ	Erwartungswert der Streuung
σ^2	Varianz

Tabelle 3.6: *Symbolverzeichnis Kapitel 3*

3.7 Literaturhinweise zu Kapitel 3

- Bieg, H. (1998a): Finanzmanagement mit Optionen, in: Der Steuerberater 1998, S. 18–25.

- Bieg, H. (1998b): Finanzmanagement mit Swaps, in: Der Steuerberater 1998, S. 65–71.

- Bieg, H./Kußmaul, H.: Investitions- und Finanzierungsmanagement, Bd.3, Finanzwirtschaftliche Entscheidungen, München 2001.

- Bieg, H./Kußmaul, H.: Finanzierung, 2. Auflage, München 2009.

- Bruns, C./Meyer-Bullerdiek, F.: Professionelles Portfoliomanagement: Aufbau, Umsetzung und Erfolgskontrolle strukturierter Anlagestrategien, 5. Auflage, Stuttgart 2013.

- Hölscher, R.: Investition, Finanzierung und Steuern, München 2010.

- Hull, J.C.: Optionen, Futures und andere Derivate, 8. Auflage, München 2012.

- Jutz, M.: Swaps und Financial Futures und ihre Abbildung im Jahresabschluß, in: Küting, K./Wöhe, G. (Hrsg.): Schriftenreihe zur Bilanz- und Steuerlehre, Band 5, Stuttgart 1989 (Diss.).

- Knippschild, M.: Controlling von Zins- und Währungsswaps in Kreditinstituten, Frankfurt 1991.

- Perridon, L./Steiner, M./Rathgeber, A.: Finanzwirtschaft der Unternehmung, 29. Auflage, München 2012.

- Rudolph, B./Schäfer, K.: Derivative Finanzmarktinstrumente, 2. Auflage, Heidelberg u. a. 2010.

- Schierenbeck, H./Hölscher, R.: BankAssurance, Institutionelle Grundlagen der Bank- und Versicherungsbetriebslehre, 4. Aufl., Stuttgart 1998.

- Schierenbeck, H./Wöhle, C.B.: Grundzüge der Betriebswirtschaftslehre, 18. Auflage 2012.

- Schulte, K.-W. 1986: Wirtschaftlichkeitsrechnung, 4. Auflage, Heidelberg, Wien.

- Sender, G.: Zinsswaps - Instrument zur Senkung der Finanzierungskosten oder zum Zinsrisikomanagement? Wiesbaden (Diss.) 1996.

- Steiner, M./Bruns, C.: Wertpapiermanagement: Professionelle Wertpapieranalyse und Portfoliosteuerung, 9. Auflage, Stuttgart 2007.

- Wöhe, G./Bilstein, J./Ernst, D./Häcker, J.: Grundzüge der Unternehmensfinanzierung, 11. Aufl., München 2013.

4 Anhang: Mathematische Grundlagen

4.1 Gesetze und Rechenverfahren

4.1.1 Rechengesetze

Zu Beginn des Anhangs sollen einige mathematische Grundlagen wiederholt werden. Diese betreffen den Umgang mit Zahlen und Gleichungen, wobei einige einfache Regeln zu den vier Grundrechenarten am Anfang stehen. Die Beachtung dieser Grundregeln ist wichtig und notwendig, um beispielsweise die richtige Reihenfolge beim Ausführen von Rechenoperationen zu gewährleisten. Zunächst werden mit den Kommutativ- und den Assoziativgesetzen Rechenregeln vorgestellt, die jeweils auf Punkt- oder Strichrechnung anzuwenden sind.

Beispiel

Zur Erinnerung: Als Punktrechnungen gelten „multiplizieren" und „dividieren", die Strichrechnungen sind „plus" und „minus". Für die Berechnung gilt grundsätzlich: Punktrechnung vor Strichrechnung.

$$3 + 4 \cdot 2 = 11$$

Nach den *Kommutativgesetzen* der Addition und Multiplikation gilt für beliebige reelle Zahlen a und b:

$$a + b = b + a$$

$$a \cdot b = b \cdot a$$

Der Ausdruck $a + b$ wird als *Summe* bezeichnet, a und b heißen *Summanden*, demgegenüber lautet die Bezeichnung für $a - b$ *Differenz*. Hier wird a als *Subtrahend* und b als *Minuend* bezeichnet. Im Ausdruck $a \cdot b$ sind a und b die *Faktoren*, das Ergebnis heißt *Produkt*. Für $a : b$ lautet der Fachbegriff *Quotient*, a ist hier der *Dividend* und b der *Divisor*.

Die *Assoziativgesetze* der Addition und Multiplikation betreffen den Umgang mit Klammern.

$$(a + b) + c = a + (b + c)$$

$$(a \cdot b) \cdot c = a \cdot (b \cdot c)$$

Im *Distributivgesetz* werden Punkt- und Strichrechnung kombiniert. Es lautet:

$$a \cdot (b + c) = a \cdot b + a \cdot c$$

Beispiel

$$2 \cdot (3 + 5) = 2 \cdot 3 + 2 \cdot 5 = 16$$

Ein wichtiges Instrument zur Vereinfachung mathematischer Ausdrücke ist das *Summenzeichen* $\sum$. Die Darstellung einer Summe mit Hilfe des Summenzeichens sieht wie folgt aus:

$$\sum_{i=m}^{n} a_i$$

Mit a werden bestimmte reelle Zahlen bezeichnet, die summiert werden sollen. Der Summationsindex i „zählt" die Summanden durch, m bezeichnet die untere und n die obere Summationsgrenze.

Beispiel

Sollen beispielsweise die natürlichen Zahlen von 1 bis 10 summiert werden, dann sieht die Schreibweise mit Summenzeichen so aus:

$$\sum_{i=1}^{10} i = 1 + 2 + 3 + \cdots + 9 + 10 = 55$$

Enthält die Summe eine Konstante c, dann darf diese vor das Summenzeichen gezogen werden.

$$\sum_{i=m}^{n} c \cdot a_i = c \cdot \sum_{i=m}^{n} a_i$$

Beispiel

$$\sum_{i=1}^{10} 3 \cdot i = 3 \cdot (1 + 2 + 3 + \cdots + 9 + 10) = 3 \cdot 55 = 165$$

Der Faktor $c = 3$ kann in diesem Beispiel vor die Summe gezogen werden. Die Summe wird in der oben gezeigten Berechnung durch die Klammer angezeigt.

In analoger Weise zum Summenzeichen wird zur abkürzenden Schreibweise von Produkten das *Produktzeichen* $\prod$, der griechische Buchstabe Pi, eingesetzt. Die Darstellung ähnelt der des Summenzeichens.

$$\prod_{i=m}^{n} a_i$$

Dabei bezeichnet i wieder den Zählindex, a_i sind die zu multiplizierenden Elemente.

Beispiel

Soll beispielsweise das Produkt der ersten fünf natürlichen Zahlen errechnet werden, so kann dies unter Zuhilfenahme des Produktzeichens wie folgt geschrieben werden:

$$\prod_{i=1}^{5} i = 1 \cdot 2 \cdot 3 \cdot 4 \cdot 5 = 120$$

Ein etwas komplexeres Beispiel zur Verwendung des Produktzeichens ist

$$\prod_{i=3}^{5} (2 \cdot i + 1) = 7 \cdot 9 \cdot 11 = 693$$

Beachten Sie, dass der Zählindex in diesem Beispiel erst bei drei beginnt.

Sowohl für die Verwendung des Summenzeichens als auch des Produktzeichens gelten für die nach dem jeweiligen Zeichen stehenden Ausdrücke die zuvor beschriebenen Rechenregeln, insbesondere auch „Punktrechnung vor Strichrechnung". Des Weiteren muss die Klammersetzung berücksichtigt werden.

Beispiel

Der Ausdruck

$$\sum_{i=1}^{3} 2 \cdot i + 1$$

unterscheidet sich vom Ausdruck

$$\sum_{i=1}^{3} (2 \cdot i + 1),$$

denn der erste Ausdruck führt zu einem Wert von

$$\sum_{i=1}^{3} 2 \cdot i + 1 = 2 + 4 + 6 + 1 = 13,$$

d. h. das Summenzeichen bezieht sich nur auf den Term $2 \cdot i$, während der zweite Ausdruck

$$\sum_{i=1}^{3} (2 \cdot i + 1) = 3 + 5 + 7 = 15$$

zum Ergebnis hat. Durch die Klammersetzung erfasst das Summenzeichen den gesamten Ausdruck.

4.1.2   Bruchrechnung

Der Quotient zweier ganzer Zahlen ergibt einen Bruch. Bei einem Bruch steht der *Zähler* über dem Bruchstrich, der *Nenner* darunter.

$$Bruch = \frac{Z\ddot{a}hler}{Nenner}$$

$$Bruch = \frac{3}{4} \Rightarrow Z\ddot{a}hler = 3, Nenner = 4$$

Der *Kehrwert* eines Bruches wird durch das Vertauschen von Zähler und Nenner berechnet.

$$Bruch = \frac{3}{4} \Rightarrow Kehrwert = \frac{4}{3}$$

Das Rechnen mit Brüchen ist in vielen Anwendungsfällen erforderlich. Daher werden im Folgenden die wichtigsten Rechenregeln der Bruchrechnung dargestellt.

$$\text{Addition} \quad \frac{a}{c} + \frac{b}{c} = \frac{a+b}{c}$$

$$\text{Subtraktion} \quad \frac{a}{c} - \frac{b}{c} = \frac{a-b}{c}$$

$$\text{Multiplikation} \quad \frac{a}{b} \cdot \frac{c}{d} = \frac{a \cdot c}{b \cdot d}$$

$$\text{Division} \quad \frac{a}{b} : \frac{c}{d} = \frac{a}{b} \cdot \frac{d}{c} = \frac{a \cdot d}{b \cdot c}$$

Beispiel

$$\text{Addition} \quad \frac{3}{2} + \frac{4}{2} = \frac{3+4}{2} = \frac{7}{2}$$

$$\text{Subtraktion} \quad \frac{4}{2} - \frac{3}{2} = \frac{4-3}{2} = \frac{1}{2}$$

$$\text{Multiplikation} \quad \frac{1}{2} \cdot \frac{3}{7} = \frac{1 \cdot 3}{2 \cdot 7} = \frac{3}{14}$$

$$\text{Division} \quad \frac{1}{2} : \frac{3}{7} = \frac{1}{2} \cdot \frac{7}{3} = \frac{1 \cdot 7}{2 \cdot 3} = \frac{7}{6}$$

Zwei Besonderheiten fallen auf. Zum einen wird ein Bruch durch einen anderen dividiert, indem der Dividend mit dem Kehrwert des Divisors multipliziert wird. Zum anderen gilt es eine Besonderheit bei Addition und Subtraktion zu berücksichtigen: Addition und Subtraktion von Brüchen ist nur möglich, wenn alle Brüche den gleichen Nenner haben. Ist dies nicht der Fall, müssen die Brüche zuvor auf den gleichen Nenner gebracht werden. Hierzu werden die beiden Verfahren „*Kürzen*" und „*Erweitern*" des Bruches eingesetzt. Beim Kürzen werden Zähler und

Nenner durch die gleiche Zahl dividiert, beim Erweitern mit der gleichen Zahl multipliziert.
Das Kürzen wird darüber hinaus auch eingesetzt, um einen Bruch zu vereinfachen.

$$K\ddot{u}rzen \quad \frac{a}{b} = \frac{a:c}{b:c}$$

$$Erweitern \quad \frac{a}{b} = \frac{a \cdot c}{b \cdot c}$$

Beispiel

Zu berechnen ist die folgende Summe:

$$\frac{3}{12} + \frac{5}{4}$$

Der kleinste gemeinsame Nenner der beiden Brüche ist 4. Um beide Brüche auf den Nenner
4 zu bringen, muss der erste Bruch mit 3 gekürzt werden.

$$\frac{3}{12} = \frac{3:3}{12:3} = \frac{1}{4}$$

Die beiden Brüche können nun, da sie den gleichen Nenner aufweisen, einfach addiert werden.

$$\frac{3}{12} + \frac{5}{4} = \frac{1}{4} + \frac{5}{4} = \frac{6}{4}$$

Das Ergebnis kann noch durch Kürzen (im Beispiel mit 2) vereinfacht werden.

$$\frac{6}{4} = \frac{6:2}{4:2} = \frac{3}{2}$$

4.1.3 Potenzrechnung

Im Rahmen der Potenzrechnung wird eine Gleichung der Art

$$a^n = x$$

gelöst. Die *Potenz* n an sagt aus, dass die Zahl a genau n mal mit sich selbst multipliziert wird.
Dabei werden a als Basis oder Grundzahl und n als Exponent oder Hochzahl bezeichnet.

Beispiel

Der Ausdruck 2^5 sagt aus, dass die Zahl 2 fünfmal mit sich selbst multipliziert werden muss.

$$2^5 = 2 \cdot 2 \cdot 2 \cdot 2 \cdot 2 = 32$$

Die wichtigsten Regeln für das Rechnen mit Potenzen sind im Folgenden zusammengefasst.
Anmerkung: Die Division durch Null ist nicht gestattet.

$$a^0 = 1 \quad a \neq 0$$

$$a^{-n} = \frac{1}{a^n} \quad a \neq 0$$

$$a^n \cdot a^m = a^{n+m}$$

$$\frac{a^n}{a^m} = a^{n-m}$$

$$a^n \cdot b^n = (a \cdot b)^n$$

$$\frac{a^n}{b^n} = \left(\frac{a}{b}\right)^n$$

$$(a^m)^n = a^{n \cdot m}$$

Die beispielhaft betrachtete Situation, dass Basis und Exponent bekannt sind, ist dabei die einfachste Möglichkeit, mit Potenzen umzugehen. Es kann aber auch sein, dass Basis oder Exponent berechnet werden müssen. Hierzu existieren zwei verschiedene Umkehrungen der Potenzfunktion, die als *Radizieren* und *Logarithmieren* bezeichnet werden.

Zunächst wird das Radizieren betrachtet, das auch als *Wurzelrechnung* bekannt ist. Mit Hilfe der Wurzelrechnung kann die Basis berechnet werden, wenn das Ergebnis und der Exponent bekannt sind, das Problem also in der Form $x^n = a$ formuliert ist.

Beispiel

Es ist der Wert x gesucht, der in der zweiten Potenz den Wert 9 ergibt:

$$x^2 = 9$$

Die eindeutig bestimmte Lösung x der Gleichung $x^n = a$ für $a \geq 0$ heißt *n-te Wurzel* aus a. Die formale Darstellung lautet:

$$x = \sqrt[n]{a}$$

Dabei werden a als Radikant und n als Grad der Wurzel bzw. Wurzelexponent bezeichnet. Sofern n gerade ist, kann x positiv oder negativ sein.

Beispiel

Im Beispielsfall lautet die Lösung der Gleichung

$$x = \sqrt[2]{9} = \pm 3$$

da

$$3^2 = (-3)^2 = 9$$

Die zweite Wurzel wird auch als Quadratwurzel bezeichnet. Bei der Quadratwurzel kann der Wurzelexponent weggelassen werden, d. h.

$$\sqrt[2]{a} = \sqrt{a}$$

Eine Wurzel kann auch als Potenz mit rationalem Exponenten, d. h. in der Form

$$\sqrt[n]{a} = a^{\frac{1}{n}}$$

geschrieben werden.

Beispiel

Das oben verwendete Beispiel lässt sich also formal auch darstellen als

$$\sqrt{9} = 9^{\frac{1}{2}}$$

Auch für die Wurzelrechnung sind die wichtigsten Rechenregeln nachfolgend zusammengestellt.

$$\sqrt[n]{a} \cdot \sqrt[n]{b} = \sqrt[n]{a \cdot b}$$

$$\frac{\sqrt[n]{a}}{\sqrt[n]{b}} = \sqrt[n]{\frac{a}{b}}$$

$$\sqrt[m]{\sqrt[n]{a}} = \sqrt[m \cdot n]{a}$$

$$\sqrt[1]{a} = a$$

Die verbleibende Konstellation ist die, dass die Basis und das Ergebnis bekannt sind, sodass die gesuchte Größe der Exponent ist. Formal gilt also

$$b^x = a$$

Dieses Problem wird mithilfe des *Logarithmierens* gelöst. Die formale Beschreibung der Lösung sieht folgendermaßen aus:

$$x = \log_b a$$

In verbaler Form ausgedrückt bedeutet diese Gleichung: x entspricht dem Logarithmus von a zur Basis b.

Beispiel

Gegeben ist beispielsweise das Problem

$$3^x = 27$$

Durch diese Formel wird also die Fragestellung beschrieben, wie oft die Zahl 3 mit sich selber multipliziert werden muss, um ein Resultat von 27 zu erhalten. Das Ergebnis lässt sich als Logarithmus von 27 zur Basis 3 berechnen, was im Ergebnis 3 ergibt. Mathematisch ausgedrückt

$$x = \log_3 27 = 3$$

denn

$$3^3 = 27.$$

Von besonderer Bedeutung ist der sogenannte *natürliche Logarithmus*, der Logarithmus zur Basis e, d. h. der Eulerschen Zahl 2,71828..., der in vielen Anwendungen zum Einsatz kommt. Als Beispiel sei hier auf die in Kapitel 1.1.4 beschriebene stetige Zinsrechnung hingewiesen. Hier wird für den Logarithmus eine spezielle Schreibweise verwendet, und zwar das Symbol ln. Da die Basis immer die Eulersche Zahl e ist, kann die explizite Nennung der Basis entfallen. Insofern gilt

$$\log_e a = \ln a$$

Beispiel

Sind beispielsweise ein Anfangswert von 100 und ein Endwert (nach einem Jahr) von 110 eines Wertpapiers bekannt, gilt bei stetiger Verzinsung

$$100 \cdot e^{\tilde{i}} = 110,$$

wobei das Symbol $\tilde{i}$ hier für den stetigen Zinssatz steht. Die Lösung des Problems ergibt sich nach einer Umformung der Gleichung durch das Logarithmieren.

$$e^{\tilde{i}} = \frac{110}{100} = 1,1$$

$$\tilde{i} = \log_e 1,1 = \ln 1,1 = 0,0953 = 9,53\%$$

Die gesuchte stetige Verzinsung beträgt also 9,53%.

Ein sehr wichtiger Zusammenhang zwischen dem natürlichen Logarithmus und der Eulerschen Zahl ist schließlich

$$\ln (e^x) = x.$$

Dieser Zusammenhang wird benötigt, wenn der Exponent der Eulerschen Zahl gesucht ist. Um den Exponenten der Eulerschen Zahl zu erhalten, muss der gesamte Ausdruck unter Verwendung des natürlichen Logarithmus logarithmiert werden.

Beispiel

Angenommen, einem Anleger ist bekannt, dass aus 100 EUR Startkapital nach einem Jahr 110 EUR geworden sind, und dass hierfür eine stetige Verzinsung gewährt wurde. Dieser Sachverhalt lässt sich mathematisch wie folgt beschreiben:

$$100 \cdot e^{\tilde{i}} = 110$$

Umformung der Gleichung führt zunächst zu (vgl. hierzu ggfs. das nachfolgende Kapitel):

$$e^{\tilde{i}} = \frac{110}{100} = 1,1$$

Ein Logarithmieren beider Seiten der Gleichung liefert schließlich

$$\ln\left(e^{\tilde{i}}\right) = \ln\left(1,1\right),$$

wobei $\ln\left(e^{\tilde{i}}\right)$ gleich $\tilde{i}$ ist, sodass am Ende

$$\tilde{i} = \ln\left(1,1\right) = 0,0953 = 9,53\%$$

berechnet werden kann.

Nach dieser Wiederholung einiger wichtiger mathematischer Gesetze und Rechenverfahren werden im nächsten Abschnitt Verfahren zum Umformen von Gleichungen und Lösen von Gleichungssystemen vorgestellt, die beim Umgang mit mathematischen Verfahren regelmäßig benötigt werden.

4.2   Gleichungen und Gleichungssysteme

4.2.1   Umformen von Gleichungen

In vielen Fällen sind ökonomische Größen nicht explizit gegeben, sondern müssen erst aus bestimmten Zusammenhängen ermittelt werden. Diese Zusammenhänge werden mathematisch oft in Form von *Gleichungen* angegeben.

Beispiel

Beispielsweise ist die Information bekannt, dass ein heute in Anspruch genommener Kredit über 100 EUR in zwei Jahren inklusive Zinsen in Höhe von 121 EUR zurückgezahlt werden muss. Wie hoch ist der Zinssatz?

Dieses Problem kann mithilfe einer Gleichung formuliert werden:

$$100 \cdot (1 + i)^2 = 121$$

Die gesuchte Größe ist der Zinssatz i.

Für bestimmte *Grundformen* von Gleichungen stellt die Mathematik Lösungsmöglichkeiten zur Verfügung. Diese werden weiter unten noch vorgestellt. Liegt die Gleichung nicht in einer der Grundformen vor, kann sie durch *äquivalente Umformungen* in eine solche umgewandelt oder in eine einfachere Form überführt werden, aus der das Ergebnis gegebenenfalls direkt abzulesen ist. Umformungen sind mathematische Operationen, die jeweils auf beide Seiten der Gleichung angewendet werden. Dadurch wird die Aussage der Gleichung nicht verändert, die Gleichung selbst aber wird anders dargestellt.

Die Lösung des obigen Beispiels ist zwar prinzipiell aus den Ausführungen zur Potenzrechnung (oder auch aus der Zinsrechnung) bekannt, soll aber im Folgenden durch *äquivalente Umformungen* herbeigeführt werden. Die einzelnen Schritte der Umformung werden neben einen senkrechten Strich rechts von der Gleichung geschrieben. Die einzelnen Rechenschritte sind so zu wählen, dass die Gleichung schrittweise vereinfacht und gleichzeitig die gesuchte Größe isoliert wird.

Beispiel

Die vorstehend präsentierte Fragestellung nach der Höhe des Zinssatzes wird wieder aufgegriffen. Den Ausgangspunkt der Überlegung bildet die oben aufgestellte Gleichung. Im Beispiel sind drei Umformungen der Ausgangsgleichung erforderlich.

$$100 \cdot (1 + i)^2 = 121 \quad | : 100$$

$$\frac{100}{100} \cdot (1 + i)^2 = \frac{121}{100}$$

$$(1 + i)^2 = 1,21 \quad | \sqrt{}$$

$$\sqrt{(1 + i)^2} = \pm\sqrt{1,21}$$

$$1 + i = \pm 1,1 \quad | -1$$

$$i_1 = 1,1 - 1 = 0,1$$

$$i_2 = -1,1 - 1 = -2,1$$

Zunächst werden beide Seiten der Gleichung durch 100 geteilt, um die Klammer auf der linken Seite zu isolieren. Anschließend wird die Quadratwurzel gezogen, um den Exponenten zu beseitigen. Dadurch entstehen zwei mögliche Lösungen. Um die beiden Ausprägungen der gesuchten Variablen i zu berechnen, werden jeweils beide Seiten der Gleichung um 1 vermindert. Als Ergebnis lassen sich daraus die Werte $i_1 = 0,1$ oder 10% sowie $i_2 = -2,1$ oder -210% ermitteln. Im Rahmen der hier betrachteten Fragestellung ist die zweite Lösung nicht sinnvoll, sodass der gesuchte Zinssatz 10% beträgt.

Zu den wichtigen Grundformen mathematischer Gleichungen gehören die lineare Gleichung, die quadratische Gleichung sowie die allgemeine algebraische Gleichung. Eine *lineare Gleichung* mit einer Variablen hat die folgende Grundform:

$$a \cdot x + b = 0$$

Dabei werden a als Koeffizient des linearen Gliedes und b als Absolutglied bezeichnet. Die gesuchte Variable ist das x. Wie zu erkennen ist, lässt sich diese Gleichung sehr leicht nach x auflösen, es sind aber dennoch drei unterschiedliche Fälle zu unterscheiden.

Sofern a ungleich Null und b eine beliebige Zahl ist, lautet die Lösung

$$x = -b/a.$$

Die Einschränkung hinsichtlich der Null ist notwendig, da ein Teilen durch Null nicht möglich ist. Daher existiert keine Lösung, wenn a gleich Null ist. Schließlich kann der Fall auftreten, dass sowohl a als auch b gleich Null sind. Dann stimmt die Gleichung für jedes beliebige x. Ein abschließendes Beispiel verdeutlicht die Anwendung einer linearen Gleichung.

Beispiel

Das Gebührenmodell einer Bank könnte so aussehen, dass neben einer monatlichen Pauschale von 2 EUR für jede Transaktion 0,25 EUR zu bezahlen sind. Für einen Kunden, bei dem im vergangen Monat (bei unbekannter Anzahl von Transaktionen) Kontoführungsgebühren in Höhe von 5 EUR angefallen sind, lässt sich dieser Zusammenhang wie folgt beschreiben:

$$5 = 0,25 \cdot x + 2$$

Um die Gleichung zu lösen, ist sie zunächst durch äquivalente Umformungen auf die Grundform zu bringen, was im Beispiel mit einer einzigen Umformung gelingt.

$$5 = 0,25 \cdot x + 2 \quad | -5$$

$$0 = 0,25 \cdot x - 3$$

Da weder der Koeffizient (0,25) noch das Absolutglied (-3) gleich Null sind, lautet die Lösung

$$x = \frac{-(-3)}{0,25} = \frac{3}{0,25} = 12$$

Der Kunde hatte demnach im vergangenen Monat 12 kostenpflichtige Transaktionen.

Als zweite Grundform wurde bereits die quadratische Gleichung genannt. Eine *quadratische Gleichung* hat die Grundform

$$a \cdot x^2 + b \cdot x + c = 0$$

Hier bezeichnen a den Koeffizienten des quadratischen Gliedes (der ungleich Null sein muss, da sonst eine lineare Gleichung vorläge), b den Koeffizienten des linearen Gliedes und c das Absolutglied.

Um eine quadratische Gleichung zu lösen, ist sie zunächst von der Grundform in die sogenannte *Normalform* zu überführen. Dies geschieht, indem die Grundform durch a geteilt wird.

$$a \cdot x^2 + b \cdot x + c = 0 \quad | : a$$

$$x^2 + \frac{b}{a} \cdot x + \frac{c}{a} = 0$$

Aus Vereinfachungsgründen werden im Anschluss $b/a = p$ und $c/a = q$ gesetzt, sodass sich die Normalform schließlich als

$$x^2 + p \cdot x + q = 0$$

ergibt.

Einige Umformungen, die im Detail hier nicht dargestellt werden, führen zu der folgenden Lösungsformel, die auch als p-q-Formel bezeichnet wird. Da eine quadratische Gleichung immer bis zu zwei Lösungen hat, gibt die Formel auch die zwei Ergebnisse x_1 und x_2 aus.

$$x_{1,2} = -\frac{p}{2} \pm \sqrt{\frac{p^2}{4} - q}$$

Beispiel

Ein endfällig zu tilgender Kredit über 100 EUR läuft über zwei Jahre. Der Nominalzinssatz beträgt 6%, die Zinsen werden jährlich gezahlt. Der Kredit wurde mit einem Disagio von 4% ausgestattet. Wie hoch ist der effektive Zinssatz (als interner Zinssatz des Zahlungsstroms)?

Für die Lösung dieses Problems ist zunächst der durch den Kredit verursachte Zahlungsstrom notwendig, der aus Sicht der Bank folgendermaßen aussieht:

Zeitpunkt	0	1	2
Zahlung	−96	+6	+106
Ereignis	Kreditauszahlung	Zinsen	Zinsen und Tilgung

Der interne Zins ist derjenige Zinssatz, bei dem die Summe der diskontierten Zahlungen für t > 0 gleich der Zahlung in t = 0 ist. Formal bedeutet dies

$$96 = 6 \cdot (1 + r)^{-1} + 106 \cdot (1 + r)^{-2}$$

Diese Gleichung hat noch relativ wenig mit der Grundform der quadratischen Gleichung zu tun, daher sind zunächst einige Umformungen notwendig. In einem ersten Schritt wird der Term $(1 + r)$ durch x ersetzt.

$$96 = 6 \cdot x^{-1} + 106 \cdot x^{-2}$$

Im zweiten Schritt werden auf beiden Seiten 96 subtrahiert, um auf der linken Seite die Null zu bekommen.

$$0 = 6 \cdot x^{-1} + 106 \cdot x^{-2} - 96$$

Da die Exponenten negativ sind, wird die gesamte Gleichung noch mit x^2 multipliziert und die Summanden anschließend neu angeordnet.

$$0 = 6 \cdot x^{-1} + 106 \cdot x^{-2} - 96 \quad | \cdot x^2$$

$$0 = 6 \cdot \frac{x^2}{x} + 106 \cdot \frac{x^2}{x^2} - 96 \cdot x^2$$

$$0 = -96 \cdot x^2 + 6 \cdot x + 106$$

Nach diesen Umformungen ist die Grundform der quadratischen Gleichung erreicht. Der Koeffizient des quadratischen Gliedes ist –96, sodass die Normalform erreicht werden kann, indem die Grundform durch –96 geteilt wird.

$$0 = -96 \cdot x^2 + 6 \cdot x + 106 \quad | : (-96)$$

$$0 = x^2 - \frac{6}{96} \cdot x - \frac{106}{96}$$

$$0 = x^2 - 0,0625 \cdot x - 1,104167$$

Damit lässt sich die p-q-Formel anwenden, wobei im Beispiel p = -0,0625 und q = -1,104167 sind.

$$x_{1,2} = -\frac{-0,0625}{2} \pm \sqrt{\frac{-0,0625^2}{4} - (-1,104167)}$$

$$x_{1,2} = 0,03125 \pm \sqrt{0,000977 + 1,104167}$$

$$x_{1,2} = 0,03125 \pm 1,05126$$

Die beiden Ergebnisse sehen damit wie folgt aus:

$$x_1 = 0,03125 + 1,05126 = 1,0825 \quad sowie$$

$$x_2 = 0,03125 - 1,05126 = -1,02$$

Da am Anfang der Berechnung $x = 1 + r$ gesetzt wurde, lässt sich der Zinssatz r als $x - 1$ berechnen, sodass als Ergebnisse

$$r_1 = 1,0825 - 1 = 0,0825 = 8,25\% \quad sowie$$

$$r_2 = -1,02 - 1 = -2,02 = -202\%$$

berechnet werden können. Das zweite Ergebnis ist dabei nicht sinnvoll, sodass der gesuchte Zinssatz 8,25% beträgt.

Ein Vergleich zwischen linearer und quadratischer Gleichung zeigt, dass sich die beiden nur durch das eine Element, in dem das x^2 enthalten ist, unterscheiden. Dies führt zum Konstruktionsprinzip einer allgemeinen algebraischen Gleichung, die folgendermaßen beschrieben werden kann:

$$a_n \cdot x^n + a_{n-1} \cdot x^{n-1} + \cdots + a_1 \cdot x + a_0 = 0$$

Dabei ist a_n ungleich Null. Die linke Seite der Gleichung wird als *Polynom* bezeichnet. Das n gibt den sogenannten Grad an, daher wird auch von einem Polynom *n-ten Grades* gesprochen.

Beispiel

Bei dem Ausdruck

$$2 \cdot x^3 - 4 \cdot x^2 + 1$$

handelt es sich um ein Polynom dritten Grades.

Die oben besprochenen quadratischen Gleichungen sind dementsprechend Polynome zweiten Grades.

Je höher der Grad eines Polynoms ist, desto schwieriger ist die Lösungsfindung. Für Polynome dritten und vierten Grades sind ähnliche Vorgehensweisen wie bei den quadratischen Gleichungen möglich, diese sind aber wesentlich komplexer. Für Polynome ab dem fünften Grad gibt es keine allgemeinen Lösungsformeln mehr. Daher wird hier in der Regel auf iterative Näherungsverfahren zurückgegriffen, die in diesem Rahmen nicht beschrieben werden können. Ein Beispiel für ein solches Näherungsverfahren, die lineare Interpolation, findet sich bei der Berechnung des Effektivzinssatzes in Kapitel 3.1.3.

4.2.2   Lineare Gleichungssysteme

Lineare Gleichungssysteme bestehen aus mehreren linearen Gleichungen mit mehreren unbekannten Größen. Die Anzahl der Unbekannten entspricht dabei der Anzahl der Gleichungen. Ein System aus zwei linearen Gleichungen mit den zwei Unbekannten x_1 und x_2 wird allgemein wie folgt beschrieben:

$$a_{11} \cdot x_1 + a_{12} \cdot x_2 = b_1$$

$$a_{21} \cdot x_1 + a_{22} \cdot x_2 = b_2$$

Die allgemein mit a beschriebenen Zahlen werden wieder als Koeffizienten bezeichnet. Prinzipiell können lineare Gleichungssysteme natürlich auch aus einer größeren Anzahl von Gleichungen und Unbekannten bestehen, aus Vereinfachungsgründen werden im Rahmen dieser Ausführungen aber nur Systeme aus zwei Gleichungen betrachtet. Zur Lösung eines solchen Systems aus zwei Gleichungen können unterschiedliche Verfahren eingesetzt werden, deren Anwendung anhand eines Beispiels erläutert wird.

Beispiel

Der Kunde einer Bank versucht, seine Kontoführungsgebühren nachzuvollziehen. Er weiß, dass für Scheckeinreichungen sowie beleghafte Überweisungen unterschiedliche Sätze in Rechnung gestellt werden, kann sich aber nicht mehr an die genauen Beträge erinnern. In den letzten beiden Monaten hat er 9,25 und 8,50 EUR an Gebühren gezahlt, dabei gab es im ersten Monat 8 Schecks und 21 Überweisungen, im zweiten Monat 10 Schecks und 14 Überweisungen. Folgende Beziehungen lassen sich aufstellen, wobei die Gebühren für eine Scheckeinreichung mit x_1, die für eine Überweisung mit x_2 bezeichnet werden:

$$8 \cdot x_1 + 21 \cdot x_2 = 9,25$$

$$10 \cdot x_1 + 14 \cdot x_2 = 8,50$$

Die beiden Gleichungen bilden ein lineares Gleichungssystem mit zwei Gleichungen und zwei Unbekannten.

Bei Verwendung des *Einsetzungs- oder Substitutionsverfahrens* wird die eine Gleichung nach einer Variablen aufgelöst und das Ergebnis in die andere Gleichung eingesetzt.

Beispiel

Zunächst wird die zweite Gleichung aus der oben beschriebenen Ausgangssituation nach x_1 aufgelöst. Hierbei kommt das Verfahren der äquivalenten Umformung zum Einsatz.

$$10 \cdot x_1 + 14 \cdot x_2 = 8,50 \quad | : 10$$

$$x_1 + 1,4 \cdot x_2 = 0,85 \quad | -1,4 \cdot x_1$$

$$x_1 = 0,85 - 1,4 \cdot x_2$$

Im Anschluss wird das Ergebnis in die erste Gleichung eingesetzt und diese dann nach x_2 aufgelöst.

$$8 \cdot x_1 + 21 \cdot x_2 = 9,25 \quad |x_1 = 0,85 - 1,4 \cdot x_2$$

$$8 \cdot (0,85 - 1,4 \cdot x_2) + 21 \cdot x_2 = 9,25$$

$$6,8 - 11,2 \cdot x_2 + 21 \cdot x_2 = 9,25 \quad | -6,8$$

$$9,8 \cdot x_2 = 2,45 \quad | : 9,8$$

$$x_2 = 0,25$$

Da x_2 für die Gebühren einer beleghaften Überweisung steht, ist das Ergebnis 0,25 EUR pro Überweisung. Dieser Wert kann jetzt in die oben dargestellte Gleichung für x_1 eingesetzt werden.

$$x_1 = 0,85 - 1,4 \cdot x_2 \quad |x_2 = 0,25$$

$$x_1 = 0,85 - 1,4 \cdot 0,25$$

$$x_1 = 0,50$$

Der Gebührensatz für eine Scheckeinreichung beträgt demnach 0,50 EUR. Mit diesem Ergebnis ist die ursprüngliche Fragestellung gelöst. Aus den gegebenen Informationen konnte die Kostenstruktur der Bankgebühren ermittelt werden.

Bei Anwendung des *Additionsverfahrens* wird durch äquivalente Umformungen beider Gleichungen erreicht, dass die Koeffizienten einer Variablen entgegen gesetzte Zahlen sind (d. h. gleicher Betrag, aber einmal positiv und einmal negativ). Werden dann beide Gleichungen addiert, ist eine der Variablen eliminiert.

Beispiel

Bei einer Betrachtung des Gleichungssystems fällt auf, dass bezogen auf x_2 die erste Gleichung das 1,5-fache der zweiten Gleichung darstellt ($21 = 1,5 \cdot 14$). Um x_2 zu eliminieren, kann also zunächst die zweite Gleichung mit -1,5 multipliziert werden.

$$10 \cdot x_1 + 14 \cdot x_2 = 8,50 \quad | \cdot -1,5$$

$$-15 \cdot x_1 - 21 \cdot x_2 = -12,75$$

Anschließend sind beide Gleichungen zu addieren.

$$8 \cdot x_1 + 21 \cdot x_2 = 9,25$$

$$\frac{+\left(-15 \cdot x_1 - 21 \cdot x_2 = -12,75\right)}{-7 \cdot x_1 = -3,5}$$

Durch eine einfache äquivalente Umformung lässt sich der Wert für x_1 ablesen, Einsetzen dieses Wertes in eine der ursprünglichen Gleichungen führt zum Wert von x_2.

$$-7 \cdot x_1 = -3,5 \quad | : -7$$

$$x_1 = 0,5$$

$$10 \cdot 0,5 + 14 \cdot x_2 = 8,50 \quad | -5$$

$$14 \cdot x_2 = 3,50 \quad | : 14$$

$$x_2 = 0,25$$

Beide Gebührensätze sind selbstverständlich identisch mit denen der ersten Berechnung.

Im Rahmen des *Gleichsetzungsverfahrens* werden beide Gleichungen nach der gleichen Variable aufgelöst und dann gleichgesetzt. Bei mehreren Unbekannten werden die einzelnen Verfahren in geeigneter Weise kombiniert. Handelt es sich um nichtlineare Gleichungen, wird in der Regel das Substitutionsverfahren angewendet.

Beispiel

Im bekannten Beispiel können beide Ausgangsgleichungen beispielsweise nach x_1 aufgelöst werden.

$$8 \cdot x_1 + 21 \cdot x_2 = 9,25 \quad | : 8$$

$$x_1 + 2,625 \cdot x_2 = 1,15625 \quad | -2,625 \cdot x_2$$

$$x_1 = 1,15625 - 2,625 \cdot x_2$$

$$10 \cdot x_1 + 14 \cdot x_2 = 8,50 \quad | : 10$$

$$x_1 + 1,4 \cdot x_2 = 0,85 \quad | -1,4 \cdot x_2$$

$$x_1 = 0,85 - 1,4 \cdot x_2$$

Die Ergebnisse werden anschließend gleichgesetzt und nach x_2 aufgelöst.

$$1,15625 - 2,625 \cdot x_2 = 0,85 - 1,4 \cdot x_2 \quad | +2,625 \cdot x_2$$

$$1,15625 = 0,85 - 1,225 \cdot x_2 \quad | -0,85$$

$$0,30625 = 1,225 \cdot x_2 \quad | : 1,225$$

$$0,25 = x_2$$

Das Ermitteln von x_1 mithilfe des bekannten Wertes für x_2 erfolgte bereits oben.

$$x_1 = 0,85 - 1,4 \cdot x_2 \quad | x_2 = 0,25$$

$$x_1 = 0,85 - 1,4 \cdot 0,25$$

$$x_1 = 0,50$$

Auch auf diesem Wege errechnen sich natürlich wieder identische Gebührensätze für Scheckeinreichungen und Überweisungen.

Welches der vorgestellten Verfahren letztendlich angewendet wird bzw. auf dem schnellsten oder einfachsten Weg zur Lösung führt, hängt vom Einzelfall ab.

4.3   Analysis

4.3.1   Funktionen und Funktionseigenschaften

Im Rahmen der Analysis, einem wichtigen Teilgebiet der Mathematik, werden die Zusammenhänge zwischen einzelnen Variablen analysiert. Was sich zunächst sehr abstrakt anhört, weist in der praktischen Anwendung der Betriebswirtschaftslehre und auch im Speziellen in der Finanzwirtschaft viele Einsatzmöglichkeiten auf.

Beispiel

In den verschiedenen Teilbereichen der Betriebswirtschaftslehre kommen Funktionen beispielsweise als Preis-Absatz-Funktion im Marketing, als Kostenfunktion in der Kostenrechnung oder auch als Produktionsfunktion in der Produktionswirtschaft vor.

Im Rahmen finanzwirtschaftlicher Anwendungen kann beispielsweise auf die Kapitalwertfunktion (vgl. Kapitel 3.1.3), die Optionspreisfunktion nach dem Modell von Black und Scholes (vgl. Kapitel 3.4.3) oder die Risikopräferenzfunktion des Portfoliomodells nach Markowitz (vgl. Kapitel 3.2) verwiesen werden.

Da der Umgang mit Funktionen im Rahmen der Analysis, zu der auch die in den folgenden Kapiteln behandelte Differentialrechnung und Integralrechnung gehören, mitunter recht komplex sein kann, werden in diesem Abschnitt nur die wichtigsten Grundlagen anhand einiger einfacher Beispiele vorgestellt.

Funktionen dienen dazu, die mathematischen Zusammenhänge zwischen zwei oder mehreren Größen zu beschreiben. Für diese Beschreibung der Zuordnung wird eine *Formel* benutzt. Allgemein benötigt man für die Zuordnung zwei Mengen, die als *Ursprungsmenge* und *Zielmenge* bezeichnet werden. Jedem Element aus der Ursprungsmenge wird mithilfe der Funktion ein Element der Zielmenge zugeordnet.

Beispiel

Der Umfang U_K eines Kreises wird berechnet, indem die Zahl π zweimal mit dem Radius r des Kreises multipliziert wird. Die Ursprungsmenge wird aus den möglichen Radien, die Zielmenge aus den sich daraus ergebenden Umfängen gebildet. Die dazugehörige Formel lautet:

$$U_K = 2 \cdot \pi \cdot r$$

Der Umfang eines Kreises ist also eine Funktion des Radius.

Bei einer Funktion im mathematischen Sinne handelt es sich allerdings nicht um einen beliebigen Zusammenhang zwischen zwei Größen, sondern die Art der Zuordnung zwischen den beiden Größen muss *eindeutig* sein. Dies bedeutet, dass jedem Element aus der Ursprungsmenge, die dann als Definitionsmenge D bezeichnet wird, genau ein Element aus der Zielmenge zugeordnet wird. In der Sprache der Mathematik wird die Zielmenge im Allgemeinen mit dem

Buchstaben Y bezeichnet. Eine Funktion F bildet aus der Definitionsmenge D in die Zielmenge Y ab.

$$F : D \mapsto Y$$

Werden die einzelnen Elemente dieser Mengen betrachtet (was sich formal durch die Kleinschreibung ausdrückt), dann lautet die Aussage, dass einem Element x aus der Definitionsmenge genau ein Element y zugeordnet wird. y ist damit ein Funktion von x, was formal auch mit $y = f(x)$ (gesprochen: f von x) ausgedrückt werden kann.

$$x \mapsto y = f(x)$$

Die Menge aller Elemente y wird als *Wertebereich* $W(f)$ (W von f) bezeichnet.

In vielen Fällen ist es sinnvoll, sich den Verlauf einer Funktion in einer *grafischen Darstellung* anzuschauen. Hierzu werden auf der Abszisse die Definitionsmenge und auf der Ordinate die Zielmenge abgetragen. Der Graph der Funktion wird aus der Menge aller Zahlenpaare $(x; f(x))$ gebildet. Diese Daten werden in ein Koordinatensystem eingetragen, wie es in der nachfolgenden Abbildung dargestellt ist.

Beispiel

Am Beispiel mit dem Kreisumfang können die formale Beschreibung der Funktion sowie die grafische Darstellung verdeutlicht werden. In diesem Beispiel ist x der Radius, f(x) wird durch die Berechnungsvorschrift

$$y = f(x) = 2 \cdot \pi \cdot r$$

bestimmt. Die nachfolgende Abbildung zeigt den zugehörigen Funktionsgraph.

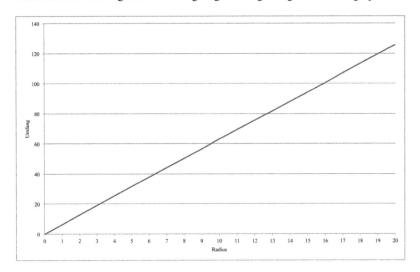

Im Folgenden soll auf einige grundlegende Funktionseigenschaften eingegangen werden. Dabei handelt es sich um den Definitionsbereich, den Wertebereich, die Nullstellen und den Y-Achsenabschnitt.

Die Betrachtung des *Definitionsbereiches* ist wichtig, weil es mathematisch undefinierte Ausdrücke gibt. Der Definitionsbereich entsteht daher aus der Menge aller reellen Zahlen durch Herausnahme derjenigen Zahlen, die, wenn sie in die Funktion eingesetzt werden, zu mathematisch undefinierten Ausdrücken führen. Außerdem kann es sein, dass die Definitionsmenge um nicht sinnvolle Elemente reduziert werden muss.

Beispiel

Beispielsweise ist das Teilen durch Null nicht möglich. Wenn eine Funktion beispielsweise

$$y = \frac{1}{x}$$

lautet, dann darf der Wert Null für x nicht verwendet werden.

Im Ausgangsbeispiel wurde der Umfang eines Kreises als Funktion seines Radius betrachtet. Bei diesem Beispiel ist das Einsetzen von negativen Zahlen nicht sinnvoll, obwohl die Funktionswerte (mathematisch) dafür berechnet werden könnten.

Der *Wertebereich* enthält alle y-Werte, die eine Funktion annehmen kann. Er ergibt sich aus der Funktionsgleichung und wird durch den größten und den kleinsten Wert gebildet, der durch die Funktion dargestellt werden kann. Der Wertebereich kann somit theoretisch zwischen plus und minus unendlich liegen.

Beispiel

Im Beispiel Kreisumfang liegt der Wertebereich zwischen 0 und ∞. Der kleinstmögliche Radius von Null führt zu einem Kreisumfang von Null. Bei unendlich großem Radius wird auch der Umfang des Kreises unendlich groß.

Mit *Nullstellen* werden diejenigen Elemente der Definitionsmenge bezeichnet, bei denen der Funktionswert gleich Null ist. In der grafischen Darstellung schneidet der Funktionsgraph an diesen Stellen die x-Achse. Um die Nullstellen zu berechnen, ist also die folgende Gleichung zu lösen:

$$y = f(x) = 0$$

Die Berechnung von Nullstellen kann für die verschiedensten ökonomischen und mathematischen Probleme sinnvoll sein.

Beispiel

Für das Ausgangsbeispiel kann die Nullstelle leicht bestimmt werden, die Funktionsgleichung

$$y = f(x) = 2 \cdot \pi \cdot x$$

wird Null gesetzt:

$$0 = 2 \cdot \pi \cdot x$$

Es ist direkt erkennbar, dass diese Gleichung nur Null werden kann, wenn x Null ist. Die einzige Nullstelle der Funktion ist also x = 0.

Hat die Funktion keine Nullstellen, dann ergeben sich beim Lösen der Gleichung Widersprüche.

Beispiel

Versuchen Sie beispielsweise, die Nullstellen der Funktion

$$y = f(x) = x^2 + 1$$

zu berechnen.

$$0 = x^2 + 1$$

ergibt nach Umformen

$$x^2 = -1.$$

Da eine quadrierte Zahl immer positiv ist, hat diese Gleichung keine Lösung, die Funktion hat keine Nullstellen.

Der *y-Achsenabschnitt* ist der Funktionswert, bei dem der Graph der Funktion die y-Achse schneidet. Als elementare Eigenschaft von Funktionen wurde oben bereits die Eindeutigkeit herausgestellt. Jedem Element der Definitionsmenge ist genau ein Element in der Zielmenge zugeordnet. Daraus folgt bereits unmittelbar, dass jede Funktion nur maximal einen y-Achsenabschnitt haben kann. Dies ist der Funktionswert an der Stelle $x = 0$, wenn die Null zur Definitionsmenge gehört. Insofern ist auch die Ermittlung des y-Achsenabschnitts einfach. Er kann berechnet werden, indem in der Zuordnungsvorschrift $x = 0$ gesetzt wird.

Beispiel

Im Beispielsfall erhält man für x = 0

$$y = f(0) = 2 \cdot \pi \cdot 0 = 0$$

Der y-Achsenabschnitt liegt also bei Null.

Mithilfe einer Funktionsgleichung können mathematische Zusammenhänge beschrieben werden. Neben der Beschreibung ist auch die Analyse solcher Zusammenhänge interessant. Die Analyse erfolgt mithilfe der Differential- und der Integralrechnung, die in den nächsten beiden Abschnitten dargestellt werden.

4.3.2   Differentialrechnung

Im vorherigen Kapitel wurden Funktionen und Funktionseigenschaften erläutert. Das eigentliche Kernstück der Analysis bildet aber die sogenannte *Differentialrechnung*. Die Differentialrechnung geht im Wesentlichen der Frage nach, wie *reagibel* eine abhängige Größe bei Veränderungen der unabhängigen Größe ist. Diese Fragestellung stellt schon einen Bezug zu den vorher betrachteten Funktionen dar. Durch eine Funktion wird bekanntlich der Wert einer (abhängigen) Größe über eine Rechenvorschrift in Abhängigkeit von einer (unabhängigen) anderen Größe beschrieben.

Beispiel

Im obigen Beispiel wurde der Umfang eines Kreises in Abhängigkeit von seinem Radius bestimmt. Da der Radius frei gewählt werden kann, bildet er die unabhängige Größe. Der Umfang ist dagegen vom gewählten Radius abhängig. Die sich hieraus ergebende Fragestellung lautet, wie sich der Umfang des Kreises verändert, wenn man den Radius variiert.

Es sind allerdings eine Vielzahl von Anwendungsmöglichkeiten denkbar. So wäre beispielsweise eine Fragestellung aus der BWL, um welchen Betrag die Produktionskosten ansteigen, wenn sich die Produktionsmenge um eine Einheit erhöht. In der VWL könnte die Frage lauten, um wie viel Prozent das Volkseinkommen ansteigt, wenn die Staatsausgaben um einen bestimmten Prozentsatz erhöht werden.

Ein Beispiel für eine finanzwirtschaftliche Anwendung stellt die Berechnung der sogenannten Options-Griechen mit Hilfe der Black-Scholes-Optionspreisfunktion dar (vgl. Kapitel 3.4.3).

Mathematisch betrachtet geht es bei diesen Problemstellungen darum, die *Steigung* einer beliebigen Funktion zu berechnen. Bei der Steigung einer Funktion wird der Höhenunterschied in Relation zur Horizontalentfernung ausgedrückt:

$$Steigung = \frac{H\ddot{o}henunterschied}{Horizontalentfernung}$$

Die grafische Darstellung in Abbildung 4.1 verdeutlicht diesen Sachverhalt. Die Steigung kann mit Hilfe eines sogenannten Steigungsdreiecks ermittelt werden. Hierbei bewegt man sich von einem beliebigen Startpunkt P eine Strecke Δx nach rechts und dann um eine Strecke Δy nach oben (oder nach unten, je nach der betrachteten Funktion).

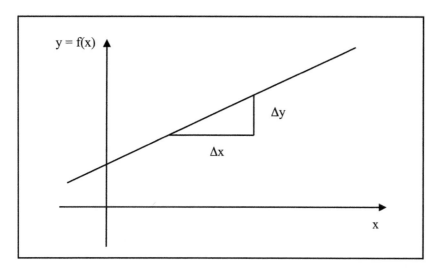

Abbildung 4.1: Steigungsdreieck

Die Übertragung der Maße in die obige Formel führt zur folgenden Darstellung:

$$Steigung = \frac{y_2 - y_1}{x_2 - x_1} = \frac{\Delta y}{\Delta x}$$

Da im Zähler und im Nenner dieser Formel Differenzen stehen, wird dieser Ausdruck auch als *Differenzenquotient* bezeichnet. Wird nun anstelle einer beliebigen Grafik die Darstellung einer Funktion verwendet, dann kann anstelle von y auch der Funktionswert $f(x)$ eingesetzt werden.

$$Steigung = \frac{f(x_2) - f(x_1)}{x_2 - x_1}$$

Beispiel

Im Beispiel war die betrachtete Funktion der Kreisumfang. Die Steigung lässt sich dieser Funktion lässt sich bei einem Radius von 2 und 3 beispielsweise wie folgt berechnen:

$$Steigung = \frac{f(x_2) - f(x_1)}{x_2 - x_1} = \frac{2 \cdot \pi \cdot 3 - 2 \cdot \pi \cdot 2}{3 - 2} = 6,28$$

Die Steigung der Funktion beträgt 6,28. Der Schritt von einer Längeneinheit nach rechts führt zu einem um 6,28 Längeneinheiten mal höheren Funktionswert. Anders formuliert: wird der Radius eines Kreises um einen Zentimeter vergrößert, erhöht sich der Umfang des Kreises um 6,28 Zentimeter.

Der Differenzenquotient liegt vielen naturwissenschaftlichen Fragestellungen zu Grunde. Beispielsweise ist der Differenzenquotient aus zurückgelegter Wegstrecke und der dafür benötigten Zeit ein Maß für die mittlere Geschwindigkeit.

Beispiel

Wenn ein Fahrzeug für eine Strecke von 140 km zwei Stunden benötigt, so war es mit einer mittleren Geschwindigkeit von

$$\frac{140km - 0km}{2h - 0h} = \frac{140km}{2h} = 70km/h$$

unterwegs.

Die Ermittlung der Steigung ist für eine lineare Funktion, wie sie im Beispiel betrachtet wurde, relativ *unproblematisch*, da die Steigung an jeder Stelle des Graphen gleich groß ist. Handelt es sich um eine nicht-lineare Funktion, ist die Bestimmung nicht ganz so trivial, da zum einen die Steigung an jeder Stelle der Funktion einen anderen Wert annimmt und zum anderen an eine gekrümmte Linie nicht so einfach ein Steigungsdreieck angelegt werden kann. Abbildung 4.2 zeigt beispielhaft die grafische Darstellung der Funktion

$$y = f(x) = x^2 + 2$$

mit zwei Steigungsdreiecken.

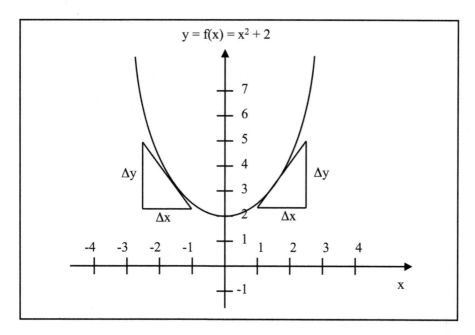

Abbildung 4.2: *Steigung einer Funktion*

Wie zu erkennen ist, zeigt das linke Steigungsdreieck eine negative Steigung an (die Kurve der Funktion fällt von links oben nach rechts unten), während das rechte Steigungsdreieck eine positive Steigung der Kurve (ein Anstieg der Kurve von links unten nach rechts oben) ermittelt.

Zudem stimmen der Funktionsgraph und die Hypotenusen der Steigungsdreiecke *nicht* überein. Die mit Hilfe des Steigungsdreiecks, also des Differenzenquotienten ermittelte Steigung ist nicht exakt identisch mit der Steigung des Funktionsgraphen. Die Hypotenuse des Steigungsdreiecks ist vielmehr eine Tangente an den Funktionsgraph. Der Grad der Übereinstimmung ist aber um so größer, je kleiner die Strecke Δx gewählt wird.

Im Extremfall kann die Länge der Strecke Null werden. Dies würde bedeuten, dass $x_2 = x_1$ und damit der Nenner des Bruches ebenfalls Null ist. Das Teilen durch Null ist aber nicht erlaubt. Aus diesem Grund wird zur Bestimmung der Steigung eine *Grenzwertbetrachtung* durchgeführt, d. h. Δx wird extrem nahe an Null herangebracht. Es wird untersucht, wie sich der Differenzenquotient verhält, wenn Δx gegen Null strebt. In mathematischer Schreibweise sieht das folgendermaßen aus:

$$Steigung = \lim_{\Delta x \to 0} \frac{\Delta y}{\Delta x} = \lim_{\Delta x \to 0} \frac{f(x_2) - f(x_1)}{x_2 - x_1} = \frac{dx}{dy}$$

Die Steigung einer beliebigen Funktion $y = f(x)$ wird als Ableitung bezeichnet und $f'(x)$ genannt. Rechnerisch wird die Abbildung durch die Grenzwertbildung aus dem Differenzenquotienten gebildet.

Der Quotient dy/dx heißt *Differentialquotient*. dy und dx sind dabei unendlich klein. Um die Ableitung einer Funktion zu bestimmen, gibt es eine Reihe von Rechenregeln, die an dieser Stelle aber nicht im einzelnen erläutert werden sollen. Am einfachsten gelingt die Ableitung bei den *Potenzfunktionen*, die daher in diesem Rahmen als Beispiel für das Ableiten von Funktionen verwendet werden sollen und in allgemeiner Form wie folgt aussehen:

$$f(x) = a \cdot x^b$$

Die Ableitung einer solchen Potenzfunktion erfolgt nach der *Potenzregel*

$$f'(x) = b \cdot a \cdot x^{b-1}$$

Beispiel

Die nachfolgende Tabelle enthält einige Beispiele für Potenzfunktionen.

Funktion $f(x)$	Ableitung $f'(x)$
$f(x) = x^3$	$f'(x) = 3 \cdot x^2$
$f(x) = 2 \cdot x^{-1}$	$f'(x) = -2 \cdot x^{-2}$
$f(x) = 3 \cdot x^3 + 4 \cdot x^2 - 5$	$f'(x) = 9 \cdot x^2 + 8 \cdot x$
$f(x) = \sqrt{x} = x^{\frac{1}{2}}$	$f'(x) = \dfrac{1}{2} \cdot x^{-\frac{1}{2}} = \dfrac{1}{2 \cdot \sqrt{x}}$

Im Rahmen dieser Ausführungen kann auf die Vielzahl von Ableitungsregeln nicht näher eingegangen werden. In Tabelle 4.1 sind einige Ableitungen von wichtigen Grundfunktionen zusammengestellt.

Neben der Differentialrechnung, mit deren Hilfe die Steigung einer Funktion und damit die Sensitivität einer abhängigen Variablen für Veränderungen der unabhängigen Variablen untersucht wird, ist die im nächsten Abschnitt betrachtete Integralrechnung ein weiterer wichtiger Bestandteil der Analysis.

4.3.3   Integralrechnung

Die Integralrechnung geht der Frage nach, wie groß der *Flächeninhalt* unter der Kurve einer beliebigen Funktion ist, die durch zwei Parallelen zur y-Achse begrenzt wird. Hierfür existieren zahlreiche Anwendungsmöglichkeiten, als Beispiel kann auf die in Kapitel 2.4.2 beschriebene Bestimmung von Wahrscheinlichkeiten bei der Nutzung von theoretischen Verteilungen verwiesen werden.

Funktion $f(x)$	Ableitung $f'(x)$
$f(x) = \ln(x)$	$f'(x) = \dfrac{1}{x}$
$f(x) = e^x$	$f'(x) = e^x$
$f(x) = \sin(x)$	$f'(x) = \cos(x)$
$f(x) = \cos(x)$	$f'(x) = -\sin(x)$

Tabelle 4.1: *Ableitungen einiger Grundfunktionen*

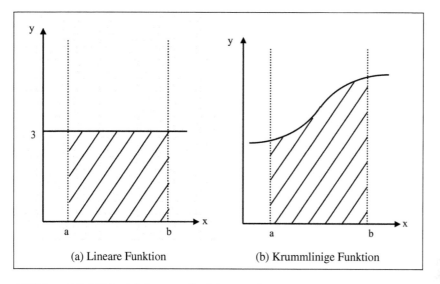

(a) Lineare Funktion   (b) Krummlinige Funktion

Abbildung 4.3: *Flächeninhalte unter Funktionsgraphen*

Die Berechnung des Flächeninhalts (der als A bezeichnet werden soll) ist dann einfach, wenn es sich bei dem durch die Funktion gebildeten Graphen um eine geometrische Figur handelt (vgl. hierzu beispielsweise Abbildung 4.3a). Für geometrische Figuren wie Rechteck, Dreieck usw. gibt es Formeln zur Berechnung des Flächeninhalts.

Beispiel

Der Flächeninhalt der in Abbildung 4.3a dargestellten Funktion y = 3 kann mit Hilfe der Formel für den Flächeninhalt eines Rechtecks

$$A = g \cdot h$$

berechnet werden, wobei g für die Grundseite (Breite) und h für die Höhe des Rechtecks stehen.

Kompliziert wird es dann, wenn die Fläche unterhalb einer krummlinigen Funktion berechnet werden soll, wie sie beispielsweise in Abbildung 4.3b dargestellt ist. In diesem Fall lässt sich die folgende Vorgehensweise wählen:

Das zu untersuchende Intervall zwischen a und b wird zunächst in n gleich große Abschnitte unterteilt, die jeweils die Breite Δx haben. Auf jedem dieser Abschnitte wird ein Rechteck errichtet, welches den Funktionsgraph um ein kleines Stück überragt (vgl. Abbildung 4.4a).

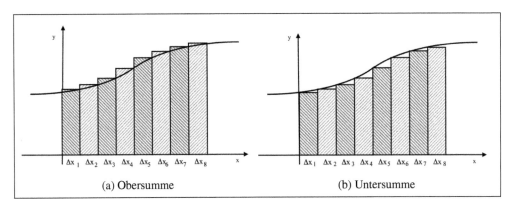

(a) Obersumme   (b) Untersumme

Abbildung 4.4: *Ober- und Untersumme*

Der Flächeninhalt dieser Rechtecke kann berechnet werden, da die Breite (Δx) und die Höhen ($f(x_i)$) jeweils bekannt sind. Der gesamte Flächeninhalt ist die Summe der Inhalte aller n Rechtecke. Diese Summe wird als *Obersumme O* bezeichnet.

$$A = O = \sum_{i=1}^{n} f(x_i) \cdot \Delta x_{i-1}$$

Die Obersumme weist gegenüber dem „echten" Flächeninhalt den Fehler auf, dass sie aufgrund der überstehenden Anteile der Rechtecke einen zu großen Wert aufweist. Der Fehler wird aber umso geringer, je kleiner Δx gewählt wird. Genauso können auf den einzelnen Abschnitten der Breite Δx Rechtecke errichtet werden, die jeweils etwas niedriger sind als der Funktionswert (vgl. Abbildung 4.4b).

Die Summenbildung - in diesem Fall ist dies die *Untersumme* - zur Berechnung des Flächeninhalts geschieht nun analog zu der bei der Obersumme. Der Unterschied besteht darin, dass der berechnete Flächeninhalt eigentlich zu klein ist.

$$A = U = \sum_{i=1}^{n} f(x_{i-1}) \cdot \Delta x_{i-1}$$

Auch hier wird die Genauigkeit umso größer, je kleiner Δx ist. Um den exakten Flächeninhalt zu berechnen, wird eine Grenzwertbildung durchgeführt, wie sie schon beim Differentialquotienten zur Anwendung gekommen ist. Da, wie bereits erwähnt wurde, die Genauigkeit der

Berechnung bei kleinerem Δx immer besser wird, lässt man Δx gegen Null laufen. Sowohl Ober- als auch Untersumme berechnen den Flächeninhalt, sodass beide Formeln gleichgesetzt werden können.

$$O = \lim_{\Delta x \to 0} \underbrace{\sum_{i=1}^{n} f(x_i) \cdot \Delta x_{i-1}}_{Obersumme} = \lim_{\Delta x \to 0} \underbrace{\sum_{i=1}^{n} f(x_{i-1}) \cdot \Delta x_{i-1}}_{Untersumme} = U$$

Da die Darstellung des Flächeninhaltes über die Grenzwertbetrachtung in der formalen Schreibweise zu umständlich wäre, gibt es eine Vereinfachung, die als *Integralschreibweise* bezeichnet wird und das *Integralzeichen* $\int$ verwendet. Die Fläche unter einer Funktion $f(x)$ im Intervall $[a, b]$ wird formal wie folgt ausgedrückt:

$$\int_a^b f(x)dx$$

Zu beachten ist, dass auch hier aus den Differenzen Δx die Differentiale dx werden. Die Höhe der Rechtecke wird durch die Funktionswerte $f(x)$ bestimmt. Die Angabe der Intervallgrenzen erfolgt ober- und unterhalb des Integralzeichens. Wird der Flächeninhalt eines durch die Grenzen a und b bestimmten Intervalls gesucht, so spricht man von einem *bestimmten Integral*.

Beispiel

Wird beispielsweise der Flächeninhalt unter der Funktion

$$f(x) = x^2 + 2$$

im Intervall [0, 5] gesucht, dann sieht diese Fragestellung in mathematischer Schreibweise folgendermaßen aus:

$$A = \int_0^5 f(x)dx = \int_0^5 (x^2 + 2)dx$$

Allerdings ist die bloße Kenntnis der mathematischen Schreibweise nicht ausreichend, schließlich soll der Flächeninhalt berechnet werden. Insofern ist eine Berechnungsvorschrift notwendig, durch deren Anwendung der Flächeninhalt im Intervall $[a, b]$ ermittelt werden kann. Diese Berechnungsvorschrift existiert. Sie heißt *Stammfunktion* und wird formal als

$$F(x)$$

bezeichnet. Die Stammfunktion hat die folgende wichtige Eigenschaft:

$$F'(x) = f(x)$$

Die erste Ableitung der Stammfunktion $F(x)$ entspricht also der ursprünglich betrachteten Funktion $f(x)$. Bildlich gesprochen muss die Differentialrechnung rückwärts angewendet werden, um die Stammfunktion zu finden.

Um den Flächeninhalt zu berechnen, müssen in einem ersten Schritt die Intervallgrenzen a und b in die Stammfunktion eingesetzt werden. In einem zweiten Schritt wird der Funktionswert der Stammfunktion an der Stelle a vom Funktionswert an der Stelle b subtrahiert. Die mathematische Schreibweise des Intergrals mit Hilfe der Stammfunktion enthält einen senkrechten Strich, an dem die Intervallgrenzen gekennzeichnet werden.

$$\int_a^b f(x)dx = F(x)\big|_a^b = F(b) - F(a)$$

Die obige Definition wird als *Hauptsatz der Differential- und Integralrechnung* bezeichnet. Das Problem besteht darin, die Stammfunktion zu ermitteln.

Beispiel

Im oben betrachteten Beispielsfall

$$f(x) = x^2 + 2$$

ist die Ermittlung der Stammfunktion unproblematisch, da es sich um eine einfache Potenzfunktion handelt. Für die Potenzfunktionen wurden bereits einfache Ableitungsregeln vorgestellt. Gesucht wird also eine Funktion, deren Ableitung gleich

$$F'(x) = f(x) = x^2 + 2$$

ist. Diese Funktion ist die Stammfunktion, sie lautet:

$$F(x) = \frac{1}{3} \cdot x^3 + 2 \cdot x$$

(Überprüfen Sie dies, indem Sie die Ableitung bilden!)

Der Flächeninhalt unter der Kurve im Bereich [0, 6] lässt sich also wie folgt berechnen:

$$\int_0^6 (x^2 + 2)dx = \left(\frac{1}{3} \cdot x^3 + 2 \cdot x\right)\big|_0^6 = \left(\frac{1}{3} \cdot 6^3 + 2 \cdot 6\right) - 0 = 84$$

Beim bisher betrachteten bestimmten Integral ging es um die konkrete Ermittlung des Flächeninhalts unter einer Funktion in einem Intervall $[a, b]$. Hierfür ist allerdings die Kenntnis der Stammfunktion erforderlich. Demgegenüber geht man bei den sogenannten *unbestimmten Integralen* der Frage nach, wie die Stammfunktion ermittelt werden kann. Es handelt sich hierbei um sogenannte *Integrationsregeln*. Die Technik des Integrierens ist allerdings nicht ganz einfach und es gibt eine Vielzahl von Methoden, die hierbei angewendet werden können. Aus diesem Grund soll das unbestimmte Integral an dieser Stelle nicht weiter behandelt werden. Die nachfolgende Tabelle enthält einige wichtige Grundintegrale.

Anmerkung zur Tabelle: Die bei der Stammfunktion jeweils ergänzte Konstante c fällt beim Ableiten weg, sodass hierfür jeder beliebige Wert eingesetzt werden kann.

Integrand $f(x)$	Stammfunktion $F(x)$
$f(x) = \dfrac{1}{x}$	$F(x) = \ln|x| + c$
$f(x) = e^x$	$F(x) = e^x + c$
$f(x) = \sin(x)$	$F(x) = -\cos(x) + c$
$f(x) = \cos(x)$	$F(x) = \sin(x) + c$

Tabelle 4.2: Stammfunktionen einiger Grundfunktionen

4.4 Aufgaben und Fallstudien

4.4.1 Aufgaben zu den Grundlagen

1. Berechnen Sie die folgenden Ausdrücke!

(a)

$$\sum_{i=5}^{8} 3 \cdot (3 \cdot i - 1)$$

(b)

$$2 \cdot \sum_{i=1}^{3} i^2 - 2$$

(c)

$$\prod_{i=0}^{3} 2 \cdot (2 \cdot i - 1)$$

(d)

$$\frac{1}{4} : \frac{1}{2}$$

(e)

$$\frac{5}{2} \cdot \frac{10}{7}$$

(f)

$$\frac{3}{8} \cdot 5$$

(g)

$$\frac{7}{5} + \frac{2}{3}$$

(h)

$$2^3 \cdot 2^2$$

(i)

$$81^{\frac{1}{2}}$$

(j)

$$6^{\frac{2}{3}}$$

(k)

$$3^2 \cdot 2^2$$

(l)

$$\frac{4^3}{4.096^{\frac{1}{4}}}$$

(m)

$$\frac{5^3}{5^5}$$

(n)

$$\left(3 \cdot 4 + 3^4 - 144^{\frac{1}{2}}\right)^{\frac{1}{4}}$$

2. Bestimmen Sie x!

   (a) $x^4 = 256$

   (b) $5^x = 625$

   (c) $e^x = 1,075$

   (d) $2 \cdot x^2 + 3 \cdot x - 4 = 0$

4.4.2   Fallstudien zu den Grundlagen

1. Ein zwielichtiges Unternehmen chartert für die Durchführung einer Kaffeefahrt einen
   Reisebus, der pro Tag 3.500 EUR Miete kostet. Die Verteilung von Wurstkonserven und
   billigem Ramsch an die Fahrgäste verursacht Kosten in Höhe von 0,90 EUR pro Person.
   Die Reise soll für 15,90 EUR pro Person angeboten werden. Während der Fahrt werden
   Heizdecken für 200 EUR angeboten, die im Einkauf 30 EUR kosten.

   (a) Stellen Sie jeweils eine Funktion für die Gesamtkosten, die variablen Kosten und
       den Gewinn auf. Berücksichtigen Sie hierbei nur die Fahrt, nicht den Verkauf der
       Decken!

   (b) Welches Ergebnis resultiert für das Unternehmen aus der Fahrt (ohne Berücksichti-
       gung des Deckenverkaufs), wenn der Bus mit 52 Fahrgästen besetzt ist?

   (c) Wie viele Decken müssen während der Reise verkauft werden, damit das Unterneh-
       men aus der Kaffeefahrt (mit 52 Fahrgästen) insgesamt gerade die Gewinnschwelle
       erreicht?

   (d) Erfahrungswerte zeigen, dass 40% der Teilnehmer einer Kaffeefahrt dem Kauf-
       rausch verfallen und eine Heizdecke erwerben. Stellen Sie die Gewinnfunktion für
       das Unternehmen unter Berücksichtigung dieser Tatsache auf.

2. Zwei Kegelbrüder treffen sich zum Grillen. Sie haben einen Biervorrat kalkuliert, der
   voraussichtlich 6 Stunden ausreicht. Auf dem Weg zum Grillplatz erreicht sie ein Anruf,
   in dem sich vier weitere Kegelbrüder ankündigen, die aber etwas später kommen. Wann
   dürfen diese frühestens auftauchen, wenn das Bier insgesamt 3 Stunden reichen soll?
   Alle Kegelbrüder trinken die gleiche Menge pro Zeiteinheit.

3. Auf dem Kapitalmarkt werden drei festverzinsliche Anleihen gehandelt, die jährlich Zinsen ausschütten und endfällig getilgt werden. Aus Vereinfachungsgründen wird für die
   Anleihen ein Nominalvolumen von 100 unterstellt.

   – Anleihe 1: Kupon 5%, Laufzeit 2 Jahre, aktueller Marktwert 103,84
   – Anleihe 2: Kupon 2,5%, Laufzeit 2 Jahre, aktueller Marktwert 99,04
   – Anleihe 3: Kupon 2,5%, Laufzeit 3 Jahre, aktueller Marktwert 97,18

Aus den gegebenen Informationen soll die aktuelle Renditestruktur abgeleitet werden.
Hierzu müssen in einem ersten Schritt die sogenannten Zerobond-Abzinsfaktoren für die
vorhandenen Laufzeiten (textitZBAF$_t$) ermittelt werden. Ein Zusammenhang zwischen
den Zerobond-Abzinsfaktoren und dem Barwert einer Anleihe besteht folgendermaßen:
die Multiplikation der Cashflows aus den Anleihen mit den Zerobond-Abzinsfaktoren
führt zum Barwert der Cashflows. Die Summe der Barwerte ergibt den aktuellen Barwert
der Anleihe.

$$BW = \sum_{t=1}^{n} CF_t \cdot ZBAF_t$$

Die laufzeitspezifischen Zerobondrenditen ZR_t können aus den Zerobond-Abzinsfaktoren
wie folgt ermittelt werden:

$$ZBAF_t \cdot (1 + ZR_t)^t = 1$$

Ermitteln Sie die aktuelle Renditestrukturkurve in folgenden Schritten:

(a) Stellen Sie die Cashflows aus den Anleihen auf! Gehen Sie von einem Nominalvolumen von 100 für jede Anleihe aus!

(b) Stellen Sie unter Verwendung der Cashflows drei Bewertungsgleichungen für den aktuellen Marktwert der drei Anleihen auf! Sie erhalten ein Gleichungssystem aus drei Gleichungen mit drei Unbekannten (den Zerobond-Abzinsfaktoren).

(c) Lösen sie das lineare Gleichungssystem mit einem Verfahren Ihrer Wahl!

(d) Ermitteln Sie aus den Zerobond-Abzinsfaktoren gemäß dem oben aufgezeigten Zusammenhang die Zerobondrenditen und damit die Renditestrukturkurve!

4.5   Symbolverzeichnis

Symbole und Abkürzungen des Anhangs:

Symbol	Erklärung
$\prod$	Produktzeichen
A	Flächeninhalt
a, b, c	allgemeine Variablen, i. d. R. reelle Zahlen
D	Definitionsmenge
F	Stammfunktion
f	Funktion
g	Grundseite (= Breite) eines Rechtecks
h	Höhe eines Rechtecks
i	Zählindex
m	allgemeine Variable, z. B. untere Summationsgrenze
n	allgemeine Variable, z. B. Wurzelexponent oder obere Summationsgrenze
O	Obersumme
P	Startpunkt
U	Untersumme, auch: Umfang
W	Wertebereich
x	allgemeine Variable
Y	Zielmenge
$\sum$	Summenzeichen

Tabelle 4.3: *Symbolverzeichnis Anhang*

4.6   Literaturhinweise zum Anhang

- Cremers, H.: Mathematik für Wirtschaft und Finanzen I, Frankfurt 2002

- Hölscher, R./Kalhöfer, C.: Mathematische Grundlagen, Finanzmathematik und Statistik für Bankkaufleute, 2. Auflage, Wiesbaden 2001.

- Martin, T.: Finanzmathematik: Grundlagen –Prinzipien –Beispiele, 3. Auflage, Leipzig 2014.

- Sydsæter, K./Hammond, P.: Mathematik für Wirtschaftswissenschaftler – Basiswissen mit Praxisbezug, 4. Auflage, München 2013.

- Wahl, D.: Finanzmathematik – Theorie und Praxis, Stuttgart 1998.

5 Lösungsvorschläge

5.1 Zinsrechnung

5.1.1 Lösungsvorschläge zu den Aufgaben

1. Das gesuchte Endkapital kann durch Aufzinsung des Anfangskapitals ermittelt werden. Es beträgt:

$$K_n = 10.000 \cdot 1,06^{10} = 17.908, 48 \text{ EUR}$$

2. Die Berechnung der Verzinsung erfolgt, indem die Grundgleichung zum Aufzinsen nach dem Zinssatz aufgelöst wird.

$$4.500 = 4.000 \cdot (1+i)^3 \Rightarrow i = \sqrt[3]{\frac{4.500}{4.000}} - 1 = 0,04$$

$$7.200 = 6.000 \cdot (1+i)^3 \Rightarrow i = \sqrt[3]{\frac{7.200}{6.000}} - 1 = 0,0627$$

Die Verzinsung der beiden Investments beträgt demnach 4,00% und 6,27%.

3. Zinsen müssen beim Vergleich von Zahlungen insbesondere dann berücksichtigt werden, wenn die Zahlungen nicht zum gleichen Zeitpunkt anfallen. Ohne die Berücksichtigung von Zinsen wäre ein Vergleich nicht aussagekräftig: eine Zahlungseingang von 100 EUR heute hat einen höheren ökonomischen Wert als eine Zahlungseingang von 100 EUR in zwei Jahren.

4. Die Fragestellung beschreibt eine Situation, in der der heutige Wert einer zehnjährigen Rente von jährlich 3.000 EUR gesucht ist. Dies lässt sich formal wie folgt lösen:

$$R_0 = 3.000 \cdot \frac{(1+0,03)^{10} - 1}{(1+0,03)^{10} \cdot 0,03} = 25.590, 61 \text{ EUR}$$

Bei einer Verzinsung von 3% reicht ein Betrag von 25.590,61 EUR aus, um 10 Jahre lang jeweils 3.000 EUR entnehmen zu können. Nach 10 Jahren ist das Kapital verbraucht.

5. Gesucht ist zunächst die Annuität, die Herr Meier pro Jahr leisten muss.

$$A = 100.000 \cdot \frac{(1+0,08)^5 \cdot 0,08}{(1+0,08)^5 - 1} = 25.045, 65 \text{ EUR}$$

Mit fünf jährlichen Raten von 25.045,65 EUR hat Herr Meier seinen Kredit inklusive der Zinsen zurückgezahlt. Diese Aussage lässt sich anhand des nachfolgende dargestellten Zins- und Tilgungsplanes nachvollziehen.

Jahr	Restschuld Jahresanfang	Tilgungsrate	Zinsen	Annuität	Restschuld Jahresende
1	100.000,00	17.045,64	8.000,00	25.045,65	82.954,36
2	82.954,36	18.409,30	6.636,35	25.045,65	64.545,06
3	64.545,06	19.882,04	5.163,61	25.045,65	44.663,02
4	44.663,02	21.472,61	3.573,04	25.045,65	23.190,42
5	23.190,42	23.190,42	1.855,23	25.045,65	0,00

6. Diese Frage wird durch Auflösen der jeweiligen Aufzinsungsformeln nach dem Zinssatz beantwortet. Für die exponentielle Zinsrechnung gilt:

$$2 \cdot K_0 = K_0 \cdot (1 + i)^{10} \Rightarrow i = \sqrt[10]{\frac{2 \cdot K_0}{K_0}} - 1 = 0,0718$$

Die Verdopplung des Kapitaleinsatzes in zehn Jahren erfordert eine Verzinsung von 7,18%. Für stetige Zinsrechnung wird die für eine Verdopplung des Kapitals erforderliche Verzinsung wie folgt berechnet:

$$2 \cdot K_0 = K_0 \cdot e^{\tilde{i} \cdot 10} \Rightarrow \tilde{i} = \frac{\ln 2}{10} = 0,0693$$

Wird mit stetiger Verzinsung gerechnet erfolgt die Verdopplung des Kapitaleinsatzes nach zehn Jahren bei einem Zinssatz von 6,93%.

7. Der heute benötigte Betrag kann durch Abzinsen des ursprünglich vereinbarten Rückzahlungsbetrages errechnet werden.

$$K_0 = \frac{88.000}{1,088^6} = 88.000 \cdot 1,088^{-6} = 53.052,92 \text{ EUR}$$

Zita Zins müsste heute einen Betrag von 53.052,92 EUR an Klara Klar bezahlen, um den Kredit zurückzuzahlen.

8. Aus Sicht von Anleger Clever sind die 100.00 EUR der Endwert einer Rente mit 25 Jahren Laufzeit und einer Verzinsung von 2,5%. Die Frage kann also mithilfe des Rentenendwertfaktors (*REWF*) beantwortet werden. Die Formel zur Berechnung des Rentenendwertes muss nach der jährlichen Rate umgestellt werden.

$$R_{25} = r \cdot REWF_{25}^{2,5\%} \Rightarrow r = \frac{R_{25}}{REWF_{25}^{2,5\%}}$$

Mit den gegebenen Daten lässt sich die erforderliche Rate berechnen.

$$r = \frac{100.000}{\frac{(1+0,025)^{25}-1}{0,025}} = 2.927,59 \text{ EUR}$$

Anleger Clever muss jährlich 2.927,59 EUR sparen, um bei 2,5% Zinsen nach 25 Jahren 100.000 EUR Endkapital zu erreichen.

9. Um die Frage zu beantworten, müssen die jährlichen Verwaltungskosten von den (zu erwartenden) jährlichen Zinseinnahmen aus dem Stiftungsvermögen verglichen werden.

$$\text{Stiftungsbetrag} = 5.000.000 \cdot 0,025 - 40.000$$

$$= 125.000 - 40.000 = 85.000 \, \text{EUR}$$

Die Universität kann jährlich eine Betrag in Höhe von 85.000 EUR für die Vergabe von Studienpreisen und Stipendien einplanen.

10. Die 150 Mio. Einwohner sind der Endwert eines über zehn Jahre laufenden Wachstumsprozesses. Dieser kann formal wie folgt dargestellt werden:

$$E_{-10} \cdot e^{0,05 \cdot 10} = 150 \, \text{Mio.}$$

Das Auflösen der Gleichung nach der Einwohnerzahl vor zehn Jahren ermöglicht die Berechnung des Startwertes.

$$E_{-10} = \frac{150 Mio.}{e^{0,05 \cdot 10}} = 90,98 \, \text{Mio.}$$

Vor zehn Jahren lag die Einwohnerzahl des Landes bei knapp 91 Mio. Einwohnern.

11. Um diese Entscheidung treffen zu können, muss der Glückspilz den Rentenbarwert der 20 jährlichen Raten mit der Einmalzahlung von 2 Mio. Euro vergleichen.

$$R_0 = 200.000 \cdot \frac{(1+0,08)^{20} - 1}{(1+0,08)^{20} \cdot 0,08} = 1.963.629,48 \, \text{EUR}$$

Da die angebotene Einmalzahlung in Höhe von 2 Mio. EUR höher ist als der Gegenwartswert der Rentenzahlung, sollte der Glückspilz die Einmalzahlung wählen.

12. Frau Müller muss in den ersten sechs Jahren der Vertragslaufzeit 40% des Gesamtbetrags von 100.000 EUR ansparen, das sind 40.000 EUR. Diese bilden den Endwert einer Rente mit sechs Jahren Laufzeit. Unter Verwendung des Rentenendwertfaktors kann hieraus die Höhe der Rate ermittelt werden, denn es gilt:

$$R_n = r \cdot \frac{(1+i)^n - 1}{i}$$

$$\Rightarrow r = \frac{R_n}{\frac{(1+i)^n - 1}{i}}$$

Unter Verwendung der bekannten Parameter lässt sich eine erforderliche jährliche Einzahlung in Höhe von

$$r = \frac{40.000}{\frac{(1,03)^6 - 1}{0,03}} = 6.183,90 \, \text{EUR}$$

errechnen.

In den acht Jahren der Tilgung müssen 60.000 EUR zurückgezahlt werden. Dieser Betrag kann als Rentenbarwert der Rückzahlungen interpretiert werden. Unter Verwendung des Rentenbarwertfaktors lässt sich die Höhe der notwendigen jährlichen Rückzahlungen berechnen.

$$R_0 = r \cdot \frac{(1+i)^n - 1}{i \cdot (1+i)^n}$$

$$\Rightarrow r = \frac{R_0}{\frac{(1+i)^n - 1}{i \cdot (1+i)^n}}$$

Mit den gegebenen Daten ergibt sich für die jährlichen Raten ein Betrag von

$$r = \frac{60.000}{\frac{(1,05)^8 - 1}{0,05 \cdot (1,05)^8}} = 9.283,31 \text{ EUR}.$$

Bei Zahlung von acht jährlichen Raten über 9.283,31 EUR hat Frau Müller den Kredit nach 8 Jahren vollständig zurückgezahlt.

13. Die Fragestellung zielt auf den in 14 Jahren noch verbliebenen Restbetrag ab, im Sinne der Zinsrechnung geht es also um einen zukünftigen Wert oder Endwert. Zur Beantwortung dieser Frage gibt es mehrere Wege.

   – Zum einen können die 6.000 EUR jährliche Auszahlung mithilfe des Rentenbarwertfaktors verbarwertet werden, um den heutigen Wert zu ermitteln.

$$R_0 = r \cdot \frac{(1+i)^n - 1}{i \cdot (1+i)^n}$$

$$R_{14} = 6.000 \cdot \frac{(1,06)^{14} - 1}{0,06 \cdot (1,06)^{14}} = 55.769,99 \text{ EUR}$$

Das Erbe beträgt 56.000 EUR, sodass im Vergleich mit dem Barwert der Rente ein Überschuss in Höhe von

$$56.000 - 55.769,99 = 230,01 \text{ EUR}$$

vorhanden ist. Da aber nach dem Betrag gefragt wurde, der in 14 Jahren noch übrig ist, muss der errechnete Überschuss noch aufgezinst werden. Es ergibt sich ein Endwert in Höhe von

$$230,01 \cdot (1,06)^{14} = 520,03 \text{ EUR}.$$

Der Erbe bekommt in 14 Jahren neben der letzten Rate noch eine Restzahlung von 520 EUR.

– Zum anderen kann die Restzahlung auch errechnet werden, indem direkt mit dem Endwert argumentiert wird. Dazu muss der Rentenendwert der jährlichen Zahlungen mit dem zukünftigen Wert des Erbes verglichen werden. Dieser zukünftige Wert kann durch Aufzinsen berechnet werden. Die folgenden Endwerte lassen sich ermitteln:

$$R_n = r \cdot \frac{(1+i)^n - 1}{i}$$

$$R_{14} = 6.000 \cdot \frac{(1,06)^{14} - 1}{0,06} = 126.090,40 \text{ EUR}$$

$$K_n = K_0 \cdot (1+i)^n$$

$$K_{14} = 56.000 \cdot (1,06)^{14} = 126.610,62 \text{ EUR}$$

Die Differenz aus beiden Endwerten entspricht dem Betrag, der nach 14 Jahren noch übrig ist. Er beträgt

$$126.610,62 - 126.090,40 = 520,22 \text{ EUR}$$

und ist (bis auf eine kleine Rundungsdifferenz) mit dem oben ermittelten Betrag identisch.

14. Um die durchschnittliche Verzinsung angeben zu können, muss zunächst die Gesamtverzinsung über die Laufzeit von sechs Jahren bekannt sein. Da der Zinssatz – ausgehend von einer Startverzinsung von 0,25% – jährlich um 0,25% angehoben wird, lässt sich dies formal wie folgt beschreiben:

$$K_6 = K_0 \cdot 1,0025 \cdot 1,0050 \cdot 1,0075 \cdot 1,0100 \cdot 1,0125 \cdot 1,0150$$

Da End- und Anfangskapital für die Fragestellung nicht von Bedeutung sind, reicht es, das Produkt der Aufzinsungsfaktoren zu betrachten.

$$1,0025 \cdot 1,0050 \cdot 1,0075 \cdot 1,0100 \cdot 1,0125 \cdot 1,0150 = 1,0536$$

Der Faktor 1,0536 gibt die Gesamtverzinsung über die sechs Jahre an. Die jährliche Durchschnittsverzinsung lässt sich daraus wie folgt bestimmen:

$$1,0536 = (1+i)^6 \Rightarrow i = \sqrt[6]{1,0536} - 1 = 0,0087$$

Das beschriebene Zuwachssparen bietet über die sechs Jahre der Laufzeit eine Durchschnittsverzinsung von 0,87%.

5.1.2 Lösungsvorschläge zu den Fallstudien

1. Als Beispiel könnte etwa ein Investmentfonds dienen, der vor zwei Jahren zum Preis von 100 EUR pro Anteil erworben wurde. Nach einem Jahr ist der Kurs auf 90,91 EUR gefallen, im zweiten Jahr wieder auf 100 EUR gestiegen. Über die betrachteten zwei Jahre der Laufzeit hat sich der Wert eines Anteils also nicht verändert. Der geschilderte Sachverhalt soll nun gemäß der Fragestellung untersucht werden.

– Zunächst wird die diskrete Zinsrechnung angewendet, um die Verzinsung der beiden Jahre zu ermitteln.

$$i_1 = \frac{90,91 - 100}{100} = -0,0909 = -9,09\%$$

$$i_2 = \frac{100 - 90,91}{90,91} = 0,10 = 10,00\%$$

Die Summe der beiden Zinssätze ist $+0,91\%$, obwohl die gesamte Wertveränderung über die betrachteten Jahre bei Null liegt. Diskrete Zinssätze sind nicht addierbar.

Obwohl die beiden Wertveränderungen den gleichen Faktor repräsentieren, führen sie zu unterschiedlichen Zinssätzen:

$$\frac{90,91}{100} = 0,9091 = \frac{1}{1,1} \quad und$$

$$\frac{100}{90,91} = 1,1$$

Diskrete Zinssätze sind nicht symmetrisch.

– Werden die Wertveränderungen mithilfe der stetigen Zinsrechnung ermittelt, lassen sich die folgenden Werte berechnen:

$$\tilde{i}_1 = \ln \frac{90,91}{100} = -0,0953 = -9,53\%$$

$$\tilde{i}_2 = \ln \frac{100}{90,91} = 0,0953 = 9,53\%$$

Beide Zinssätze weisen den gleichen Betrag auf, aber unterschiedliche Vorzeichen. Die Summe beider Zinssätze ist Null, dies entspricht der Gesamtverzinsung des Investmentfonds über die zwei Jahre. Stetige Zinssätze sind addierbar.

Des weiteren führen die gleichen Faktoren positiver wie negativer Wertentwicklung (hier: dividiert durch 1,1 bzw. multipliziert mit 1,1 für die beiden betrachteten Jahre) zu identischen Zinssätzen (hier: $-9,53\%$ und $+9,53\%$). Stetige Zinssätze sind symmetrisch.

2. Für die Berechnung der einzelnen Werte kann die direkt auf die im Text angegebenen Formeln zurückgegriffen werden.

   (a) Annuität

   $$A = 100.000 \cdot 1,1^{30} \cdot \frac{0,1}{1,1^{30} - 1} = 10.607,92 \text{ EUR}$$

   (b) Restschuld nach 20 Jahren

   $$R_{20} = 100.000 \cdot \frac{1,1^{30} - 1,1^{20}}{1,1^{30} - 1} = 65.181,11 \text{ EUR}$$

(c) Tilgungsanteil des zwölften Jahres

$$T_{12} = 100.000 \cdot 0,1 \cdot \frac{1,1^{12-1}}{1,1^{30}-1} = 1.734,48 \text{ EUR}$$

(d) Zinsanteil des fünften Jahres

$$Z_5 = 100.000 \cdot 0,1 \cdot \frac{1,1^{30}-1,1^5}{1,1^{30}-1} = 9.628,86 \text{ EUR}$$

(e) Der Gesamtbetrag

$$A_{ges} = 30 \cdot 10.607,92 = 318.237,60 \text{ EUR}$$

(f) Die gesamte Zinsbelastung wird durch die Gesamtbelastung abzüglich der Tilgung berechnet.

$$Z_{ges} = A_{ges} - S = 318.237,60 - 100.000,00 = 218.237,60 \text{ EUR}$$

3. Der Autokauf von Herrn Meier

   (a) Herr Meier muss den Saldo aus Kaufpreis und Wiederverkaufswert bilden, um die finanzielle Gesamtbelastung zu bestimmen. Hierbei muss er natürlich berücksichtigen, dass Kauf und Wiederverkauf zu unterschiedlichen Zeitpunkten stattfinden. Für das Premium-Fahrzeug beträgt die Gesamtsumme

   $$-40.000 + 25.000 \cdot 1,08^{-3} = -20.154,19 \text{ EUR.}$$

   Das Normal-Fahrzeug verursacht eine finanzielle Belastung in Höhe von

   $$-34.000 + 19.000 \cdot 1,08^{-3} = -18.917,19 \text{ EUR.}$$

   Aus finanziellen Überlegungen wäre dem Rate des Bekannten also nicht zuzustimmen, denn die finanzielle Belastung ist beim Premium-Fahrzeug um mehr als 1.000 EUR höher.

   (b) Die jährliche Rate bei einer dreijährigen Finanzierung zu 8% kann mithilfe des Rentenbarwertfaktors leicht berechnet werden. Es gilt

   $$r = \frac{RBW}{RBWF_{3Jahre}^{8\%}}$$

   Aus den gegebenen Daten lässt sich die Rate bestimmen.

   $$r = \frac{40.000}{\frac{1,08^3-1}{0,08 \cdot 1,08^3}} = 15.521,34 \text{ EUR}$$

   Die jährliche Rate beträgt 15.521,34 EUR.

4. Die Finanzierung von Herrn Müllers Segelschiff

(a) Herr Müllers Kapital besteht aus zwei Teilen: der für fünf Jahre zu 4% angelegte Betrag von 5.000 EUR:

$$5.000 \cdot 1,04^5 = 6.083,26 \text{ EUR}$$

sowie der Endwert der fünf jährlichen Sparraten von jeweils 4.000 EUR, der als Rentenendwert berechnet werden kann:

$$4.000 \cdot \frac{1,04^5 - 1}{0,04} = 21.665,29 \text{ EUR}.$$

Damit stehen ihm insgesamt

$$6.083,26 + 21.665,29 = 27.748,55 \text{ EUR}$$

zur Verfügung.

(b) Da die Raten für die Schiffsfinanzierung aus dem gesparten Vermögen entnommen werden, ist nicht der Finanzierungszinssatz, sondern der Habenzinssatz für die Berechnung der maximalen Rate entscheidend. Der angesparte Betrag ist aus der Perspektive des Finanzierungsvorgangs der Rentenbarwert (*RBW*), die Rate r ist gesucht. Für die Berechnung wird der Rentenbarwertfaktor (*RBWF*) benötigt. Formal gilt allgemein:

$$RBW = r \cdot RBWF$$

Für das Finanzierungsproblem gilt konkret:

$$r = \frac{RBW}{RBWF^{4\%}_{4Jahre}}$$

Mit den gegebenen bzw. schon errechneten Daten lässt sich die Höhe der Rate berechnen.

$$r = \frac{27.748,55}{\frac{1,04^4-1}{0,04\cdot1,04^4}} = 7.644,45 \text{ EUR}$$

Herr Müller kann aus seinem Guthaben eine maximale Rate von 7.644,45 EUR für die Finanzierung des Schiffes verwenden.

(c) Wenn Herr Müller die in (b) mit einem Guthabenzins von 8% berechnete Rate verwendet, um eine Finanzierung mit einem Zinssatz von 2% zu bedienen, kann er eine höhere Summe finanzieren, als er für den Kauf des Schiffes benötigt. Die Differenz zwischen beiden Beträgen kann er beispielsweise für Sonderausstattungen seines Segelschiffes verwenden. Die Höhe der Finanzierung kann als Rentenbarwert berechnet werden.

$$7.644,45 \cdot \frac{1,02^4 - 1}{0,02 \cdot 1,02^4} = 29.107,99 \text{ EUR}$$

Herr Müller könnte 29.107,99 EUR aus dem angesparten Kapital finanzieren, benötigt aber nur 27.748,55 EUR für den Erwerb des Segelschiffes. Die Differenz in Höhe von

$$29.107,99 - 27.748,55 = 1.359,44 \text{ EUR}$$

steht für Sonderausstattungen zur Verfügung.

(d) Hätte Herr Müller eine Luxusyacht für 100.000 EUR erwerben wollen, wäre die Differenz zu seinem (aufgezinsten) Startkapital in Höhe von

$$5.000 \cdot 1,04^5 = 6.083,26 \text{ EUR}$$

in fünf Jahren anzusparen gewesen. Das sind

$$100.000 - 6.083,26 = 93.916,74 \text{ EUR}.$$

Dieser Betrag kann als Rentenendwert des Sparvorgangs interpretiert werden. Insofern gilt unter Verwendung des Rentenendwertfaktors

$$r = \frac{93.916,74}{\frac{1,04^5 - 1}{0,04}} = 17.339,58 \text{ EUR}.$$

Herr Müller hätte in den vergangenen fünf Jahren jeweils 17.339,58 EUR sparen müssen, um die Luxusyacht erwerben zu können.

5. Die Finanzierung von Ellen Ripleys Urlaub.

(a) In dieser Anwendung wird der Endwert gesucht, der aus zwei Komponenten besteht: die verzinste Prämie (mithilfe einfacher Aufzinsung zu berechnen) und der über 5 Jahre laufende Sparvertrag (mithilfe des Rentenendwertfaktors zu berechnen). Der gesamte Endwert beträgt:

$$1.000.000 \cdot 1,03469^5 = 1.185.909 \text{ EUR}$$

$$+250.000 \cdot \frac{1,025^5 - 1}{0,025} = 1.314.082 \text{ EUR}$$

$$= 2.499.991 \approx 2.500.000 \text{ EUR}$$

Die Ersparnisse von Ellen Ripley betragen also, leicht gerundet, 2,5 Mio. Euro. Um die Reise bezahlen zu können, fehlen somit noch 5 Mio. EUR.

(b) Da der geplante Urlaub 7,5 Mio. Euro kostet, fehlen noch 5 Mio. Euro. Die Frage, ob eine jährliche Zahlung von 250.000 Euro ausreicht, um einen Kredit in dieser Höhe bei einem Kreditzinssatz von 12,5% zurückzahlen zu können, kann beantwortet werden, indem der Rentenbarwert dieser 25-jährigen Rente berechnet wird.

$$250.000 \cdot \frac{1,125^{25} - 1}{0,125 \cdot 1,125^{25}} = 250.000 \cdot 7,579 = 1.894.751,25 \text{ EUR}$$

Eine 25-jährige jährliche Zahlung von 250.000 Euro repräsentiert bei 12,5% Zinsen also nur einen Gegenwert von 1,894 Mio. Euro. Der Kredit kann mit diesen Raten nicht zurückgezahlt werden.

(c) Die notwendige jährliche Rate bei diesen Konditionen ergibt sich einfach durch Division des Kreditbetrages durch den Rentenbarwertfaktor.

$$5.000.000 = 7,579 \cdot r \Rightarrow r = \frac{5.000.000}{7,579} = 659.718 \, \text{EUR}$$

Für die Begleichung des Kredites ist eine jährliche Rate von 659.718 Euro erforderlich.

5.2   Statistik

5.2.1   Lösungsvorschläge zu den Aufgaben

1. Der Vorteil der Standardabweichung liegt in der Dimension dieses Streuungsparameters, denn dabei handelt es sich um die gleiche Größe, in der auch die Merkmalsausprägungen vorliegen. Demgegenüber ist die Varianz weniger leicht interpretierbar, da sie in der quadrierten Dimension der Merkmalsausprägungen angegeben wird.

2. Der Korrelationskoeffizient beschreibt den linearen Zusammenhang zwischen zwei Variablen. Gegenüber der Kovarianz weist der Korrelationskoeffizient den Vorteil auf, dass er zwischen −1 und +1 standardisiert ist. Anders als bei der Kovarianz lassen sich die Werte des Korrelationskoeffizienten gut interpretieren.

3. Ein wesentlicher Unterschied zwischen diesen beiden Lageparametern liegt darin, dass das arithmetische Mittel wesentlich empfindlicher auf Ausreißer in den Messwerten reagiert.

4. Die Betrachtung von theoretischen Verteilungen bietet zwei wesentliche Vorteile. Erstens können empirische Verteilungen durch eine theoretische Verteilung beschrieben werden, und zweitens sind über die Verwendung von theoretischen Verteilungen Aussagen über Wahrscheinlichkeiten für die Ergebnisse bestimmter Zufallsexperimente möglich.

5. Formal ist die Aussage nicht ganz korrekt, denn der Korrelationskoeffizient misst den linearen Zusammenhang zwischen zwei Merkmalen. Ein Korrelationskoeffizient von 0 sagt also lediglich aus, dass kein linearer Zusammenhang zwischen den Merkmalen besteht. Ein nichtlinearer Zusammenhang zwischen den Merkmalen wäre dagegen möglich.

6. Mithilfe des Korrelationskoeffizienten kann kein Kausalzusammenhang zwischen zwei Merkmalen nachgewiesen werden. Hierzu müssen - neben einer sinnvollen inhaltlichen Argumentation - andere Verfahren, beispielsweise die Regressionsanalyse, angewendet werden.

7. Bei der Standardnormalverteilung betragen der Mittelwert Null und die Standardabweichung Eins. Aufgrund der Tatsache, dass jedes normalverteilte Merkmal mithilfe der Transformationsregel in ein standardnormalverteiltes Merkmal umgerechnet werden kann, wird beim Rechnen mit Wahrscheinlichkeiten lediglich die Verteilungsfunktion der Standardnormalverteilung benötigt. Andernfalls wäre eine entsprechende Tabelle für jede (beliebige) Normalverteilung notwendig.

8. In dieser Aufgabe wird von einer Normalverteilung des Intelligenzquotienten ausgegangen. In diesem Fall können Wahrscheinlichkeitsaussagen mithilfe der tabellierten Werte aus der Standardnormalverteilung gewonnen werden. Die Werte der gegebenen Normalverteilung sind mithilfe der Transformationsregel

$$Z = \frac{N - \mu}{\sigma}$$

in die entsprechenden Werte der Standardnormalverteilung umgerechnet werden. In der beschriebenen Problemstellung sind $\mu = 100$ und $\sigma = 15$ gegeben. Gesucht ist die Wahrscheinlichkeit für einen Intelligenzquotienten von unter 130. Zunächst ist die normalverteilte Variable in den entsprechenden Wert der Standardnormalverteilung zu transformieren:

$$Z = \frac{(130 - 100)}{15} = 2$$

Aus der gegebenen Tabelle mit den Werten der Verteilungsfunktion der Standardnormalverteilung kann für Z = 2 ein Wert von 0,9772 abgelesen werden. Mit 97,72%iger Wahrscheinlichkeit ist der Intelligenzquotient geringer als 130, d. h. 97,72% der Bevölkerung haben einen Intelligenzquotienten unterhalb von 130.

9. Die Zielsetzung einer Regressionsanalyse liegt darin, den Zusammenhang zwischen einer abhängigen und einer unabhängigen Variablen zu modellieren, um diesen Zusammenhag einerseits erklären und andererseits für die Schätzung und Prognose der abhängigen Variablen zu nutzen.

10. Wenn der Korrelationskoeffizient Null ist, liegt das Bestimmtheitsmaß der linearen Regressionsanalyse ebenfalls bei Null. Insofern wäre die Güte der linearen Regression extrem gering und damit die Durchführung der Analyse nicht sinnvoll.

11. Im ersten Teil der Frage geht es um die Wahrscheinlichkeit, dass der Wertzuwachs der Aktie bei mehr als 0,5% liegt. Um auf die tabellierten Werte der Standardnormalverteilung zurückgreifen zu können, muss zunächst die Transformation gemäß

$$Z = \frac{N - \mu}{\sigma}$$

vorgenommen werden. Mit x = 0,5% bedeutet dies

$$Z = \frac{0,5\% - 0,25\%}{0,5\%} = 0,5$$

Die Verwendung einer Tabelle mit den Werten der Verteilungsfunktion der Standardnormalverteilung zeigt für Z = 0,5 einen Wert von 0,6915. Mit einer Wahrscheinlichkeit von 69,15% ist die Rendite kleiner oder gleich 0,5%. Gefragt war aber nach der Wahrscheinlichkeit für eine Rendite oberhalb von 0,5%, die sich als Differenz zu 100% leicht berechnen lässt. Sie liegt bei 100% −69,15% = 30,85%.

Der zweite Teil der Frage betrifft die Wahrscheinlichkeit für eine Rendite unter –0,5%. In analoger Vorgehensweise muss dieser Wert zunächst transformiert werden.

$$Z = \frac{-0,5\% - 0,25\%}{0,5\%} = -1,5$$

Aus der Tabelle lässt sich der Wert für Z = 1,5 als 0,9332 oder 93,32% ablesen, da die Standardnormalverteilung symmetrisch ist, gilt für Z = −1,5 eine Wahrscheinlichkeit von 1 − 0,9332 = 0,0668 = 6,68%. Mit einer Wahrscheinlichkeit von 6,68% ist die Rendite der Aktie niedriger als −0,5%.

12. Um diese Frage beantworten zu können, muss die Standardabweichung der Datenreihe berechnet werden. Zuvor ist der Mittelwert der Verteilung zu bestimmen.

$$\bar{x} = \frac{1}{5} \cdot (5,0 + 6,0 + 5,5 + 4,0 + 5,0)$$

$$= \frac{1}{5} \cdot 25,5 = 5,1 \text{ Mio. EUR}$$

Mithilfe des Mittelwertes lassen sich die Varianz und daraus die Standardabweichung bestimmen.

Jahr	1	2	3	4	5
Gewinn [Mio. EUR]	5,0	6,0	5,5	4,0	5,0
$x_i - \bar{x}$	−0,1	0,9	0,4	−1,1	−0,1
$(x_i - \bar{x})^2$	0,01	0,81	0,16	1,21	0,01
$\sum (x_i - \bar{x})^2$			2,2		

$$\sigma^2 = \frac{1}{5} \cdot 2,2 = 0,44 \text{ Mio. EUR}^2$$

$$\sigma = \sqrt{\sigma^2} = \sqrt{0,44} = 0,6633 \text{ Mio. EUR}$$

Da die Standardabweichung der jährlichen Gewinne 0,66 Mio. EUR beträgt, ist der Aussage des Vorstands nicht zuzustimmen.

5.2.2   Lösungsvorschläge zu den Fallstudien

1. Statistische Kennzahlen

    (a) Die Anzahl der statistischen Einheiten beträgt n = 7. Es existieren k = 6 Merkmalsausprägungen. Die Häufigkeitsverteilung ergibt das folgende Bild:

j	1	2	3	4	5	6
a_j (Lohn/h [EUR])	9,80	10,10	10,80	11,70	11,80	47,00
h_j (Anzahl)	1	1	2	1	1	1
$f_j = h_j/n$	14,29%	14,29%	28,57%	14,29%	14,29%	14,29%

    (b) Da es sich um 7 statistische Einheiten handelt, ergibt sich der Median als mittlere Merkmalsausprägung der Verteilung, dies ist hier die 4. Merkmalsausprägung. Der Median hat also den Wert 10,80 EUR

    Das arithmetische Mittel wird nach der bekannten Formel berechnet. Diese führt zu einem Wert von 16 EUR.

    $$\bar{x} = \frac{1}{7} \cdot (9,80 + 10,10 + 10,80 + 10,80 + 11,70 + 11,80 + 47,00)$$

$$= \frac{1}{7} \cdot 112 = 16\,\text{EUR}$$

Der Median erscheint auf den ersten Blick zur Beurteilung der Verteilung geeigneter, weil das arithmetische Mittel weder für die sechs niedrigeren Stundenlöhne noch für den einzelnen höheren Stundenlohn charakteristisch ist.

Der Unterschied zwischen beiden Lageparametern kommt dadurch zustande, dass der Ausreißer (Lohn des Filialleiters) in die Berechnung des arithmetischen Mittels voll eingeht, während die Berechnung des Medians davon nicht beeinflusst wird.

(c) Die Spannweite der Verteilung beträgt 47,00 – 9,80 = 37,20 EUR. Für die Berechnung der Standardabweichung wird zunächst auf die tabellarische Darstellung zurückgegriffen.

Mitarbeiter	1	2	3	4	5	6	7
Lohn/h [EUR]	9,80	10,10	10,80	10,80	11,70	11,80	47,00
$x_i - \bar{x}$	–6,20	–5,90	–5,20	–5,20	–4,30	–4,20	31,00
$(x_i - \bar{x})^2$	38,44	34,81	27,04	27,04	18,49	17,64	961,00

Aus diesen Daten kann die Varianz berechnet werden:

$$\sigma^2 = \frac{1}{7} \cdot (38,44 + 34,81 + 27,04 + 27,04 + 18,49 + 17,64 + 961,00)$$

$$\sigma^2 = \frac{1}{7} \cdot 1.124,46 = 160,64\,\text{EUR}^2$$

Durch Wurzelziehen kann aus der Varianz schließlich die Standardabweichung errechnet werden.

$$\sigma = \sqrt{\sigma^2} = \sqrt{160,64} = 12,67\,\text{EUR}$$

2. Statistische Analyse

(a) Die Häufigkeitsverteilung für die Anzahl der Überweisungen kann zunächst in Tabellenform dargestellt werden.

j	0	1	2	3	4	5	6	7
a_j (Anzahl Überweisungen)	0	1	2	3	4	5	6	7
h_j (Häufigkeit abs.)	1	0	3	2	2	1	0	1
f_j (Häufigkeit rel.)	10%	0%	30%	20%	20%	10%	0%	10%

Für die grafische Darstellung bietet sich beispielsweise ein Balkendiagramm an.

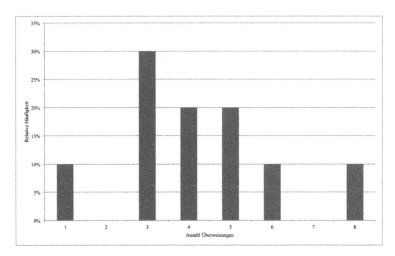

(b) Die Berechnung des arithmetischen Mittels ergibt einen Wert von 3,2. Die zehn Kunden haben im Durchschnitt 3,2 Überweisungen getätigt.

$$\bar{x} = \frac{1}{10} \cdot (2 + 0 + 4 + 7 + 2 + 3 + 4 + 5 + 3 + 2)$$

$$= \frac{1}{10} \cdot 32 = 3,2$$

Die Standardabweichung lässt sich aus der Varianz der Verteilung errechnen. Zur besseren Übersicht sind die ersten Schritte zur Berechnung der Summe der quadrierten Abstände vom arithmetischen Mittel in Tabellenform dargestellt.

Kunde	1	2	3	4	5	6	7	8	9	10
Überweisungen	2	0	4	7	2	3	4	5	3	2
$(x_i - \bar{x})$	–1,2	–3,2	0,8	3,8	–1,2	–0,2	0,8	1,8	–0,2	–1,2
$(x_i - \bar{x})^2$	1,44	10,24	0,64	14,44	1,44	0,04	0,64	3,24	0,04	1,44
$\sum (x_i - \bar{x})^2$					33,60					

Die Berechnung von Varianz und Standardabweichung erfolgt unter Verwendung dieser Daten.

$$\sigma_x{}^2 = \frac{1}{10} \cdot 33,6 = 3,36$$

$$\sigma_x = \sqrt{3,36} = 1,83$$

Die Standardabweichung beträgt 1,83 Überweisungen.

(c) Die Berechnung des Korrelationskoeffizienten erfordert die Kenntnis der Kovarianz, die daher in einem ersten Schritt berechnet wird. Die einzelnen Komponenten der Berechnung sind in der nachstehenden Tabelle dargestellt.

Kunde	1	2	3	4	5	6	7	8	9	10
X: Überweisungen	2	0	4	7	2	3	4	5	3	2
Y: Schecks	0	0	1	0	2	1	0	2	1	1
$x_i \cdot y_i$	0	0	4	0	4	3	0	10	3	2
$\sum x_i \cdot y_i$					26					

Für die weiteren Berechnungen werden noch das arithmetische Mittel und die Standardabweichung der zweiten Datenreihe benötigt. Die Berechnung dieser Kennzahlen ist im folgenden dargestellt, beginnend mit dem arithmetischen Mittel.

$$\bar{y} = \frac{1}{10} \cdot (0 + 0 + 1 + 0 + 2 + 1 + 0 + 2 + 1 + 1)$$

$$= \frac{1}{10} \cdot 8 = 0,8$$

Die Darstellung der ersten Schritte zur Berechnung der Varianz erfolgt wiederum in Tabellenform.

Kunde	1	2	3	4	5	6	7	8	9	10
Schecks	0	0	1	0	2	1	0	2	1	1
$(y_i - \bar{y})$	–0,8	–0,8	0,2	–0,8	1,2	0,2	–0,8	1,2	0,2	0,2
$(y_i - \bar{y})^2$	0,64	0,64	0,04	0,64	1,44	0,04	0,64	1,44	0,04	0,04
$\sum (y_i - \bar{y})^2$					5,60					

Varianz und Standardabweichung für die Scheckeinreichungen ergeben sich zu

$$\sigma_y{}^2 = \frac{1}{10} \cdot 5,6 = 0,56$$

$$\sigma_y = \sqrt{0,56} = 0,75$$

sodass die Kovarianz nun berechnet werden kann.

$$\sigma_{xy}^2 = \frac{1}{10} \cdot 26 - 3,2 \cdot 0,8 = 0,04$$

Aus der Kovarianz kann über die bekannte Formel der Korrelationskoeffizient berechnet werden.

$$\rho_{xy} = \frac{0,04}{1,83 \cdot 0,75} = 0,029$$

Der Korrelationskoeffizient liegt sehr nah bei Null. Nach Analyse der beiden Datenreihen kann somit kein linearer Zusammenhang zwischen der Anzahl der Überweisungen und der Anzahl der Scheckeinreichungen festgestellt werden.

3. Vergleich statistischer Datenreihen

(a) Da sich die beiden Datenreihen nur dadurch unterscheiden, dass die Werte der zweiten Reihe genau doppelt so hoch sind wie die der ersten Reihe, liegt eine vollständig positive Korrelation vor, d. h. der Korrelationskoeffizient beträgt +1.

(b) In der beschriebenen Situation weisen die Kontostände zwar den gleichen Betrag, aber immer das umgekehrte Vorzeichen auf. Dies hat eine perfekt negative Korrelation zur Folge, d. h. der Korrelationskoeffizient beträgt −1.

4. Analyse einer zweidimensionalen Häufigkeitsverteilung

(a) Zur Berechnung des Korrelationskoeffizienten sind zunächst Mittelwerte und Standardabweichungen für beide Datenreihen anhand der bekannten Formeln zu bestimmen. Für das erste Merkmal (Produktionsmenge) werden zunächst das arithmetische Mittel

$$\bar{x} = \frac{1}{12} \cdot (600 + 640 + 580 + 540 + 560 + 540$$

$$+ \quad 0 + 520 + 500 + 520 + 600 + 560)$$

$$= \frac{1}{12} \cdot 6.160 = 513,33$$

sowie die Standardabweichung berechnet. Die ersten Rechenschritte sind wieder in Tabellenform dargestellt.

Monat	1	2	3	4	5	6
X: Menge	600	640	580	540	560	540
$(x_i - \bar{x})$	86,67	126,67	66,67	26,67	46,67	26,67
$(x_i - \bar{x})^2$	7.511,11	16.044,44	4.444,44	711,11	2.177,78	711,11
Monat	7	8	9	10	11	12
X: Menge	0	520	500	520	600	560
$(x_i - \bar{x})$	−513,33	6,67	−13,33	6,67	86,67	46,67
$(x_i - \bar{x})^2$	263.511,11	44,44	177,78	44,44	7.511,11	2.177,78
$\sum (x_i - \bar{x})^2$			305.066,67			

Diese Daten werden bei der Berechnung von Varianz und Standardabweichung benötigt.

$$\sigma_x^2 = \frac{1}{12} \cdot 305.066,67 = 25.422,22$$

$$\sigma_x = \sqrt{25.422,22} = 159,44$$

Auch für das zweite Merkmal (Überstunden) wird die gleiche Vorgehensweise gewählt.

$$\bar{y} = \frac{1}{12} \cdot (40 + 50 + 40 + 30 + 30 + 30$$

$$+ \quad 0 + 20 + 10 + 14 + 36 + 30)$$

$$= \frac{1}{12} \cdot 330 = 27,5$$

Monat	1	2	3	4	5	6
Y: Überstunden	40	50	40	30	30	30
$(y_i - \bar{y})$	12,50	22,50	12,50	2,50	2,50	2,50
$(y_i - \bar{y})^2$	156,25	506,25	156,25	6,25	6,25	6,25
Monat	7	8	9	10	11	12
Y: Überstunden	0	20	10	14	36	30
$(y_i - \bar{y})$	−27,50	−7,50	−17,50	-13,50	8,50	2,50
$(y_i - \bar{y})^2$	756,25	56,25	306,25	182,25	72,25	6,25
$\sum (y_i - \bar{y})^2$			2.217,00			

$$\sigma_y^2 = \frac{1}{12} \cdot 2.217,00 = 184,75$$

$$\sigma_y = \sqrt{184,75} = 13,59$$

Mithilfe dieser Daten können schließlich die Kovarianz und daraus der Korrelationskoeffizient berechnet werden.

Monat	1	2	3	4	5	6
X: Menge	600	640	580	540	560	540
Y: Überstunden	40	50	40	30	30	30
$x_i \cdot y_i$	24.000	32.000	23.200	16.200	16.800	16.200
Monat	7	8	9	10	11	12
X: Menge	0	520	500	520	600	560
Y: Überstunden	0	20	10	14	36	30
$x_i \cdot y_i$	0	10.400	5.000	7.280	21.600	16.800
$\sum x_i \cdot y_i$	189.480					

$$\sigma_{xy}^2 = \frac{1}{12} \cdot 189.480 - 513,33 \cdot 27,50 = 1.673,43$$

$$\rho_{xy} = \frac{1.673,43}{159,44 \cdot 13,59} = 0,7723$$

Die beiden Merkmale sind mit einem Korrelationskoeffizienten von 0,77 positiv korreliert. Ein hohe Produktionsmenge geht tendenziell mit einer hohen Anzahl von Überstunden einher.

(b) Die Regressionsfunktion lässt sich aus den bisherigen Ergebnissen sowie dem notwendigen Formelapparat ableiten. Die Grundform der Regressionsgeraden lautet

$$y_i = b_0 + b_1 \cdot x_i + \epsilon_i$$

wobei für b_1 und b_0 die Formeln

$$b_1 = \frac{\sigma_{xy}^2}{\sigma_x^2}$$

und

$$b_0 = \bar{y} - b_1 \cdot \bar{x}$$

gelten.

Mit den Ergebnissen aus (a) lassen sich diese beiden Parameter berechnen:

$$b_1 = \frac{1.673,43}{25.422,22} = 0,0658$$

und

$$b_0 = 27,5 - 0,0658 \cdot 513,33 = -6,29$$

Die Regressionsfunktion sieht demnach wie folgt aus:

$$y_i = -6,29 + 0,0658 \cdot x_i$$

5. Die Bestimmung von Wahrscheinlichkeiten

(a) In dieser Aufgabe ist eine Normalverteilung mit ihren Parametern Mittelwert und Standardabweichung gegeben. Wahrscheinlichkeitsaussagen können mithilfe der tabellierten Werte aus der Standardnormalverteilung gewonnen werden, in dem die Transformationsregel angewendet wird.

$$Z = \frac{N - \mu}{\sigma}$$

$$\mu = 1.200, \sigma = 100$$

Im ersten Teil geht es um die Wahrscheinlichkeit, dass ein bestimmter Schwellenwert über- oder unterschritten wird. Weniger als 1.000 Stunden bedeutet, dass das „linke" Ende der Verteilung relevant ist, also negative Z-Werte in Frage kommen.

$$N = 1.000 \Rightarrow Z = \frac{1.000 - 1.200}{100} = -2$$

In der Tabelle sind zwar nur positive Werte enthalten, aber die Normalverteilung ist symmetrisch. Daher entspricht die gesuchte Wahrscheinlichkeit für einen Z-Wert von -2 einfach (1 – Wahrscheinlichkeit für $Z = +2$). Die Wahrscheinlichkeit für $Z = +2$ ist 0,9772, sodass die gesuchte Wahrscheinlichkeit bei $1 - 0,9772 = 0,0228 = 2,28\%$ liegt.

Die Wahrscheinlichkeit für eine Betriebsdauer von mehr als 1.100 Stunden kann direkt aus dem über die Transformationsregel ermittelten Z-Wert aus der Tabelle abgelesen werden.

$$N = 1.100 \Rightarrow Z = \frac{1.100 - 1.200}{100} = -1 \Rightarrow WS = 0,8413$$

Mit einer Wahrscheinlichkeit von 84,13 % liegt die Betriebsdauer bei mehr als 1.100 Stunden.

(b) In dieser Fragestellung geht es um einen Bereich der Betriebsdauer zwischen 1.000 und 1.500 Stunden. Die Lösung dieses Problems ist einfach: Im ersten Schritt wird die Wahrscheinlichkeit für eine Betriebsdauer von mehr als 1.000 Stunden, im zweiten Schritt die Wahrscheinlichkeit für eine Betriebsdauer von mehr als 1.500 Stunden bestimmt. Die Wahrscheinlichkeit für den gesuchten Bereich ist die Differenz zwischen diesen beiden Wahrscheinlichkeiten.

Die Wahrscheinlichkeit für eine Betriebsdauer von mehr als 1.000 Stunden war oben bereits mit 97,72 % ermittelt worden. Der entsprechende Wert für 1.500 Stunden beträgt

$$N = 1.500 \Rightarrow Z = \frac{1.500 - 1.200}{100} = 3$$

$$\Rightarrow WS = 1 - 0,9987 = 0,0013$$

Die Wahrscheinlichkeit für eine Betriebsdauer zwischen 1.000 und 1.500 Stunden beträgt also

$$0,9772 - 0,0013 = 0,9759 = 97,59\%.$$

(c) Gesucht ist die Wahrscheinlichkeit für eine Betriebsdauer von weniger als 950 Stunden, es wird also letztendlich der gleiche Ansatz wie in Aufgabenteil (a) angewendet.

$$N = 950 \Rightarrow Z = \frac{950 - 1.200}{100} = -2,5$$

$$\Rightarrow WS = 1 - 0,9938 = 0,0062$$

Die gesuchte Wahrscheinlichkeit beträgt 0,62 %, d. h. die Wahrscheinlichkeit für eine Versetzung ist nur gering.

5.3 Finanzwirtschaftliche Anwendungen

5.3.1 Lösungsvorschläge zu den Aufgaben

1. Das Portfolio-Selection-Modell von Markowitz geht der Frage nach, welche und wie viele Wertpapiere in ein Portfolio aufgenommen werden sollen. Wesentliche Voraussetzungen für die Anwendung sind:

   - Die Anleger sind risikoscheu.
   - Der Betrachtungszeitraum ist eine Periode.
   - Die Anleger haben identische Erwartungen für Rendite und Risiko der Wertpapiere.
   - Alle Merkmale eines vollkommenen Kapitalmarktes sind erfüllt.

2. Zu einem effizienten Portfolio nach Markowitz gibt es keine Alternative, die

   - bei gleicher Rendite ein niedrigeres Risiko oder
   - bei gleichem Risiko eine höhere Rendite oder
   - sowohl eine Rendite als auch ein niedrigeres Risiko

   aufweist.

3. Herr Echner möchte sich vor einem Kursverlust seiner Aktien absichern. Er benötigt eine Position, die bei fallenden Aktienkursen einen Wertzuwachs generiert. Das gelingt mit Optionen durch den Kauf von Verkaufsoptionen. Diese erlauben es dem Inhaber, die Aktien zu einem vorab vereinbarten Kurs, dem Basispreis, zu veräußern, was insbesondere dann Sinn macht, wenn der Aktienkurs unter den Basispreis fällt. Herr Echner sollte also die Position eines Long Put eingehen.

4. (a) Das Unternehmen möchte einen Swap zum Hedging des Kredites abschließen. Der Kredit wird bei steigendem EURIBOR teurer. Dieser Entwicklung kann das Unternehmen entgegenwirken, indem es einen Festzinszahler- (Payer-) Swap abschließt, denn dadurch kann (wirtschaftlich) die variable Zinszahlung in eine festverzinsliche Zahlung getauscht werden.

   (b) Die Finanzierungskosten für die Vereinigte Früchte AG ergeben sich aus den Zinskosten für den Originalkredit und den Zinszahlungen aus dem Festzinszahler-Swap. Die nachfolgende Tabelle zeigt eine Zusammenstellung der Zinszahlungen.

Variable Zinszahlung aus dem Kredit	$-(\text{EURIBOR} + 2,50\%)$
Variabler Zinseingang aus dem Swap	$+\text{EURIBOR}$
Feste Zinsauszahlung aus dem Swap	$-4,50\%$
Nettokosten	$-7,00\%$

   Nach dem Swap hat das Unternehmen fixe Zinskosten in Höhe von 7%. Die Nettobelastung enthält keine variable Komponente mehr, das Unternehmen hat – ökonomisch – betrachtet seine variable verzinsliche Schuld durch den Swap in eine festverzinsliche Schuld umgewandelt. Es wird daher von einer möglichen Erhöhung des EURIBOR nicht mehr belastet.

5. Um den Effektivzins des angebotenen Kredits zu bestimmen, kann das Verfahren der linearen Interpolation verwendet werden. Zuvor ist aber der Zahlungsstrom des Kredits zu bestimmen. Aus den Angaben in der Aufgabenstellung lässt sich der folgende Zahlungsstrom ermitteln:

Zeitpunkt	0	1	2
Cashflow	−14.100	1.200	16.200

Für die Anwendung der linearen Interpolation sind für zwei Versuchszinssätze die Barwerte der Rückflüsse zu bestimmen. Die Zinssätze sind in der Aufgabenstellung mit 11% und 12% gegeben.

$$BW_A = 1.200 \cdot (1,11)^{-1} + 16.200 \cdot (1,11)^{-2}$$

$$= 14.229,36 \text{ EUR}$$

Dieser Wert ist größer als der Auszahlungsbetrag.

$$BW_B = 1.200 \cdot (1,12)^{-1} + 16.200 \cdot (1,12)^{-2}$$

$$= 13.985,97 \text{ EUR}$$

Dieser Wert ist kleiner als der Auszahlungsbetrag. Die Bedingung für die Anwendung der linearen Interpolation sind erfüllt, sodass folgende Formel zur Anwendung kommen kann:

$$i_{\textit{eff}} = i_A + (i_B - i_A) \cdot \frac{BW_A - K_0}{BW_A - BW_B}$$

Mit den bisher errechneten Werten lässt sich für den Effektivzinssatz des Kredits ein Wert von

$$i_{\textit{eff}} = 0,11 + (0,12 - 0,11) \cdot \frac{14.229,36 - 14.100}{14.229,36 - 13.985,97}$$

$$= 0,11 + 0,01 \cdot 0,5315$$

$$= 0,1153 = 11,53\%$$

berechnen.

6. Der Effektivzins eines Kredits hängt vom Auszahlungskurs, der Tilgungsvereinbarung und der Nominalverzinsung ab. Eine Erhöhung des Disagios führt bei ansonsten unveränderten Einflussfaktoren zu einer Erhöhung des Effektivzinssatzes.

7. Um beurteilen zu können, ob das Angebot des Bankhauses fair ist, kann der Barwert der Anleihe berechnet werden. Hierzu ist zunächst der Cashflow aufzustellen. Aus den gegebenen Daten lässt sich der Cashflow wie folgt bestimmen:

Zeitpunkt	1	2	3	4	5
Cashflow	6.000	6.000	6.000	6.000	106.000

Dieser Cashflow ist mit dem Bewertungszinssatz von 7% abzuzinsen.

$$BW = \sum_{t=1}^{n} CF_t \cdot (1+0,07)^{-t}$$

$$= 6.000 \cdot (1,07)^{-1} + 6.000 \cdot (1,07)^{-2} + 6.000 \cdot (1,07)^{-3}$$

$$= +6.000 \cdot (1,07)^{-4} + 106.000 \cdot (1,07)^{-5}$$

$$= 95.899,80 \text{ EUR}$$

Bezogen auf den Nominalwert entspricht dies einem Preis von

$$\frac{95.899,80}{100.000} = 95,90\%.$$

Der vom Bankhaus aufgerufene Preis in Höhe von 96,00% entspricht ungefähr diesem Wert und ist damit als fair einzustufen.

8. Herr Neureich hat die Aktie mit dem niedrigeren Erwartungswert der Rendite ausgewählt. Er kann also nicht risikoindifferent sein, denn dann hätte er die Aktie mit dem höheren Renditeerwartungswert gewählt. Als risikoaverser Anleger würde er bei steigendem Risiko auch eine steigende Rendite erwarten. Im Vergleich der beiden Aktien hätte er sich also für Aktie A entscheiden müssen. Herr Neureich hat sich für die Aktie mit dem niedrigeren Erwartungswert der Rendite, aber dem höheren erwarteten Risiko entschieden. Er ist also ein risikofreudiger Anleger.

9. Optionen sind bedingte Termingeschäfte. Hinsichtlich der Erfüllung besteht von Seiten des Inhabers ein Ausübungswahlrecht, das er nur dann wahrnehmen wird, wenn sich die Ausübung für ihn wirtschaftlich lohnt. Ansonsten wird er die Option verfallen lassen und das Geschäft nicht erfüllen. Im Gegensatz dazu handelt es sich bei einem Future um ein unbedingtes Termingeschäft. Hier besteht für beide Vertragspartner eine unbedingte Erfüllungspflicht, das Geschäft muss also erfüllt werden.

10. Herr Neureich benötigt eine Position, die bei steigenden Zinsen einen Wertzuwachs generiert. Insofern sollte er eine Short-Future-Position aufbauen. Diese enthält die unbedingte Verpflichtung, den Basiswert (hier: die Anleihe) zu einem im Voraus festgelegten Preis zu verkaufen. Sollte der Preis der Anleihe tatsächlich sinken, erzielt Herr Neureich aus dem Short Future einen Gewinn, mit dem er den Verlust aus der Anleihe ausgleichen kann. Sofern er die Anleihe tatsächlich verkaufen möchte, kann er dies mithilfe des Futures tun und dadurch den im Future vereinbarten (höheren) Preis realisieren und ist ebenfalls gegen den sinkenden Anleihepreis abgesichert.

11. Die nachfolgende Tabelle zeigt die gewünschte Übersicht.

	Käufer (zahlt Optionsprämie, aktives Entscheidungsrecht)	Verkäufer (erhält Optionsprämie, passive Verpflichtung)
Kaufoption (Call)	Käufer einer Kaufoption Recht auf Bezug von Wertpapieren	Stillhalter in Wertpapieren Pflicht, Wertpapiere zu liefern
Verkaufsoption (Put)	Käufer einer Verkaufsoption Recht auf Abgabe von Wertpapieren	Stillhalter in Geld Pflicht, Wertpapiere zu kaufen

5.3.2   Lösungsvorschläge zu den Fallstudien

1. Barwertrechnung

   (a) Die Bestimmung der Zerobond-Abzinsfaktoren erfolgt mithilfe der retrograden Abzinsung. Die nachfolgenden Tabellen zeigen die Berechnungen für den zweijährigen und den dreijährigen *ZBAF* analog zu dem im Text ausführlich erläuterten Beispiel. Zunächst wird der dreijährige *ZBAF* berechnet.

Zeitpunkt	0	1	2	3
Zinssatz		2,30%	2,50%	2,70%
Zerobond-Cashflow		0,0000	0,0000	1,000
G1: 3jährige Kreditaufn. zu 2,7%	0,9737	−0,0263	−0,0263	−1,0000
			−0,0263	0,0000
G2: 2jährige Geldanlage zu 2,5%	−0,0256	0,0006	0,0263	
		−0,0256	0,0000	
G3: 1jährige Geldanlage zu 2,3%	−0,0251	0,0256		
	0,9230	0,0000		

   Der Dreijahres-*ZBAF* beträgt 0,9230. Daraus ableitbar ist eine Zerobondrendite von

$$ZBR_{0,3} = \sqrt[3]{\frac{1}{0,9230}} - 1 = 0,027069 = 2,7069\%$$

   Die nächste Tabelle zeigt die Ermittlung des zweijährigen *ZBAF*.

Zeitpunkt	0	1	2
Zinssatz		2,30%	2,50%
Zerobond-Cashflow		0,0000	1,0000
G1: 2jährige Kreditaufnahme zu 2,5%	0,9756	−0,0244	−1,0000
		−0,0244	0,0000
G2: 1jährige Geldanlage zu 2,3%	−0,0238	0,0244	
	0,9518	0,0000	

   Der Zweijahres-*ZBAF* beträgt 0,9518. Auch hierfür ist die zugehörige Zerobondrendite leicht bestimmbar:

$$ZBR_{0,2} = \sqrt{\frac{1}{0,9518}} - 1 = 0,025008 = 2,5008\%$$

   Der Einjahres-*ZBAF* beträgt 1/1,023 = 0,9775, die Zerobondrendite dementsprechend 2,3000%. Die folgende Tabelle zeigt eine Zusammenfassung der bisherigen Ergebnisse.

Laufzeit	1	2	3
Kuponzinssätze	2,300%	2,500%	2,700%
$ZBAF_t$	0,9775	0,9518	0,9230
ZBR_t	2,3000%	2,5008%	2,7069%

   (b) Die gegebene Zinsstrukturkurve enthält Daten für eine Laufzeit von maximal drei Jahren. Dementsprechend müssen auch alle Forward Geschäfte in spätestens drei Jahren beendet sein. Bezüglich der Forward Rates sind demnach folgende Zinssätze berechenbar: Für Geschäfte, die in einem Jahr beginnen, kann die Laufzeit ein oder zwei Jahre betragen, gesucht sind also $FR_{1,1}$ und $FR_{1,2}$. Darüber hinaus kann aus der gegebenen Zinsstrukturkurve noch die $FR_{2,1}$ berechnet werden, also der Zinssatz für ein in zwei Jahren beginnendes Geschäft mit einem Jahr Laufzeit.

(c) Unter Verwendung der bisherigen Ergebnisse lassen sich die Forward Rates durch einen Vergleich der jeweils mit den Zerobondrenditen aufgezinsten Basiswerten für die verschiedenen Laufzeiten berechnen. Um die $FR_{2,1}$ zu berechnen, werden die beiden Endwerte für 2 und 3 Jahre berechnet und anschließend zueinander in Beziehung gesetzt.

$$FR_{2,1} = \frac{100 \cdot 1,027069^3}{100 \cdot 1,025008^2} - 1 = 0,031203 = 3,1203\%$$

Analog lassen sich die beiden anderen Forward Rates berechnen. Anzumerken ist, dass auf die Annahme eines Basisbetrages für die Aufzinsung (hier 100) natürlich verzichtet werden kann, da er sowohl im Zähler als auch im Nenner steht.

$$FR_{1,1} = \frac{1,025008^2}{1,023} - 1 = 0,027020 = 2,7020\%$$

$$FR_{1,2} = \sqrt{\frac{1,027069^3}{1,023}} - 1 = 0,029110 = 2,9110\%$$

Alle geforderten Daten liegen damit vor.

2. Portfoliotheorie nach Markowitz

   (a) Für die Berechnung der einzelnen Werte kann die direkt auf die im Text angegebenen Formeln zur Berechnung von Risiko und Rendite zurückgegriffen werden.

   $$\mu_P = 60\% \cdot 2,5\% + 40\% \cdot 9,5\% = 5,30\%$$

   $$\sigma_P = \sqrt{60\%^2 \cdot 39\%^2 + 40\%^2 \cdot 50\%^2 + 2 \cdot 0,5 \cdot 60\% \cdot 40\% \cdot 39\% \cdot 50\%}$$
   $$= 37,62\%$$

   Das Portfolio aus 60% Tee und 40% Hesse weist eine Rendite von 5,30% und eine Standardabweichung von 37,62% auf.

   (b) Bei dieser Problemstellung ist die Portfoliorendite gegeben, die Anteile der beiden Wertpapiere sind gesucht. Die Formel zur Berechnung der Portfoliorendite muss daher mit den Variablen der Anteile der beiden Aktien formuliert und dann nach dem Anteil aufgelöst werden. Dabei kann der Anteil des zweiten Wertpapiers durch $(1 - a)$ ersetzt werden:

   $$\mu_P = a \cdot \mu_A + (1 - a) \cdot \mu_B$$

   Bei den gegebenen Zahlen lässt sich die Gleichung dann wie folgt lösen:

   $$6\% = a \cdot 2,5\% + (1 - a) \cdot 9,5\%$$

   $$= a \cdot 2,5\% + 9,5\% - a \cdot 9,5\% \quad | - 9,5\%$$

   $$-3,5\% = a \cdot 2,5\% - a \cdot 9,5\%$$

   $$-3,5\% = a \cdot (-7\%) \quad | : (-7\%)$$

$$\frac{-3,5\%}{-7\%} = a$$

$$0,5 = a = 50\%$$

Der Anteil von Tee beträgt also 50%. Da der Anteil von Hesse gleich $1 \check{} a$ ist, liegt auch der Anteil von Hesse bei 50%. Ein Portfolio aus 50% Tee und 50% Hesse liefert eine Rendite von 6%. Das Risiko dieses Portfolios liegt bei

$$\sigma_P = \sqrt{50\%^2 \cdot 39\%^2 + 50\%^2 \cdot 50\%^2 + 2 \cdot 0,5 \cdot 50\% \cdot 50\% \cdot 39\% \cdot 50\%}$$

$$= 38,64\%$$

3. Optimierung des Portfolios

    (a) Für das vorgeschlagene Portfolio lassen sich Rendite und Risiko nach den bekannten Formeln des Zwei-Wertpapier-Portfolios berechnen. Die Rendite beträgt

$$\mu_P = 10\% \cdot 9\% + 90\% \cdot 7\% = 7,2\%$$

Die Berechnung der Standardabweichung des Portfolios ist nachfolgend dargestellt.

$$\sigma_P = \sqrt{10\%^2 \cdot 30\%^2 + 90\%^2 \cdot 22\%^2 + 2 \cdot 0,5 \cdot 10\% \cdot 90\% \cdot 30\% \cdot 22\%}$$

$$= 21,46\%$$

Ein Portfolio aus 10% Schrott und 90% Gießerei weist eine Rendite von 7,2% und eine Standardabweichung von 21,46% auf.

    (b) Da in der bisherigen Betrachtung nur das eine Portfolio berechnet wurde, kann keine Aussage hinsichtlich der Effizienz dieses Portfolios getroffen werden.

    (c) Im Fall einer perfekt negativen Korrelation ist der Korrelationskoeffizient −1 und die Formel zur Berechnung des Portfoliorisikos vereinfacht sich zu

$$\sigma_P = |x_A \cdot \sigma_A - (1 - x_A) \cdot \sigma_B|$$

Hier wurde die Frage nach dem Null-Risiko-Portfolio gestellt, d. h. die Standardabweichung des Portfolios soll Null sein.

$$0 = |x_A \cdot \sigma_A - (1 - x_A) \cdot \sigma_B|$$

Gesucht sind die Anteile der beiden Wertpapiere, die diese Bedingung erfüllen. Die Formel muss daher nach x_A aufgelöst werden. Zur besseren Übersichtlichkeit werden bei der Umformung die Betragsstriche weggelassen.

$$0 = x_A \cdot \sigma_A - (1 - x_A) \cdot \sigma_B$$

$$0 = x_A \cdot \sigma_A - \sigma_B - x_A \cdot \sigma_B$$

$$0 = x_A \cdot (\sigma_A + \sigma_B) - \sigma_B \quad | + \sigma_B$$

$$\sigma_B = x_A \cdot (\sigma_A + \sigma_B) \quad |/(\sigma_A + \sigma_B)$$

$$\frac{-\sigma_B}{(\sigma_A - \sigma_B)} = x_A$$

Mit den Daten der Aufgabe lässt sich x_A berechnen.

$$\frac{0,22}{(0,30 + 0,22)} = x_A = 42,31\%$$

Der Anteil der Schrott AG am Null-Risiko-Portfolio beträgt also 42,31%, der Anteil der Gießerei AG liegt dann bei

$$x_B = 1 - x_A = 1 - 0,4231 = 0,5769 = 57,69\%.$$

Die Rendite des Null-Risiko-Portfolios kann mit den Anteilen ebenfalls berechnet werden.

$$\mu_P = 42,31\% \cdot 9\% + 57,69\% \cdot 7\% = 7,85\%$$

Das Portfolio weist eine Rendite von 7,85% auf.

4. Optionsbewertung

   (a) Da das Unternehmen die Aktien in einem Jahr zu einem möglichst günstigen Preis erwerben möchte, ist hier der Kauf von Kaufoptionen die richtige Alternative. Das Unternehmen muss eine sogenannte Long Call Position aufbauen.

   (b) Für die Berechnung des Callpreises mithilfe des Binomialmodells kann direkt auf die im Text angegebenen Formel zurückgegriffen werden:

$$C_0 = \frac{C_{1u} - C_{1d}}{K_{1u} - K_{1d}} \cdot \left(K_0 - \frac{K_{1d}}{1 + r_f}\right) + \frac{C_{1d}}{1 + r_f}$$

Mit den gegeben Daten lässt sich der Callpreis berechnen.

$$C_0 = \frac{5 - 0}{55 - 45} \cdot \left(50 - \frac{45}{1,02}\right) + \frac{0}{1,02}$$

$$= 2,94 \text{ EUR}$$

Mit den gegebenen Daten müsste ein Call einen Wert von 2,94 EUR aufweisen.

   (c) Zur Anwendung des Black-Scholes-Modells müssen die gegebenen Werte in die Formeln zur Wertbestimmung eines Calls eingesetzt werden.

$$C = K \cdot N(d_1) - X \cdot e^{-r_f \cdot t} \cdot N(d_2)$$

mit

$$d_1 = \frac{\ln \frac{K}{X} + \left(r_f + \frac{\sigma^2}{2}\right) \cdot t}{\sigma \cdot \sqrt{t}}$$

und

$$d_2 = d_1 - \sigma \cdot \sqrt{t}.$$

Für d_1 und d_2 lassen sich somit

$$d_1 = \frac{\ln \frac{50}{50} + \left(0,02 + \frac{0,0091}{2}\right) \cdot 1}{0,095 \cdot \sqrt{1}}$$

$$= \frac{0,02455}{0,095}$$

$$= 0,2584$$

und

$$d_2 = 0,2584 - 0,095 \cdot \sqrt{1}$$

$$= 0,1634$$

berechnen. Die Werte für $N(d_1)$ und $N(d_2)$ sind der Tabelle in der Aufgabenstellung zu entnehmen. Sie betragen $N(d_1) = 0,6026$ und $N(d_2) = 0,5636$, sodass der Wert eines Calls nach dem Black-Scholes-Modell wie folgt berechnet werden kann:

$$C = 50 \cdot 0,6026 - 50 \cdot e^{-0,02 \cdot 1} \cdot 0,5636$$

$$= 2,51 \text{ EUR}$$

Der Unterschied zum Callpreis gemäß Binomialmodell in Aufgabenteil (b) ergibt sich aus den verschiedenen Aktienkursverlaufshypothesen. Während das Binomialmodell mit nur zwei möglichen Aktienkursen argumentiert, liegt beim Black-Scholes-Modell ein kontinuierlicher Aktienkursverlauf zugrunde.

(d) Der innere Wert der Option ist derjenige Wert, der bei sofortiger Ausübung der Option realisiert werden könnte. Beim Call ergibt er sich als Differenz aus Aktienkurs und Basispreis, mit den hier gegeben Daten ergibt sich ein innerer Wert in Höhe von

$$52 - 50 = 2 \text{ EUR.}$$

Da der Zeitwert die Differenz zwischen dem Optionspreis und dem inneren Wert darstellt, lässt sich bei einem Optionspreis von 3,05 EUR der Zeitwert als

$$3,05 - 2,00 = 1,05 \text{ EUR}$$

berechnen. Da Aktienkurs über dem Basispreis liegt, ist die Option im Geld.

5.4 Grundlagen

5.4.1 Lösungsvorschläge zu den Aufgaben

1. (a) Der Faktor 3 darf vor das Summenzeichen gezogen werden, der Ausdruck in der Klammer ist jeweils vor der Addition zu berechnen.

$$\sum_{i=5}^{8} 3 \cdot (3 \cdot i - 1)$$

$$= 3 \cdot \sum_{i=5}^{8} (3 \cdot i - 1)$$

$$= 3 \cdot (14 + 17 + 20 + 23)$$

$$= 3 \cdot 74$$

$$= 222$$

(b) Hier ist zu berücksichtigen, dass der Subtrahend -2 nach der Klammer bei der Summenbildung nicht berücksichtigt wird!

$$2 \cdot \sum_{i=1}^{3} i^2 - 2$$

$$2 \cdot (1^2 + 2^2 + 3^2) - 2$$

$$2 \cdot (1 + 4 + 9) - 2$$

$$= 26$$

(c) Der Klammerausdruck wird jeweils vor der Multiplikation mit 2 berechnet. Im Anschluss ist das Produkt der vier Element zu bilden.

$$\prod_{i=0}^{3} 2 \cdot (2 \cdot i - 1)$$

$$= (-2 \cdot 2 \cdot 6 \cdot 10)$$

$$= -240$$

(d) Dividieren erfolgt bei Brüchen, indem mit dem Kehrwert multipliziert wird. In diesem Beispiel kann das Ergebnis außerdem noch gekürzt werden.

$$\frac{1}{4} : \frac{1}{2}$$

$$= \frac{1}{4} \cdot \frac{2}{1} = \frac{2}{4} = \frac{1}{2}$$

(e) Bei dieser Multiplikation sind keine Besonderheiten zu berücksichtigen. In der Regel werden Brüche so weit wie möglich gekürzt.

$$\frac{5}{2} \cdot \frac{10}{7}$$

$$= \frac{50}{14} = \frac{25}{7}$$

(f) Bei der Multiplikation eines Bruches mit einer natürlichen Zahl ist nur der Zähler des Bruches betroffen.

$$\frac{3}{8} \cdot 5$$

$$= \frac{3 \cdot 5}{8} = \frac{15}{8}$$

Anmerkung:

$$5 = \frac{5}{1}$$

(g) Um Addieren zu können, müssen beide Brüche den gleichen Nenner haben. Der kleinste gemeinsame Nenner ist im Beispiel 15. Daher muss der erste Bruch mit 3, der zweite mit 5 erweitert werden.

$$\frac{7}{5} + \frac{2}{3}$$

$$= \frac{7 \cdot 3}{5 \cdot 3} + \frac{2 \cdot 5}{3 \cdot 5}$$

$$= \frac{21}{15} + \frac{10}{15} = \frac{31}{15}$$

(h) Hier werden die Exponenten zur Berechnung addiert.

$$2^3 \cdot 2^2$$

$$= 2^{3+2} = 2^5 = 32$$

(i) Steht im Exponent ein Bruch, so handelt es sich lediglich um eine andere Schreibweise für das Radizieren (Wurzelziehen).

$$81^{\frac{1}{2}}$$

$$= \sqrt{81} = 9$$

(j) Bei diesem Ausdruck muss die Basis quadriert werden, bevor die dritte Wurzel zu ziehen ist.

$$6^{\frac{2}{3}}$$

$$= \sqrt[3]{6^2} = \sqrt[3]{36} = 3,30$$

(k) Bei gleichem Exponenten in einem Produkt von unterschiedlichen Zahlen können zunächst die Zahlen multipliziert werden.

$$3^2 \cdot 2^2$$

$$= (3 \cdot 2)^2 = 6^2 = 36$$

(l) Für diese Division werden zunächst Zähler und Nenner ausgerechnet. Eine Vereinfachung des Bruches ist nur mit viel Erfahrung möglich.

$$\frac{4^3}{4.096^{\frac{1}{4}}}$$

$$= \frac{64}{\sqrt[4]{4.096}} = \frac{64}{8} = 8$$

(m) Bei Division zweier Exponentialausdrücke mit der gleichen Basis werden die beiden Exponenten voneinander abgezogen.

$$\frac{5^3}{5^5}$$

$$= 5^{3-5} = 5^{-2} = \frac{1}{5^2} = \frac{1}{25}$$

(n) Dieser Term sieht auf den ersten Blick sehr kompliziert aus, bei genauerer Betrachtung ist allerdings zu erkennen, dass der erste und der letzte Ausdruck in der Klammer jeweils 12 ergibt, allerdings mit umgekehrtem Vorzeichen. Es verbleibt eine einfache Rechnung als Ergebnis.

$$\left(3 \cdot 4 + 3^4 - 144^{\frac{1}{2}}\right)^{\frac{1}{4}}$$

$$= (12 + 81 - 12)^{\frac{1}{4}} = \sqrt[4]{81} = 3$$

oder

$$= (12 + 3^4 - 12)^{\frac{1}{4}} = 3^{4 \cdot \frac{1}{4}} = 3$$

2. (a) Wenn Ergebnis und Exponent bekannt sind, kann die Lösung durch Wurzelziehen bestimmt werden.

$$x^4 = 256$$

$$\Rightarrow x = \sqrt[4]{256} = 256^{\frac{1}{4}} = 4$$

(b) Hier sind Basis und Ergebnis bekannt, der Exponent ist gesucht. Solche Probleme werden mithilfe des Logarithmierens gelöst.

$$5^x = 625$$

$$\Rightarrow x = \log_5 625 = 4$$

$$(denn \quad 5^4 = 625)$$

(c) Das gleiche Problem wie in (b), allerdings ist die Basis die Eulersche Zahl. Daher kann auf den natürlichen Logarithmus zurückgegriffen werden.

$$e^x = 1,075$$

$$\Rightarrow x = \ln 1,075 = 0,0723$$

(d) Diese Gleichung wird nach Umformung in die Normalform einer quadratischen Gleichung mithilfe der p-q-Formel gelöst.

$$2 \cdot x^2 + 3 \cdot x - 4 = 0$$

$$2 \cdot x^2 + 3 \cdot x - 4 = 0 \quad | : 2$$

$$x^2 + 1,5 \cdot x - 2 = 0$$

In dieser Gleichung sind $p = 1,5$ und $q = -2$. Die Anwendung der p-q-Formel ergibt:

$$x_{1,2} = -\frac{p}{2} \pm \sqrt{\frac{p^2}{4} - q}$$

$$= -\frac{1,5}{2} \pm \sqrt{\frac{1,5^2}{4} - (-2)}$$

$$= -0,75 \pm 1,6$$

$$x_1 = -0,75 + 1,6 = 0,85$$

$$x_2 = -0,75 - 1,6 = -2,35$$

5.4.2   Lösungsvorschläge zu den Fallstudien

1. Analyse der Kaffeefahrt

(a) Die Gesamtkosten bestehen aus den fixen und den variablen Kosten. Fixe Kosten entstehen unabhängig von der Anzahl der Teilnehmer in Höhe der Busmiete. Variable Kosten resultieren in diesem Beispiel aus dem Einkauf der Verpflegung und Geschenke für jeden Teilnehmer. Werden die Gesamtkosten mit K, die Fixkosten mit K_{fix}, die variablen Stückkosten mit k_{var} und die Anzahl der Teilnehmer mit x bezeichnet, lassen sich die Gesamtkosten wie folgt beschreiben:

$$K = K_{fix} + x \cdot k_{var}$$

$$K = 3.500 + x \cdot 0,90$$

Die variablen Kosten sind in den Gesamtkosten schon enthalten. Als separate Funktion sind die variablen Gesamtkosten K_{var} wie folgt darzustellen:

$$K_{var} = x \cdot k_{var}$$

$$K_{var} = x \cdot 0,9$$

Der Gewinn G entspricht den Erlösen E abzüglich der Gesamtkosten.

$$G = E - K$$

Die Erlöse werden als Produkt aus Teilnehmerzahl und Verkaufspreis p berechnet.

$$E = x \cdot p$$

$$E = x \cdot 15,90$$

Werden die einzelnen Elemente zusammengefasst, sieht die Gewinnfunktion wie folgt aus:

$$G = x \cdot 15,90 - (3.500 + x \cdot 0,90)$$

Diese Darstellung lässt sich noch etwas vereinfachen.

$$G = x \cdot 15,90 - x \cdot 0,90 - 3.500$$

$$G = x \cdot 15 - 3.500$$

(b) Für eine Auslastung von 52 Fahrgästen lässt sich das Ergebnis aus der Gewinnfunktion leicht ermitteln.

$$G = 52 \cdot 15 - 3.500 = -2.720$$

Bei 52 Fahrgästen würde das Unternehmen ohne den Verkauf der Heizdecken einen Verlust in Höhe von 2.720 EUR erwirtschaften.

(c) Bei einem Einkaufspreis von 30 EUR und einem Verkaufspreis von 200 EUR verdient das Unternehmen an jeder Heizdecke 170 EUR. Es müssen so viele Heizdecken verkauf werden, dass die 2.720 EUR Verlust kompensiert werden können. Wird die Anzahl der Heizdecken mit der Variablen a bezeichnet, so lässt sich diese Überlegung mathematisch formulieren:

$$a \cdot 170 = 2.720$$

$$a = \frac{2.720}{170} = 16$$

Bei einem Verkauf von 16 Heizdecken erreicht das Unternehmen die Gewinnschwelle.

(d) Die Berücksichtigung des Heizdeckenverkaufs in der Gewinnfunktion führt zu folgender Veränderung gegenüber der ersten Variante:

$$G = x \cdot 15 + 0,4 \cdot x \cdot 170 - 3.500$$

$$G = x \cdot (15 + 0,4 \cdot 170) - 3.500$$

$$G = x \cdot (15 + 68) - 3.500$$

$$G = x \cdot 83 - 3.500$$

Dabei repräsentiert der Faktor $0,4 \cdot x$ die 40% der Reisenden, die erfahrungsgemäß eine Heizdecke erwerben.

2. Aus der Beschreibung in der Aufgabenstellung geht zunächst einmal hervor, dass zwei Kegelbrüder eine bestimmte Menge Bier B in sechs Stunden verzehren möchten. Dies tun sie mit einer nicht genannten durchschnittlichen Menge pro Stunde M. Diese Daten können als Gleichung formuliert werden:

$$B = 2 \cdot 6 \cdot M \quad (1)$$

Wenn vier weitere Kegelbrüder dazukommen, soll die Biermenge drei Stunden reichen, d. h. die beiden ersten Kegelbrüder trinken jetzt auch nur noch drei Stunden, ihr Bierkonsum kann dann als

$$2 \cdot 3 \cdot M$$

beschrieben werden. Die vier nachkommenden Kegelbrüder trinken nicht die gesamten drei Stunden mit, sondern einen kürzeren Zeitraum, der formal als $(3 - t)$ ausgedrückt werden kann. Diese vier trinken also die folgenden Menge:

$$4 \cdot (3 - t) \cdot M$$

Alle sechs zusammen verzehren in den drei Stunden den gesamten Biervorrat.

$$B = 2 \cdot 3 \cdot M + 4 \cdot (3 - t) \cdot M \quad (2)$$

Da die Biermenge gegeben ist, können die beiden Gleichungen (1) und (2) gleichgesetzt werden.

$$2 \cdot 6 \cdot M = 2 \cdot 3 \cdot M + 4 \cdot (3 - t) \cdot M$$

Diese Gleichung kann in mehreren Schritten vereinfacht und nach t aufgelöst werden.

$$2 \cdot 6 \cdot M = 2 \cdot 3 \cdot M + 4 \cdot (3 - t) \cdot M \quad | : M$$

$$2 \cdot 6 = 2 \cdot 3 + 4 \cdot (3 - t)$$

$$12 = 6 + 12 - 4 \cdot t \quad | - 12, +4 \cdot t$$

$$4 \cdot t = 6 \quad | : 4$$

$$t = \frac{6}{4} = 1,5$$

Der Biervorrat reicht für drei Stunden, wenn die Nachzügler frühestens nach 1,5 Stunden ankommen.

3. Renditestruktur

   (a) Zusammenstellung der Zahlungsströme

   Unter der vereinfachenden Annahme, dass alle Anleihen ein Nominalvolumen von 100 EUR aufweisen, lassen sich aus den gegebenen Daten die folgenden Zahlungsströme für die drei Anleihen aufstellen:

Anleihe	Barwert	Cashflow in t = 1	2	3
1	103,84	5	105	
2	99,04	2,5	102,5	
3	97,18	2,5	2,5	102,5

(b) Aufstellen der Gleichungen

Die Zahlungsströme der drei Anleihen lassen sich durch drei Gleichungen darstellen, in denen jeweils die Zerobond-Abzinsfaktoren als unbekannte Größen enthalten sind. Hieraus resultiert ein lineares Gleichungssystem aus drei Gleichungen mit drei Unbekannten.

$$103,84 = 5 \cdot ZBAF_1 + 105 \cdot ZBAF_2$$

$$99,04 = 2,5 \cdot ZBAF_1 + 102,5 \cdot ZBAF_2$$

$$97,18 = 2,5 \cdot ZBAF_1 + 2,5 \cdot ZBAF_2 + 102,5 \cdot ZBAF_3$$

(c) Lösen des Gleichungssystems

Bezogen auf den $ZBAF_1$ ist die erste Gleichung das 2-fache der zweiten Gleichung, daher bietet sich das Additionsverfahren an. Zunächst wird die zweite Gleichung mit -2 multipliziert.

$$99,04 = 2,5 \cdot ZBAF_1 + 102,5 \cdot ZBAF_2 \quad | \cdot -2$$

$$-198,08 = -5 \cdot ZBAF_1 - 205 \cdot ZBAF_2$$

Im Anschluss wird das Ergebnis zur ersten Gleichung addiert.

$$103,84 = 5 \cdot ZBAF_1 + 105 \cdot ZBAF_2$$

$$\underline{+(-198,08 = -5 \cdot ZBAF_1 - 205 \cdot ZBAF_2)}$$

$$-94,24 = -100 \cdot ZBAF_2$$

Diese Gleichung kann durch äquivalentes Umformen nach dem $ZBAF_2$ aufgelöst werden.

$$-94,24 = -100 \cdot ZBAF_2 \quad | : -100$$

$$0,9424 = ZBAF_2$$

Der Zerobond-Abzinsfaktor für eine zweijährige Laufzeit beträgt somit 0,9424. Dieses Ergebnis kann jetzt beispielsweise in die erste Gleichung eingesetzt werden, um den Ein-Jahres-Zerobond-Abzinsfaktor zu bestimmen.

$$103,84 = 5 \cdot ZBAF_1 + 105 \cdot 0,9424$$

$$= 5 \cdot ZBAF_1 + 98,952 \quad | - 98,952$$

$$0,9776 = ZBAF_1$$

Damit wurde der $ZBAF_1$ zu 0,9776 berechnet. In Verbindung mit dem vorherigen Ergebnis kann über die dritte Gleichung der $ZBAF_3$ ermittelt werden.

$$97,18 = 2,5 \cdot 0,9776 + 2,5 \cdot 0,9424 + 102,5 \cdot ZBAF_3$$

$$97,18 = 2,444 + 2,356 + 102,5 \cdot ZBAF_3 \quad | - 2,444 - 2,356$$

$$92,38 = 102,5 \cdot ZBAF_3 \quad | : 102,5$$

$$0,9013 = ZBAF_3$$

Mit diesem Ergebnis steht auch der dritte Zerobondabzinsfaktor fest.

(d) Berechnung der Zerobondrenditen

Die Zerobondrenditen werden nach der in der Aufgabenstellung angegebenen Formel berechnet. Danach lassen sich die folgenden Zerobondrenditen ermitteln:

Ein-Jahres-Zerobond-Abzinsfaktor

$$0,9776 \cdot (1 + ZBR_1) = 1$$

$$1 + ZBR_1 = \frac{1}{0,9776}$$

$$ZBR_1 = 0,0229 = 2,29\%$$

Zwei-Jahres-Zerobond-Abzinsfaktor

$$0,9424 \cdot (1 + ZBR_2)^2 = 1$$

$$(1 + ZBR_2)^2 = \frac{1}{0,9424}$$

$$1 + ZBR_2 = \sqrt{1,0611}$$

$$ZBR_2 = 0,0301 = 3,01\%$$

Drei-Jahres-Zerobond-Abzinsfaktor

$$0,9013 \cdot (1 + ZBR_3)^3 = 1$$

$$(1 + ZBR_3)^3 = \frac{1}{0,9013}$$

$$1 + ZBR_3 = \sqrt[3]{1,1095}$$

$$ZBR_3 = 0,0352 = 3,52\%$$

Die Renditestruktur (ausgedrückt durch Zerobondrenditen) hat also das folgende Aussehen:

Laufzeit	1 Jahr	2 Jahre	3 Jahre
Zinssatz	2,29%	3,01%	3,52%

Literaturverzeichnis

[1] Bamberg, G./Baur, F.: Statistik, 17. Auflage, München/Wien 2012.

[2] Bieg, H. (1998a): Finanzmanagement mit Optionen, in: Der Steuerberater 1998, S. 18–25.

[3] Bieg, H. (1998b) Finanzmanagement mit Swaps, in: Der Steuerberater 1998, S. 65–71.

[4] Bieg, H./Kußmaul, H.: Investitions- und Finanzierungsmanagement, Bd.3, Finanzwirtschaftliche Entscheidungen, München 2000.

[5] Bieg, H./Kußmaul, H.: Finanzierung, 2. Auflage, München 2009.

[6] Bleymüller, J./Gehlert, G./Gülicher, H.: Statistik für Wirtschaftswissenschaftler, 15. Auflage, München 2008.

[7] Bruns, C./Meyer-Bullerdiek, F. Professionelles Portfoliomanagement: Aufbau, Umsetzung und Erfolgskontrolle strukturierter Anlagestrategien, 5. Auflage, Stuttgart 2013.

[8] Cremers, H.: Mathematik für Wirtschaft und Finanzen I, Frankfurt 2002.

[9] Eckey, H.-F./Kosfeld, R./Dreger, C.: Statistik: Grundlagen – Methoden – Beispiele, 5. Auflage, Wiesbaden 2008.

[10] Hippmann, H.-D.: Statistik für Wirtschafts- und Sozialwissenschaftler, 3. Auflage, Stuttgart 2003.

[11] Hölscher, R./Kalhöfer, C.: Mathematische Grundlagen, Finanzmathematik und Statistik für Bankkaufleute, 2. Auflage, Wiesbaden 2001.

[12] Hull, J.C.: Optionen, Futures und andere Derivate, 8. Auflage, München 2012.

[13] Jutz, M. 1989 Swaps und Financial Futures und ihre Abbildung im Jahresabschluß, in: Küting, K./Wöhe, G. (Hrsg.): Schriftenreihe zur Bilanz- und Steuerlehre, Band 5, Stuttgart 1989 (Diss.).

[14] Knippschild, M.: Controlling von Zins- und Währungsswaps in Kreditinstituten, Frankfurt 1991.

[15] Knorrenschild, M.: Vorkurs Mathematik: Ein Übungsbuch für Fachhochschulen, 4. Auflage, Leipzig 2013.

[16] Kruschwitz, L.: Finanzmathematik: Lehrbuch der Zins-, Renten-, Tilgungs-, Kurs- und Renditerechnung, 5. Auflage, München 2010.

[17] Martin, T.: Finanzmathematik: Grundlagen –Prinzipien –Beispiele, 3. Auflage, Leipzig 2014.

[18] Perridon, L./Steiner, M./Rathgeber, A.: Finanzwirtschaft der Unternehmung, 29. Auflage, München 2012.

[19] Pflaumer, P./Heine, B./Hartung, J.: Statistik für Wirtschafts- und Sozialwissenschaften: Deskriptive Statistik, 3. Auflage, München/Wien 2001.

[20] Rudolph, B./Schäfer, K.: Derivative Finanzmarktinstrumente, 2. Auflage, Heidelberg u. a. 2010.

[21] Schierenbeck, H./Hölscher, R.: BankAssurance, Institutionelle Grundlagen der Bank- und Versicherungsbetriebslehre, 4. Aufl., Stuttgart 1998.

[22] Schierenbeck, H./Wöhle, C.B.: Grundzüge der Betriebswirtschaftslehre, 18. Auflage 2012.

[23] Schira, J.: Statistische Methoden der VWL und BWL – Theorie und Praxis, 4. Auflage, München 2012.

[24] Schulte, K.-W.: Wirtschaftlichkeitsrechnung, 4. Auflage, Heidelberg, Wien 1986.

[25] Schwarze, J.: Grundlagen der Statistik I – Beschreibende Verfahren, 18. Auflage, Herne, Berlin 2014.

[26] Sender, G.: Zinsswaps –Instrument zur Senkung der Finanzierungskosten oder zum Zinsrisikomanagement? Wiesbaden (Diss.) 1996.

[27] Spiegelmacher, K.: Mathematik – Grundlagen der Finanzmathematik, Montabaur 2000.

[28] Steiner, M./Bruns, C.: Wertpapiermanagement: Professionelle Wertpapieranalyse und Portfoliosteuerung, 9. Auflage, Stuttgart 2007.

[29] Sydsæter, K./Hammond, P.: Mathematik für Wirtschaftswissenschaftler – Basiswissen mit Praxisbezug, 4. Auflage, München 2013.

[30] Toutenburg, H./Fieger, A./Kastner, C.: Deskriptive Statistik, 7. Auflage, München u. a. 2009.

[31] Wahl, D.: Finanzmathematik – Theorie und Praxis, Stuttgart 1998.

[32] Wöhe, G./Bilstein, J./Ernst, D./Häcker, J.: Grundzüge der Unternehmensfinanzierung, 11. Aufl., München 2013.

Index